高等职业教育机械类专业系列教材

U0159668

电工电子技术

主　编　张建国　李捷辉　巩海滨
副主编　黄波达　霍英杰
参　编　张贤慧　简智敏
　　　　黄艺娜　柯志勇

西安电子科技大学出版社

内 容 简 介

　　本书是根据高职高专教育教学改革的要求和作者多年的教学改革实践编写的，主要介绍电工、电子、电机与电气控制技术的基本概念、分析方法和实际应用。本书的主要内容包括电路的基本概念和定律、直流电路的基本分析方法、正弦交流电路、变压器及应用、异步电动机与电气控制、半导体器件、交流放大电路、集成运算放大器、直流稳压电源、逻辑代数基础与组合逻辑电路、触发器与时序逻辑电路、555集成定时器与模拟量和数字量的转换。为便于读者复习和巩固所学知识，每章都有小结和习题。为强化学生职业能力的培养，各章还配备了相应的实训内容。

　　本书可作为高等职业技术学院机械、机电类专业"电工电子技术"课程的教材，也可供从事机械、机电一体化工作的技术人员参考。

图书在版编目(CIP)数据

电工电子技术/张建国，李捷辉，巩海滨主编. —西安：西安电子科技大学出版社，2021.10(2023.4重印)
ISBN 978 - 7 - 5606 - 6183 - 4

Ⅰ. ①电… Ⅱ. ①张… ②李… ③巩… Ⅲ. ①电工技术 ②电子技术 Ⅳ. ①TM ②TN

中国版本图书馆 CIP 数据核字(2021)第 178860 号

策　　划　刘小莉
责任编辑　宁晓蓉　买永莲
出版发行　西安电子科技大学出版社(西安市太白南路2号)
电　　话　(029)88202421　88201467　　邮　编　710071
网　　址　www.xduph.com　　　　　电子邮箱　xdupfxb001@163.com
经　　销　新华书店
印刷单位　陕西天意印务有限责任公司
版　　次　2021年10月第1版　2023年4月第2次印刷
开　　本　787毫米×1092毫米　1/16　印张20.5
字　　数　487千字
印　　数　2001~4000册
定　　价　48.00元
ISBN 978 - 7 - 5606 - 6183 - 4/TM
XDUP 6485001 - 2

＊＊＊如有印装问题可调换＊＊＊

前　言

为了适应智能制造技术飞速发展的需要，适应高职高专教学的要求，更好地培养应用型、技能型高级机械、机电技术人才，在多年教学改革与实践的基础上，笔者以培养学生综合应用能力为出发点编写了本书。

电工电子技术主要解决机械设备和机电控制系统中有关电工、电子、电机与电气控制的技术问题。电工电子技术也是高职高专机械、机电类专业的一门专业基础课程，它涵盖了电工、电子、电机与电气控制的主要内容，在机械、机电类专业中占有基础性的地位，同时也是一门工程性和实践性很强的专业基础课程。随着智能制造技术的发展，电工电子技术的教学内容不断充实、教学体系不断更新。

电工电子技术也是一门应用性很强的技术基础课程，主要任务是在传授有关电工与电子技术、电机与电气控制技术的基本知识的基础上，培养学生分析问题和解决问题的能力。本书根据高职高专学生的学习规律，在内容的编写上力求通俗易懂，在教学中把握高职高专"以应用为目的，以必需、够用为度"的原则。

本书共分 12 章。第 1 章介绍电路的基本概念与基本定律，第 2 章到第 12 章分别介绍直流电路、交流电路、变压器、电动机与电气控制、半导体器件与基本放大电路、集成运算放大器、直流稳压电源、逻辑门和组合逻辑电路、触发器和时序逻辑电路、数/模转换器和模/数转换器等。本书在内容选取和安排上，突出基本概念、基本理论、基本方法及基本技能，主要讲述分析和应用的方法，不追求系统性和完整性。为便于读者学习，着重讲清思路，交待方法，每章都有小结、习题，以帮助学生复习和巩固所学知识。本课程是一门实践性很强的专业课，应加强课程实验与实训。为强化学生职业能力的培养，各章都配备了相应的实训内容，对电路部分增加了 Multisim 软件仿真。本课程的参考学时数为 72 学时（含实训）。

本书由漳州职业技术学院张建国、李捷辉、黄波达、张贤慧、简智敏、黄艺娜等老师及漳州理工职业学院霍英杰老师、包头铁道职业技术学院巩海滨老师、厦门日华科技股份有限公司高级工程师柯志勇等共同编写。张建国老师负责第 10、11、12 章的编写；李捷辉老师负责第 3、4、5 章的编写；张贤慧老师负责第 1、2 章的编写；简智敏老师负责第 8、9 章的编写；黄艺娜老师负责第 6、7 章的编写。本书由张建国老师统稿，并由张建国、李捷辉、巩海滨老师担任主编，负责本书大纲的策划，编写内容的选定；黄波达、霍英杰老师担任副主编，参与本书大纲的策划，负责编写内容的审核和校对；柯志勇高级工程师参与本书大纲的策划,对编写内容特别是实训部分提出建设性的意见。本书全体编者对关心、帮助本书编写、出版、发行的各位同志一并表示谢意。

由于电工电子技术发展迅速,编者水平有限,加之时间紧迫,书中难免有不妥之处,恳请广大读者批评指正。

编 者

2021 年 5 月

目　　录

第1章 电路的基本概念和定律

学习目标

(1) 熟悉电路模型和理想电路元件的概念；

(2) 深刻理解电压、电流、电位、电动势的概念；

(3) 深刻理解并掌握参考方向在电路分析中的应用；

(4) 牢固掌握基尔霍夫定律的内容，并能灵活运用定律解决电路分析中的问题；

(5) 理解电路"等效"的概念，掌握电阻等效变换和电源等效变换的方法。

能力目标

(1) 会计算电路中的基本物理量；

(2) 会运用基尔霍夫定律分析电路；

(3) 能通过"等效变换"对电路进行等效化简。

随着科学技术的飞速发展，现代电工电子设备种类日益繁多，规模和结构更是日新月异，这些设备绝大多数都是由各种不同的电路所组成的。虽然电路的结构各异，但是它们与最基本的电路之间仍然存在许多基本的共性，遵循着相同的规律。本章的主要内容就是阐明这些共性及电路分析的基本规律。

本章是电工电子技术课程的基础，主要内容分为 3 部分：电路的基本概念及物理量、电路模型及基尔霍夫定律、电路的等效变换。

1.1 电路与电路模型

1.1.1 电路

电路是电流的通路。它是为了实现某种功能，由各种电工、电子元器件按一定的方式连接起来的整体。较复杂的电路又称为"电网络"。"电路"和"网络"这两个术语通常是相互通用的。

工程应用中的实际电路，按照功能的不同可分为两大类。

(1) 实现电能的传输和转换功能的电路。例如电力系统中的电路，主要功能是对发电厂发出的电能进行传输、分配和转换，其主要特点是大功率、大电流。

(2) 实现信号的处理和传递功能的电路。例

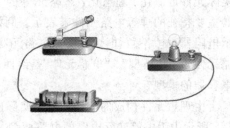

图 1.1 手电筒电路

如手电筒电路,如图1.1所示,主要功能是实现对电信号的传递、变换、储存和处理,其主要特点是小功率、小电流。

在手电筒电路中,导线将电池、开关、小灯泡连接起来,形成了电流的路径。图中干电池为电路的电源,为电路提供电能,小灯泡为负载,消耗电能(或将电能转换为其他形式的能量),导线和开关为中间环节。当开关闭合时,电路接通,小灯泡发光;反之,电路断开,小灯泡熄灭。

手电筒电路是实际应用中最简单的电路,电动机电路、电视机电路、计算机电路、雷达导航电路显然是较为复杂的电路。但不管电路结构如何,电路的基本组成部分都离不开3个环节:电源、负载和中间环节。

电源:向电路提供电能的装置,如电池、发电机等。由于电源在电路中是激发和产生电能的因素,因此,电路中电源供出的电压或电流通常称为激励。

负载:电路中接收电能的装置,如灯泡、电动机等。负载把从电源接收到的能量,转换为人们所需要的能量形式。例如,灯泡把电能转换为光能和热能,电动机把电能转变成机械能,充电电池将电能转换为化学能等。负载通常为接收和转换电能的用电器,故负载上流过的电流以及其端电压通常被称为响应。

中间环节:连接电源和负载的导线、控制电路导通和断开的开关、保护和监控实际电路的设备(如空气开关、熔断器以及热继电器等)等称为中间环节。中间环节在电路中的作用是传输、分配能量,同时控制并保护电气设备。

导线:连接电源、负载和其他电器元件的金属线。常用的导线有铜导线和铝导线等。

电器控制元件:对电路进行控制的电器元件,如熔断器、闸刀开关、空气开关等。开关有两种状态:断开和闭合。

1.1.2 电路模型和理想电路元件

1. 电路模型

一个实际元件在电路中工作时,所表现的物理特性不是单一的,因此,实际电路发生的物理过程十分复杂,各器件和导线之间的电磁现象相互交织在一起。例如,电流通过一个实际的线绕电阻时,电阻除了对电流呈现阻碍作用,其周围还产生磁场,同时各匝线圈间还存在电场。因而,电阻还呈现出电感器和电容器的性质。所以,直接对实际元件和设备构成的电路进行分析和计算往往很困难,有时甚至不可能。

2. 理想电路元件

为了便于对实际电路进行分析和计算,在电路理论中,通常在工程允许的条件下,把实际元件近似化、理想化,忽略元件的次要性质,用足以表征其主要特征的理想电路元件来表示。例如,"电阻元件"就是表示电阻器、电烙铁、电炉等实际电路元器件的理想电路元件(电路元件),即"模型"。"电感元件"是线圈的模型,"电容元件"是电容器的模型。

由理想元件构成的电路,称为实际电路的"电路模型"。图1.2所示为手电筒实际电路的电路模型。图中,U_s为电源,S表示开关,R为耗能元件。

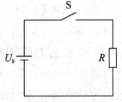

图1.2 手电筒电路模型

3. 电路图

在工程实际中，通常将各实物用一些特定的图形符号来表示。用特定的图形符号来表示电路连接情况的图称为电路图。

表 1-1 中给出了常用电路元件的图形符号。不同的电路元件图形符号按照一定的连接方式有规律地组合在一起，便可构成各种电路图，例如图 1.2 所示的手电筒电路。

通常根据电路图来分析计算实际电路，因此，熟悉电路元件符号，掌握电路图的画法是十分重要的。

表 1-1　常用电路元件的图形符号

图形符号	名称	图形符号	名称	图形符号	名称
	开关		电阻		熔断器
	电池		电位器		电灯
	电压源		电容		接机壳
	电流源	A	电流表		接地
	线圈	V	电压表		连接导线
	铁芯线圈		二极管		不连接导线

1.2　电路的基本物理量

电路的主要物理量有电流、电压、功率和能量等。

1.2.1　电流及其参考方向

电荷有规则地运动形成电流。

电流的大小定义为单位时间内通过导体横截面的电荷量，又称为电流强度，用符号 i 表示，单位为安培（A），即

$$i = \frac{\mathrm{d}q}{\mathrm{d}t} \tag{1-1}$$

电流主要分为两类。大小和方向都不随时间变化的电流，称为直流电流（Direct Current，DC），简称直流，用大写字母 I 表示。

大小和方向均随时间作周期性变化且平均值为零的电流，称为交流电流（Alternating Current，AC），简称交流，用小写字母 i 或者 $i(t)$ 表示。常见的电流波形如图 1.3 所示。

电流是有方向的。习惯上，规定正电荷移动的方向（负电荷移动的反方向）为电流的实际方向。

在分析电路时，对于较复杂的直流电路，往往难以确定某支路电流的实际方向，而对于交流电路，其方向随时间而变。为便于分析，引入了"参考方向"的概念。

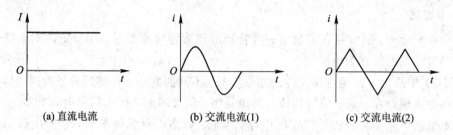

图 1.3　常见电流波形

参考方向是一个假想的电流方向。在分析计算电路时，先任意选定某一方向作为电流的参考方向，用实线箭头标在电路图上(也可用双下标表示)，如图 1.4 所示。i_{ab} 表示参考方向是 a→b，而 i_{ba} 表示参考方向是 b→a。此时，$i_{ab}=-i_{ba}$。

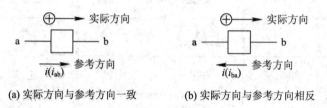

(a) 实际方向与参考方向一致　　　　(b) 实际方向与参考方向相反

图 1.4　电流的参考方向

当电流的实际方向与参考方向一致时，电流为正值，$i>0$；反之，电流的实际方向与电流方向相反时，$i<0$。即，在选定参考方向下，根据电流的参考方向和正负值就可以确定电流的实际方向。

例 1-1　图 1.5 中的方框泛指电路中的一般元件。试分别指出各元件中电流的实际方向。

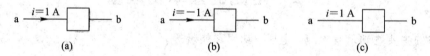

图 1.5　例 1-1 电路

解　题图中电流的实际方向分别为

(a) 由 a 到 b；

(b) 由 b 到 a；

(c) 不能确定，因为没有给出电流的参考方向。

例 1-2　试分别标示出图 1.6 方框所示各元件中电流的参考方向。已知图 1.6(a)中电流的实际方向为由 b 至 a，图 1.6(b)中电流的实际方向为由 a 至 b。

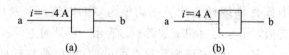

图 1.6　例 1-2 电路

解　题图中电流的参考方向分别为

(a) 由 a 到 b；

(b) 由 a 到 b。

1.2.2　电位、电压、电动势及其参考方向

1. 电压

电压是用来表述电场力做功的物理量。电荷在电场力作用下，顺着或逆着电场力的方向运动，电场力做功，将电能转变为其他形式的能量。

由物理学知识可知，电场力将单位正电荷从电场中的一点移至另一点所做的功，称为电压。用数学表达式可表示为

$$u_{ab} = \frac{w_a - w_b}{q} = \frac{\mathrm{d}w}{\mathrm{d}q} \tag{1-2}$$

式中，u_{ab} 用来衡量电场力做功本领的大小，即电压；$\mathrm{d}q$ 为由 a 点移动到 b 点的电荷；$\mathrm{d}w$ 为移动过程中电荷所减少的电能。

电功的单位为焦耳(J)，电量的单位用库仑(C)描述时，电压的单位为伏特(V)。电压的单位还有千伏(kV)和毫伏(mV)，各种单位之间的换算关系为

$$10^{-3} \text{ kV} = 1 \text{ V} = 10^3 \text{ mV}$$

2. 电位

空间各点位置的高度都是相对于海平面或某个参考高度而言的。同样地，电路中的电位也具有相对性。

在电路中任取一点 o 作为参考点，则由某点 a 到参考点 o 的电压 U_{ao} 就称为 a 点的电位，用 V_a 表示。

电位参考点可以任意选取。通常选择大地、设备外壳或者接地点作为参考点。一个连通的系统中只能选择一个参考点。参考点的电位为零。

电路中，参考点一经选定，其余各点的电位都将有唯一确定的数值。任意两点间的电压就等于这两点的电位差，即

$$U_{ab} = V_a - V_b \tag{1-3}$$

选取不同的参考点，同一点的电位值也会随之而变，但两点之间的电压与参考点的位置无关。

3. 电压的参考方向

电压也是有方向的。习惯上，规定电压的实际方向是从高电位点指向低电位点，即电压降低的方向。

同电流一样，在进行电路分析前，通常很难确定电压的实际方向。这就需要人为假设一电压方向，这种人为任意假设的电压方向称为电压的"参考方向"(也称"参考极性")。其标注方法有 3 种：箭头、双下标或正负极性，如图 1.7 所示。其中，用正负极性表示的方法称为参考极性标注法，"＋"号表示参考高电位点(正极)，"－"号表示参考低电位点(负极)。u_{ab} 为双下标法，下标 ab 表示参考方向是由 a 点指向 b 点。

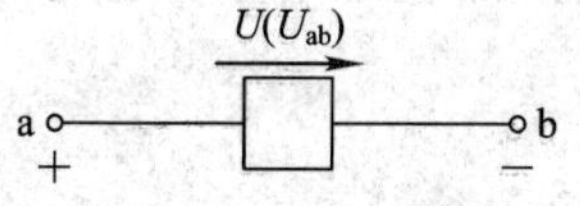

图 1.7　电压"参考方向"的标注方法

特别注意：选定参考方向后，才能对电路进行分析计算。

选定参考方向后，电压就成为代数量。当电压的实际方向与参考方向一致(极性一致)

时，电压为正值($U>0$)，否则为负($U<0$)。

例1-3 图1.8所示电路中，方框泛指电路中的一般元件。试分别指出图中各电压的实际方向。

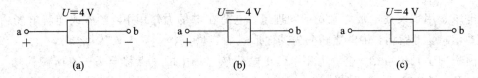

图1.8 例1-3电路

解 (1) 在图1.8(a)中，点a为参考高电位，因为$U=4\ V>0$，所以，电压的实际方向与参考方向一致。

(2) 在图1.8(b)中，点a为参考高电位，因为$U=-4\ V<0$，所以，电压的实际方向与参考方向相反。

(3) 在图1.8(c)中，无法确定电压的实际方向，因为图中没有标出电压的参考极性。

4. 电动势及其参考方向

在电场力作用下，正电荷只能从高电位向低电位运动。为了形成连续的电流，在电源中，正电荷就必须从低电位点移动到高电位点。这就要求在电源中有一个电源力作用在电荷上，使其逆电场力方向运动，反抗电场力做功，并把其他能量转换成电能。

例如，在发电机中，当导体在磁场中运动时，导体内部便出现这种电源力；在电池中，电源力存在于电极之间。

电动势就是用来描述电源力做功的物理量。在电源中，电动势 e 在数值上等于将单位正电荷由电源负极经电源内部移动到电源正极所做的功，即增加的电能，可表示为

$$e = \frac{\mathrm{d}w_s}{\mathrm{d}q} \tag{1-4}$$

式中，$\mathrm{d}q$ 为运动的电荷；$\mathrm{d}w_s$ 为运动过程中电荷所增加的电能。

习惯上把电动势的实际方向规定为电能增加的方向，即电位升高(从低电位点到高电位点)的方向，即由电源的负极指向正极。

对于一个实际电源而言，当没有电流流过，即内部没有电能消耗时，其电动势和端电压(正负极之间的电压)必定大小相等，方向相反，如图1.9所示。

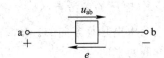

图1.9 电压和电动势的参考方向

当电压 u 和电动势 e 的大小和方向都不变时，称为直流电压和直流电动势，分别用大写字母 U 和 E 表示，则

$$U_{ab} = \frac{W}{Q}, \quad E = \frac{W_s}{Q} \tag{1-5}$$

5. 关联参考方向

在分析计算电路时，首先应该假定各电压、电流的参考方向，然后根据所选定的参考方向列写电路方程。不论电压、电流、电动势等物理量是直流还是交流，它们都是根据参考方向写出的。参考方向可以任意选定且不影响计算结果。参考方向相反时，解出的电压、电流值也要相应地改变正负号，因此，最后得出的实际结果仍然相同。

在同一电路中，电压参考方向和电流参考方向可以各自独立地选定。但为了分析计算方便，通常选定同一元件的电流参考方向与电压参考方向一致，即电流从电压的正极性端流入该元件，从电压的负极性端流出，称为关联参考方向，如图 1.10(a)所示。反之，电流从电压的负极性端流入元件，从正极性端流出，称为非关联参考方向，如图 1.10(b)所示。

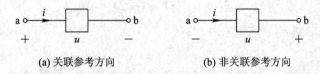

(a) 关联参考方向　　　　　　　(b) 非关联参考方向

图 1.10　关联参考方向和非关联参考方向

1.2.3　电功率与电能

1. 电路的功率

在电路分析中，将消耗电能(吸收电能)的电气设备及元件统称为负载；将释放电能的电气设备及元件统称为电源。无论是负载还是电源都可以看作电路元件。

电路元件在单位时间内吸收或释放的电能称为电功率，简称功率，用 P 表示，单位为瓦特(W)或千瓦(kW)。

在电路分析中，通常用电压 u 和电流 i 的乘积来描述功率。

当 u、i 为关联参考方向时，元件吸收的功率定义为

$$p = ui \tag{1-6}$$

当 u、i 为非关联参考方向时，元件吸收的功率定义为

$$p = -ui \tag{1-7}$$

无论 u、i 是否为关联参考方向，若 $p > 0$，则该元件吸收功率(供自己消耗)，为耗能元件；若 $p < 0$，则该元件输出功率(供给其他元件)，为储能元件。

例 1-4　在图 1.11 所示电路中，方框泛指电路中的一般元件。试求出各元件吸收的功率。

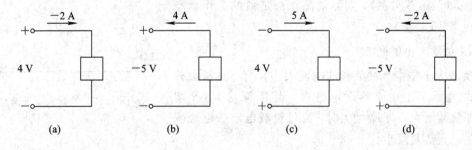

(a)　　　　　　(b)　　　　　　(c)　　　　　　(d)

图 1.11　例 1-4 电路

解　(1) 在图 1.11(a)中，所选 u、i 为关联参考方向，元件吸收的功率为

$$p = ui = 4 \times (-2) = -8 \text{ W}$$

此时元件吸收的功率为 -8 W，即元件发出的功率为 8 W。

(2) 在图 1.11(b)中，所选 u、i 为非关联参考方向，元件吸收的功率为

$$p = -ui = -(-5) \times 4 = 20 \text{ W}$$

此时元件吸收的功率为 20 W。

(3) 在图 1.11(c)中，所选 u、i 为非关联参考方向，元件吸收的功率为

$$p = -ui = -4 \times 5 = -20 \text{ W}$$

此时元件吸收的功率为 -20 W，即元件发出的功率为 20 W。

(4) 在图 1.11(d)中，所选 u、i 为关联参考方向，元件吸收的功率为

$$p = ui = (-5) \times (-2) = 10 \text{ W}$$

此时元件吸收的功率为 10 W。

2. 电能

电流具有做功的本领，它能使电动机转动、灯泡发光、电炉发热。电流做的功称为电功。

电流做功的同时伴随着能量的转换，其做功的大小可以用能量进行度量，即

$$w = u \cdot i \cdot t \qquad\qquad (1-8)$$

式中，电压的单位用伏特(V)，电流的单位用安培(A)，时间的单位用秒(s)时，电功(或电能)的单位是焦耳(J)。

工程实践中，常常用千瓦时(kW·h)来表示电功的单位，1 kW·h 又称为一度电。

电功率按时间累积就是电路吸收(消耗)的电能。

一度电的概念：1000 W 的电炉加热 1 小时(h)，耗电 1 度，即 1 度电 = 1 kW×1 h。

3. 电气设备及元件的额定值

额定值是制造厂家为使电气设备及元件安全、经济地运行而规定的限额值。额定值通常用 I_N、U_N、P_N 等表示，标记在设备的铭牌上。由于功率、电压和电流之间满足一定的关系，因此，额定值没有必要全部给出。对灯泡、电烙铁等通常只给出额定电压和额定功率；而对电阻器，除阻值外，只给出额定功率。

根据电气设备电流、电压和功率的实际值与额定值的大小关系，电气设备可有 3 种运行状态：各参量实际值等于额定值，这种工作状态称为满载(或额定状态)；各参量实际值低于额定值的工作状态，称为轻载(或欠载)；实际值高于额定值的工作状态称为过载(或超载)。

4. 负载大小的概念

负载大小是指流过负载的电流大小，而不是指负载电阻的大小。图 1.12 所示电路中，当 R_L 减小时，I 增大，即负载增大；而 R_L 增大时，流过负载电阻的电流减小，称之为负载减小。

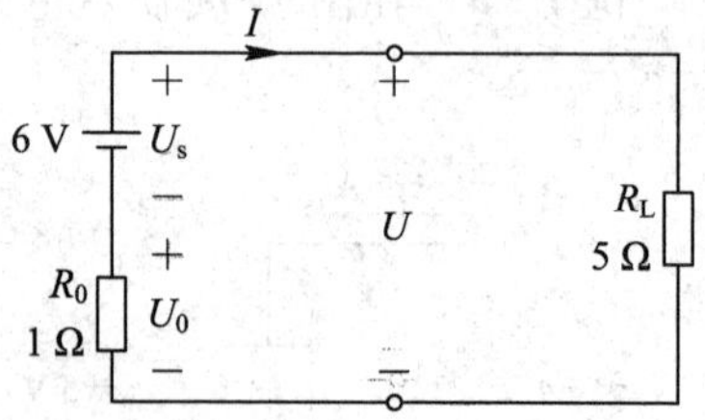

图 1.12　负载大小举例

1.3　电压源与电流源

电流在纯电阻电路中流动时就会不断消耗能量，因此，电路中必须要有能量的来源。能向电路提供能量的设备称为电源。

一个实际电源可以用两种不同的电路模型来表示，一种是电压源模型，另一种是电流源模型。

1.3.1　理想电压源

能向电路供出一定电压的设备称为电压源，如干电池、蓄电池、直流发电机、交流发电机、电子稳压器等。

工程实际中对电压源的要求为：当负载发生变化时，电压源向负载供出的电压值应尽量保持或接近不变。实际电压源设备总是存在内阻，因此，当负载变动时，电源的端电压总是随之发生变化。为了使供电设备较稳定地运行，且尽量满足工程实际要求，制作电压源设备时，总是希望内阻越小越好。

如果实际电压源设备的内阻等于零，就成为人们所期望的理想电压源，简称电压源。

理想电压源是一个二端理想元件，具有两个显著特点：

（1）输出的端电压是恒定值或给定的时间函数，与流过的电流无关，即与接入电路的方式无关。

（2）流过理想电压源的电流可以是任何值，其大小由它本身以及外电路共同决定，即与它相连接的外电路有关。

提供恒定电压的电压源称为直流电压源（时不变电压源）；输出电压为某一给定时间函数的电压源称为时变电压源，如正弦电压源、方波电压源等。理想电压源的符号如图 1.13 所示。

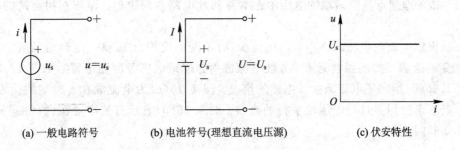

(a) 一般电路符号　　　　(b) 电池符号(理想直流电压源)　　　　(c) 伏安特性

图 1.13　理想电压源

电压源不接外电路时，电流 i 总为零，这种情况称为"电压源处于开路"。

如果令一个电压源的电压 $u_s = 0$，则其伏安特性为 u-i 平面上的电流轴，它相当于短路，短路时端电压 $u = 0$，这与电压源的特性不相容，因此，把电压源短路是没有意义的。

实际电压源模型如图 1.14 所示，当实际电源的电压值变化不大时，其电路模型一般表示为理想电压源和一个电阻串联的形式，伏安特性方程为 $u = U_s - R_s i$，当 $i = 0$ 时，$u = U_s$。随着电流 i 的增大，u 减小，因此，伏安特性曲线为一条始于 U_s、向下倾斜的直线。

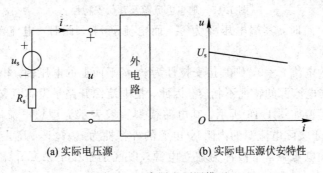

(a) 实际电压源　　　　(b) 实际电压源伏安特性

图 1.14　实际电压源模型

1.3.2 理想电流源

实际电源还可以用电流源模型描述。如果负载要求提供较为稳定的电流，就需要用到电流源，如光电池、电子稳流器等。实际电流源同样存在内阻，当电流源向负载供电时，其内阻上必定产生分流，在负载发生变动时，电流源由于其分流作用，会造成输出电流的不稳定，因此实际电流源的内阻越大越好。

例如，一个 60 V 的蓄电池串联一个 60 kΩ 的大电阻，就构成了一个最简单的高内阻电源。该电源如果向一个低阻负载 R 供电，电源供出的电流为 $I = \dfrac{60}{60000 + R}$。假设负载 R 在 1～10 Ω 范围内变化，电流基本维持在 1 mA 不变。这是因为只有几欧或几十欧的负载电阻，与几十千欧的电源内阻相加时，基本可以忽略不计。

通过上例可知，实际电流源的内阻越大，其向负载提供的电流就越稳定。当实际电流源的内阻为无穷大时，就称为理想电流源，简称电流源。

理想电流源是一个二端理想元件，具有两个显著特点：

（1）输出的电流是恒定值（或一定的时间函数），与它的端电压无关，即与接入电路的方式无关。

（2）加在理想电流源两端的电压由它本身和外电路共同决定，即与它相连接的外电路有关。

提供恒定电流的电流源称为直流电流源（时不变电流源）；提供一定时间函数的电流源称为时变电流源，如正弦电流源、方波电流源等。理想电流源的图形符号如图 1.15(a) 所示；图 1.15(b) 给出了电流源接外电路的情况。图 1.15(c) 为电流源在 t_1 时刻的伏安特性，它是一条不通过原点且与电压轴平行的直线。图 1.15(d) 表示直流电流源的伏安特性，电流值不随时间改变。

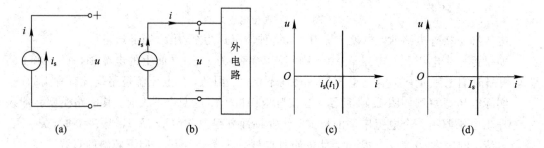

图 1.15 理想电流源及其伏安特性

电流源两端短路时，其端电压 u 为零，而电流 $i = i_s$，此时，电流源的电流即为短路电流。

若一电流源的电流 $i_s = 0$，则其伏安特性为 i-u 平面上的电压轴，相当于开路。而开路时电流 $i = 0$，这与电流源的特性不相容，因此，把电流源开路是没有意义的。

实际电流源模型如图 1.16 所示，其电路模型一般表示为理想电流源和一个电阻并联的形式（电阻相当于实际电流源的内阻），电源的外特性为 $i = I_s - u/R_s$。

上述电流源和电压源常常被称为独立电源，以区别于接下来要介绍的受控源（非独立电源）。

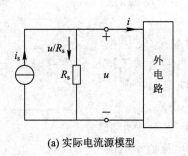 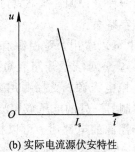

(a) 实际电流源模型　　　　　(b) 实际电流源伏安特性

图 1.16　实际电流源模型

1.3.3　受控源

前面介绍的电压源和电流源有个共同特点：它们向电路提供的电压值或电流值是由自身决定的，与电路中其他电压和电流无关，因此称为"独立源"。

电路理论中，还有一种有源理想电路元件，这种电源向外提供的电压值或者电流值不像独立源那样，由自身决定，而是受电路中某部分的电压或电流控制，因此，这种电源被称为"受控源"（或称为"非独立电源"）。

实际中常见的受控源多为一定条件下，电子线路中受电压或电流控制的晶体管、场效应管和集成运放等有源器件。

根据被控量的不同，可将受控源分为两类：受控电压源和受控电流源。又因为控制量可为电压或者电流，所以，常见的受控源有 4 种：电压控制电压源（Voltage Controlled Voltage Source，VCVS）、电流控制电压源（Current Controlled Voltage Source，CCVS）、电压控制电流源（Voltage Controlled Current Source，VCCS）、电流控制电流源（Current Controlled Current Source，CCCS），它们的图形符号如图 1.17 所示。

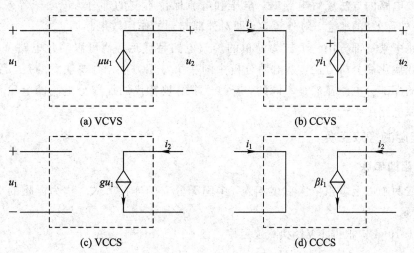

(a) VCVS　　　　　　　　　(b) CCVS

(c) VCCS　　　　　　　　　(d) CCCS

图 1.17　受控源的四种模型

为了与独立电源相区别，用菱形符号表示受控源的电源部分。在图 1.17 中，控制量 u_1 和 i_1 分别表示控制电压和控制电流，μ、g、γ、β 分别是相关的控制系数。其中 μ 和 β 是量纲为一的量，g、γ 分别具有电导和电阻的量纲。控制系数为常数时，被控量与控制量成正比，对应的受控源为线性受控源。本书只讨论线性受控源，故一般将"线性"二字略去。

从图 1.17 中可以看出，受控源有两对端子（可以把它看作四端元件），一对端子开路或短路，另一对端子接受控电压源或受控电流源。受控源用来反映电路中某处电压或电流能控制另一处的电压或电流这一现象。

求解具有受控源的电路时，可以把受控电源看作独立电源进行处理，但要注意，前者的电压或电流值是取决于控制量的。

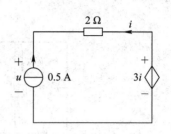

图 1.18 例 1-5 电路图

例 1-5 电路如图 1.18 所示，试求电流 i 和电压 u。

解 由电路可知，$i = -0.5$ A

$$u = -2 \times i + 3i = -0.5 \text{ V}$$

1.4 电路的等效变换

"等效"，指的是两个不同的事物作用于同一目标时，其作用效果相同。例如，1 台拖拉机拖动一节车厢，使车速达到 8 m/s；5 匹马拖动同一节车厢，使该车厢车速也达到 8 m/s。那么，对这一车厢来说，拖拉机和 5 匹马对它起的作用是"等效"的。需要注意的是，"等效"与"相等"不能混为一谈。"等效"是指 2 个或多个事物对它们之外的某一目标作用效果相同，即外作用相同。但是，这些事物的内部特性是不同的，显然，1 台拖拉机不等于 5 匹马。

相互等效的电路在电路中对外部的作用是完全相同的。把电路中某部分电路用其等效电路替代后，该电路未被替代部分（包括被替代部分的端钮）的电压和电流均应保持不变。

用等效电路的方法求解电路时，电压和电流保持不变的部分，仅限于等效电路以外，这就是"对外等效"的概念。对外等效，即对外部起到的作用效果相同。

把电路中某一部分用一个较为简单的等效电路替代后，就可以简化电路分析和计算，电路等效变换化简分析方法，是电路分析中的一个常用方法。需要注意的是，等效电路与被它替代的那部分电路显然是不同的，若需要求解被替代的那部分电路的电压和电流，则必须回到原电路中去计算。

1.4.1 电阻的等效变换

1. 电阻的串联

两个或两个以上电阻依次首尾相连，中间无分支的连接方式，称为电阻的串联，如图 1.19(a)所示。

对图 1.19(a)，根据 KVL 和欧姆定律，有

$$U = U_1 + U_2 + \cdots + U_n = (R_1 + R_2 + \cdots + R_n)I \tag{1-9}$$

令

$$R = R_1 + R_2 + \cdots + R_n = \sum_{k=1}^{n} R_k \tag{1-10}$$

则

$$U = RI$$

称 R 为 n 个电阻串联电路的等效电阻。图 1.19(a) 的等效电路如图 1.19(b) 所示，两者具有相同的外特性，即对外电路具有完全相同的影响。

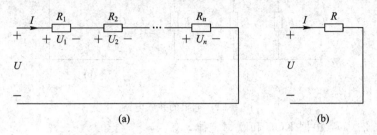

图 1.19　电阻的串联电路

式 (1-10) 表明：电阻串联的等效电阻，等于各串联电阻之和，且等效电阻必定大于任一串联的电阻，即

$$R > R_k$$

电阻串联时，各电阻两端的电压为

$$U_k = R_k I = R_k \frac{U}{R} = \frac{R_k}{R} U \tag{1-11}$$

式 (1-11) 称为分压公式。由该式可见，各个串联电阻的电压与电阻值成正比，即总电压按各个串联电阻的阻值进行分配。

式 (1-9) 两边各乘以电流 I，得

$$P = UI = R_1 I^2 + R_2 I^2 + \cdots + R_n I^2 = RI^2 \tag{1-12}$$

式 (1-12) 表明：n 个串联电阻吸收的总功率等于各串联电阻吸收的功率之和。

串联电阻的应用很多，例如，当负载的额定电压低于电源电压时，可与负载串联一个电阻，以分摊一部分电源电压。当负载中通过的电流过大时，可串联一个电阻，起到限流的作用。如果需要调节电路中的电流，一般也可以在电路中串联一个变阻器来实现。

例 1-6　如图 1.20 所示电路，直流电压表表头的满偏电流为 $I_g = 50\ \mu A$，内阻为 $R_g = 5\ k\Omega$，现制成的电压表量程为 10 V。试问该电压表应串联多大的分压电阻 R 才能满足要求。

解　表头承受的电压较小，一般不能直接用它来作电压表。为了扩大它的电压测量范围，通常采用串联电阻的方法，让分压电阻 R 承受大部分电压。

表头电压为

$$U_g = I_g R_g = 50 \times 10^{-6} \times 5 \times 10^3 = 0.25\ V$$

串联电阻承受的电压为

$$U_R = U - U_g = 10 - 0.25 = 9.75\ V$$

分压电阻 R 为

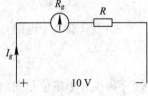

图 1.20　例 1-6 电路图

$$R = \frac{U_R}{I_g} = \frac{9.75}{50 \times 10^{-6}} = 195\ k\Omega$$

2. 电阻的并联

两个或两个以上电阻的首尾两端分别接在电路中相同两结点之间的连接方式，称为电

阻的并联，如图 1.21(a)所示。

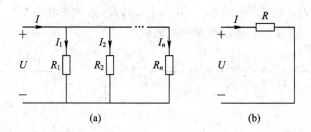

图 1.21　电阻的并联电路

对于图 1.21(a)，根据 KCL 和欧姆定律，有

$$I = I_1 + I_2 + \cdots + I_n = \left(\frac{1}{R_1} + \frac{1}{R_2} + \cdots + \frac{1}{R_n}\right)U = (G_1 + G_2 + \cdots + G_n)U \qquad (1-13)$$

令

$$\frac{1}{R} = \frac{1}{R_1} + \frac{1}{R_2} + \cdots + \frac{1}{R_n} = \sum_{k=1}^{n} \frac{1}{R_k} \qquad (1-14)$$

或

$$G = \sum_{k=1}^{n} G_k \qquad (1-15)$$

$$G = \frac{1}{R}$$

则

$$I = \frac{U}{R} = GU \qquad (1-16)$$

称 R 为 n 个电阻并联电路的等效电阻，G 为等效电导。图 1.21(a)的等效电路如图 1.21(b)所示，两者具有相同的外特性，即对外电路具有完全相同的影响。

式(1-14)表明：电阻并联等效电阻的倒数，等于各并联电阻倒数之和，且等效电阻必定小于任一串联的电阻，即

$$R < R_k$$

式(1-15)表明：电阻并联的等效电导，等于各并联电阻的电导之和，且等效电导必定大于任一并联电阻的电导，即

$$G_k < G$$

如果只有 2 个电阻并联，其等效电阻为

$$R_{并} = \frac{R_1 R_2}{R_1 + R_2} \qquad (1-17)$$

如果 n 个阻值相同的电阻 R_1 相并联，其等效电阻为

$$R_{并} = \frac{R_1}{n} \qquad (1-18)$$

电阻并联时，流过各电阻的电流为

$$I_k = \frac{U}{R_k} = G_k U = \frac{G_k}{G} I \qquad (1-19)$$

式(1-19)称为分流公式，由该式可见，各并联电阻的电流与其电导值成正比，即总电

流按各并联电阻的电导值进行分配。

式(1-13)两边各乘以电压 U，得

$$P = UI \left(\frac{1}{R_1} + \frac{1}{R_2} + \cdots + \frac{1}{R_n} \right) U^2 = (G_1 + G_2 + \cdots + G_n) U^2 = \frac{U^2}{R} = GU^2 \qquad (1-20)$$

式(1-20)表明：n 个并联电阻吸收的总功率等于各并联电阻的功率之和，也等于其等效电阻吸收的功率。

工程实践中，因为供电系统对负载提供的工频交流电压基本上都是 220 V 或 380 V，所以，单相负载、三相负载的额定电压基本上分别都是 220 V 和 380 V。为了获得负载的额定电压，负载连接到电网都是采用并联的形式(因为并联不改变电压)，再根据各负载的本身参数不同，就可得到所需要的电流。

并联的负载电阻越多(负载个数增加)，则总电阻越小，电路中总电流和总功率就越大。但是，每个负载的电流和功率都基本不变。

有时，为了某种需要，可将电路中的某一段与电阻或变阻器并联，以起到分流或调节电流的作用。

例 1-7　如图 1.22 所示电路，求电路中电流 i 和 i_1。

解　(1) 先计算 3 Ω 电阻和 6 Ω 电阻并联的等效电阻：

$$3 // 6 = \frac{3 \times 6}{3+6} = 2 \ \Omega$$

(2) 再计算 12 Ω 电阻和 4 Ω 串联 2 Ω 支路并联的等效电阻：

$$12 // (4+2) = \frac{12 \times (4+2)}{12 + (4+2)} = 4 \ \Omega$$

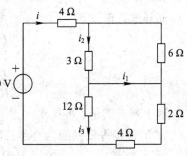

图 1.22　例 1-7 电路图

(3) 然后计算总电流 i：

$$i = \frac{30}{4+2+4} = 3 \ \text{A}$$

(4) 最后计算电流 i_1。由题图可知，$i_1 = i_2 - i_3$，而

$$i_2 = \frac{6}{3+6} \times 3 = 2 \ \text{A}$$

$$i_3 = \frac{2+4}{12+(2+4)} \times 3 = 1 \ \text{A}$$

则

$$i_1 = i_2 - i_3 = 2 - 1 = 1 \ \text{A}$$

3. 电阻的三角形连接和星形连接

3 个电阻首尾相接，连成一个封闭的三角形，三角形的 3 个顶点接到外部电路的 3 个结点，称为电阻元件的三角形连接，简称△连接或 π 形连接，如图 1.23(a)所示。

3 个电阻的一端连接在一起，另一端分别接到外部电路的 3 个结点，称为电阻元件的星形连接，简称 Y 连接或 T 形连接，如图 1.23(b)所示。

三角形连接和星形连接都是通过 3 个结点与外部电路相连的，它们之间是可以等效变换的。等效变换的条件是：对外部电路的特性相同，即当它们的对应结点间有相同的电压

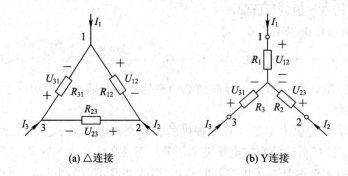

(a) △连接　　　　　　　(b) Y连接

图 1.23　电阻的△和 Y 连接

U_{12}、U_{23}、U_{31} 时，从外电路流入对应结点的电流 I_1、I_2、I_3 也必须分别相等。

当满足上述条件后，在 Y 和△两种连接方式中，对应的任意两结点间的等效电阻也必然相等。例如，在△连接结构中，某一对应结点（如结点 3）开路时，其余两结点（1 和 2）间的等效电阻为

$$\frac{R_{12}(R_{23}+R_{31})}{R_{12}+R_{23}+R_{31}}=R_1+R_2$$

同样地，有

$$\frac{R_{23}(R_{12}+R_{31})}{R_{12}+R_{23}+R_{31}}=R_2+R_3$$

$$\frac{R_{31}(R_{23}+R_{12})}{R_{12}+R_{23}+R_{31}}=R_3+R_1$$

解上列三式子，可得出：

将 Y 连接等效变换为△连接的计算公式为

$$\begin{cases} R_{12}=\dfrac{R_1R_2+R_2R_3+R_3R_1}{R_3}=R_1+R_2+\dfrac{R_1R_2}{R_3} \\[2mm] R_{23}=\dfrac{R_1R_2+R_2R_3+R_3R_1}{R_1}=R_2+R_3+\dfrac{R_2R_3}{R_1} \\[2mm] R_{31}=\dfrac{R_1R_2+R_2R_3+R_3R_1}{R_2}=R_3+R_1+\dfrac{R_3R_1}{R_2} \end{cases} \qquad (1-21)$$

将△连接等效变换为 Y 连接的计算公式为

$$\begin{cases} R_1=\dfrac{R_{12}R_{31}}{R_{12}+R_{23}+R_{31}} \\[2mm] R_2=\dfrac{R_{23}R_{12}}{R_{12}+R_{23}+R_{31}} \\[2mm] R_3=\dfrac{R_{31}R_{23}}{R_{12}+R_{23}+R_{31}} \end{cases} \qquad (1-22)$$

为了便于记忆，以上互换公式可归纳为

$$Y\text{电阻}=\frac{\triangle\text{相邻电阻的乘积}}{\triangle\text{电阻之和}}$$

$$\triangle\text{电阻}=\frac{Y\text{电阻两两乘积之和}}{Y\text{不相邻电阻}} \qquad (1-23)$$

注意这些公式的量纲和端钮 1、2、3 的互换性有助于记忆。

当 Y 连接的 3 个电阻相等，即 $R_1=R_2=R_3=R_Y$ 时，则与其等效的△连接的 3 个电阻也相等，它们等于

$$R_\triangle = R_{12} = R_{23} = R_{31} = 3R_Y$$

或

$$R_Y = \frac{1}{3}R_\triangle \tag{1-24}$$

利用 Y-△等效变换，常常可使某些复杂电路简化为简单电路，使之可利用串、并联等效电阻进一步简化。

例 1-8　如图 1.24 所示电路，求电路的输入端等效电阻 R_{AB}。

解　把图 1.24(a) 中虚线框中的 3 个 3 Ω 电阻组成的△网络，变换为图 1.24(b) 虚线框中的 Y 电阻网络，即将△网络中的 3 个 3 Ω 电阻替换为 Y 网络中的 3 个 1 Ω 电阻。需要注意的是，3 个端点的位置应保持不变，如图中的①、②、③所示。

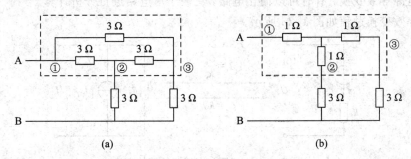

图 1.24　例 1-8 电路图

对于图 1.24(b)，利用电阻串、并联公式，可求出 R_{AB}：

$$R_{AB} = 1 + [(1+3) /\!/ (1+3)] = 1 + 2 = 3\ \Omega$$

1.4.2　电压源与电流源的等效变换

理想电压源和理想电流源均为无穷大功率源，实际上是不存在的，实际的电源总是存在内阻的。工程实际中，大多电源都以电压源的形式出现，只有当负载需要提供稳定的电流时，才会用到电流源。

前面介绍过，实际电源可以采用理想电压源串联内阻和理想电流源并联内阻两种电路模型，这两种形式在一定条件下是可以等效互换的。

在图 1.25 中，两个电路的负载相同，为了有所区别，电压源内阻用 R_s、电流源内阻用 R_s' 表示，两种电源的输出特性分别为

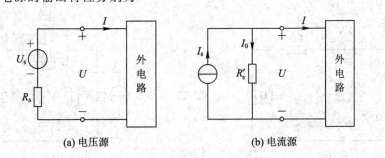

(a) 电压源　　　　　　　　　　　(b) 电流源

图 1.25　电源的两种模型

电压源模型：

$$U = U_s - R_s I \qquad (1-25)$$

电流源模型：

$$U = R_s' I_0 = R_s'(I_s - I) = R_s' I_s - R_s' I \qquad (1-26)$$

要使两种模型的表达式能代表同一个实际电源，只需满足以下条件：

$$\begin{cases} R_s' = R_s \\ U_s = R_s' I_s \end{cases} \qquad (1-27)$$

值得注意的是：

(1) 两种电源模型中，电流源电流的流出端应与电压源的正极性端相对应。

(2) 等效变换仅为对外电路等效，对电源内部并不等效。即等效变换前后，外电路电压和电流的大小及方向都不变。

通过电源等效变换，有时可以简化电路，更便于对电路进行分析计算。

具体等效变换过程如图 1.26 所示。

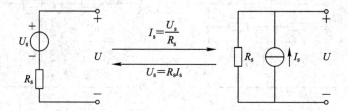

图 1.26 电压源与电流源的等效变换

例 1-9 试用电源等效变换的方法求出图 1.27(a)所示电路中的电流 I。

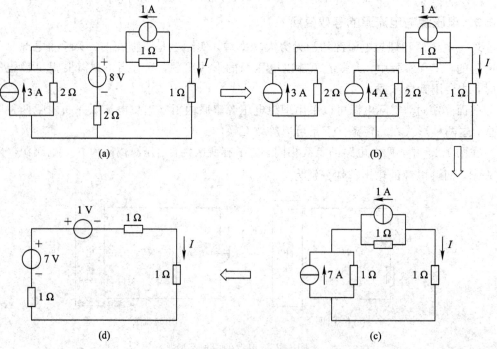

图 1.27 例 1-9 电路图

解　利用电源等效变换，将图 1.27(a)中的电路简化为 1.27(d)中的单回路电路，变换过程如图 1.27(b)、1.27(c)、1.27(d)所示。从化简后的电路可求得

$$I = \frac{7-1}{1+1+1} = 2 \text{ A}$$

1.5　基尔霍夫定律

电路的基本元件按照一定的方式连接起来，组成一个完整电路，如图 1.28 所示，其中每一个小方框代表一个理想电路元件（如电阻、电容、电感、理想电压源、理想电流源等）。在分析计算电路时，通常依据两种约束关系：元件的约束关系和电路的约束关系——基尔霍夫定律。基尔霍夫定律包含两部分内容：基尔霍夫电流定律（Kirchhoff's Current Law，KCL）和基尔霍夫电压定律（Kirchhoff's Voltage Law，KVL），它们是电路分析的基本定律。

1.5.1　常用的电路名词

1. 支路

电路中具有两个端子、通过同一电流的每条分支（至少含有一个元件），称为支路。如图 1.28 中的 afc、ab、bc、aeo、bo、cdo 均为支路。

2. 结点

电路中，3 条或 3 条以上支路的连接点称为结点。例如，图 1.28 中的 a、b、c、o 点都是结点。

3. 回路

电路中，由若干条支路组成的闭合路径称为回路。如图 1.28 中的 abcfa、aboea、bcdob、abcdoea、afcdoea。

4. 网孔

内部不包含支路的回路称为网孔。网孔是特殊

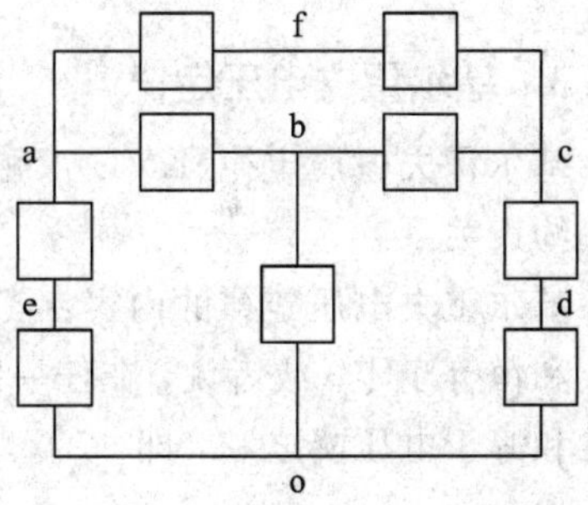

图 1.28　常用名称示例电路图

的回路。图 1.28 中的网孔有 abcfa、aboea、bcdob。由此可见，abcfa、aboea、bcdob 既是回路，也是网孔，而回路 abcdoea、afcdoea 则不是网孔。

1.5.2　基尔霍夫电流定律

基尔霍夫电流定律（KCL）又称为结点电流定律，描述电路中各支路电流之间的约束关系。

基尔霍夫电流定律的内容：任一时刻，流入电路任一结点的电流代数和恒等于零。或者说，电路中任一结点，在任一时刻，流入结点的电流和等于流出结点的电流和，即

$$\sum i = 0 \tag{1-28}$$

或

$$\sum i_入 = \sum i_出 \tag{1-29}$$

应用 KCL 时，应注意以下两点：

（1）式（1-28）中，一般规定流入结点的电流在代数和中取正（"+"），流出结点的电流在代数和中取负（"-"）。

（2）KCL 还可以从结点推广到任一假设的闭合面（广义结点）。如图 1.29 所示，将闭合面 S 视为一个广义结点，则由 KCL 可得：$I_1 - I_2 - I_3 - I = 0$。

例 1-10 在图 1.30 所示电路中，已知 $I_1 = 6$ A，$I_2 = -4$ A，$I_3 = -2$ A，$I_4 = 2$ A，求 I_5。

解 根据 KCL 列方程，若电流参考方向为流入结点 a 的，则取"+"，流出结点 a 的，则取"-"，有 $I_1 - I_2 - I_3 + I_4 - I_5 = 0$，将具体数值代入，得 $6 - (-4) - (-2) + 2 - I_5 = 0$，则 $I_5 = 14$ A。

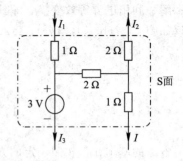

图 1.29　KCL 在广义结点上的应用

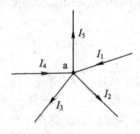

图 1.30　例 1-10 图

1.5.3　基尔霍夫电压定律

基尔霍夫电压定律（KVL）又称为回路电压定律，描述电路中任一回路各段电压之间的相互约束关系。

基尔霍夫电压定律的内容：任一时刻，沿电路中任一回路绕行一周，所有支路的电压代数和恒等于零。或者说，在任一时刻，沿电路中任一回路绕行一周，在绕行方向上的电压升之和等于电压降之和，即

$$\sum u = 0 \tag{1-30}$$

或

$$\sum u_{升} = \sum u_{降} \tag{1-31}$$

应用 KVL 时，应注意以下两点：

（1）在式（1-30）中，一般规定各电压的参考方向与回路绕行方向一致的取正（"+"），各电压的参考方向与回路绕行方向相反的取负（"-"）。

（2）KVL 还可以从结点推广到非闭合回路中求两点间的电压，用"箭头首尾衔接法"，直接求出回路中待求两点间的电压。例如，在图 1.31 中，需求出 c、d 间的电压 U_{cd}。从 c→a→d 取 U_{cd} 时，对回路 cadbc 列写 KVL 方程：$U_{cd} + R_2 I_2 - U_{s1} = 0$，可求得 $U_{cd} = U_{s1} - R_2 I_2$；从 c→b→d 取 U_{cd} 时，对回路 cbdac 列写 KVL 方程：$U_{cd} - U_{s2} - R_1 I_1 = 0$，可求得 $U_{cd} = R_1 I_1 + U_{s2}$。

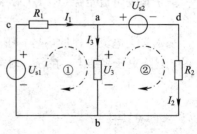

图 1.31　例 1-11 电路图

例 1-11　在图 1.31 所示电路中，已知 $U_{s1}=7$ V，$U_{s2}=4$ V，$I_1=1$ A，$R_1=R_2=2$ Ω，求电压 U_3、电流 I_2 和 I_3。

解　对回路①列写 KVL 方程：

$$R_1 I_1 + U_3 - U_{s1} = 0$$

则

$$U_3 = U_{s1} - R_1 I_1 = 7 - 2 \times 1 = 5 \text{ V}$$

对回路②列写 KVL 方程：

$$U_{s2} + R_2 I_2 - U_3 = 0$$

则

$$I_2 = \frac{U_3 - U_{s2}}{R_2} = \frac{5-4}{2} = 0.5 \text{ A}$$

对结点 a 列写 KCL 方程：

$$I_1 - I_2 - I_3 = 0$$

则

$$I_3 = I_1 - I_2 = 1 - 0.5 = 0.5 \text{ A}$$

例 1-12　在电子电路中，我们经常会看到与图 1.32 相似的电路形式，试分别求开关 S 断开和闭合两种情况下 a 点的电位。

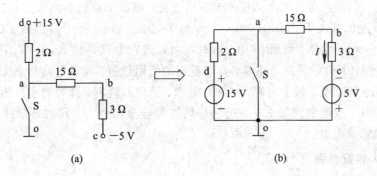

（a）　　　　　　　　　　　　　　　（b）

图 1.32　例 1-12 电路图

解　图 1.32(a)所示为电子电路中的一种习惯画法：电源不再用符号表示，而改为标出其电位的极性和数值。可将图 1.32(a)转换为图 1.32(b)的形式。

（1）开关 S 断开时，由 KVL 可得

$$(2+15+3)I - 5 - 15 = 0$$

$$I = \frac{5+15}{2+15+3} = 1 \text{ A}$$

又

$$V_a = U_{ao} = U_{ab} + U_{bc} + U_{co} = (15+3)I - 5 = 13 \text{ V}$$

或

$$V_a = U_{ao}$$

当 $U_{ao}=U_{ad}+U_{do}$ 时：

$$V_a = U_{ao} = 2(-I) + 15 = 13 \text{ V}$$

（2）开关 S 闭合时，a 点直接与参考地 o 点相连，二者电位相等，即

$$V_a = 0$$

1.6 应用 Multisim 软件进行基尔霍夫定律仿真验证

1. 仿真目的

（1）验证基尔霍夫定律，加深对定律的理解。

（2）加深对电流、电压参考方向的认识。

（3）学习 Multisim 软件的基本使用方法。

2. 仿真原理及说明

基尔霍夫电压定律：任一时刻，电路中任一回路的电压代数和恒等于零。

$$\sum u = 0$$

先选定一个绕行方向，参考方向与绕行方向一致的电压取正号，参考方向与绕行方向相反的电压则取负号。

基尔霍夫电流定律：任一时刻，流入电路任一结点的电流代数和恒等于零。或者说，电路中任一结点，在任一时刻，流入结点的电流总和等于流出结点的电流和。

$$\sum i = 0$$

一般规定，参考方向为流入结点的电流取正号，流出结点的电路取负号。

Multisim 是加拿大 IIT（Interactive Image Technologies）公司推出的 EDA（Electronic Design Automation）软件，利用 Multisim 软件可以进行电路的仿真，不仅不受实验条件的限制，使用方便，而且结果高度仿真，具有很高的使用价值。通过电路仿真实验的学习，可以更快、更好地掌握理论教学内容，加深对概念、原理的理解，弥补课堂教学的不足，而且可以熟悉常用电子仪器的测量方法，进一步培养综合分析能力，积累排除故障的经验，增强开发创新的思维能力。

3. 仿真内容及步骤

1）验证基尔霍夫电压定律

（1）在 Multisim 软件中建立如图 1.33 所示实验电路。其中，电阻在基本器件库（Basic），直流电源、接地端在电源库（Source），电压表在指示器件库（Indicators）。在放置

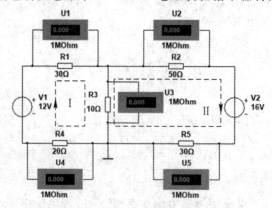

图 1.33 验证基尔霍夫电压定律仿真实验电路

电压表时要特别注意电压表的极性应与电路图中的参考方向一致。

(2) 单击仿真开关，运行仿真，测量各元件端电压，将各电压表的读数记入表1-2中。

表 1-2　基尔霍夫电压定律实验数据

U_1	U_2	U_3	U_4	U_5	回路 I $\sum U$	回路 II $\sum U$

(3) 根据测量数据，验证每个回路是否满足

$$\sum U = 0$$

2) 验证基尔霍夫电流定律

(1) 在 Multisim 软件中建立如图 1.34 所示实验电路。电流表在指示器件库 (Indicators)。在放置电流表时要特别注意电流表的极性应与电路图中的参考方向一致。

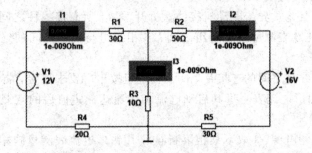

图 1.34　验证基尔霍夫电流定律仿真实验电路

(2) 单击仿真开关，运行仿真，测量各支路电流，将各电流表的读数记入表1-3中。

表 1-3　基尔霍夫电流定律实验数据

I_1	I_2	I_3	$\sum I$

(3) 根据测量数据，验证每个结点是否满足

$$\sum I = 0$$

4. 讨论与思考

如果改变电流表、电压表的极性，即参考方向改变了，读数将如何变化？还满足基尔霍夫定律吗？

实训 1　电工工具和仪器仪表的使用

1. 实训目的

(1) 认识和了解常用电工工具和仪表的结构和使用方法；

（2）重点掌握万用表的常规使用方法。

2. 实训器件

（1）常用电工工具（钢丝钳、尖嘴钳、剥线钳、电工刀、螺丝刀、活动扳手、电烙铁、冲击钻）和常用仪器仪表（万用表、调压器、钳形电流表、直流电流表、交流电流表、直流电压表、交流电压表、电度表、兆欧表）等。

3. 实训内容及步骤

（1）在实训室结合实物详细介绍常用电工工具（电表、钢丝钳、尖嘴钳、剥线钳、电工刀、螺丝刀、活动扳手、电烙铁、冲击钻等）的结构，演示使用方法和注意事项，然后分组让学生实际操作（如用电表测试电源；用剥线钳剥几节导线绝缘；练习电烙铁上锡和焊接等）。

（2）介绍电压表和电流表的结构，将调压器输出端与交流电压表相连，接通电源，调节调压器，读数并记录。直流电压表与直流电相连时，应注意其正负极性，换不同挡位读数，并做好记录。

（3）钳形电流表与兆欧表的使用。

① 将一台三相鼠笼式异步电动机接线盒拆开，取下所有接线柱之间的连接片，使三相绕组各自独立。用兆欧表测量三相绕组之间、各相绕组与机座之间的绝缘电阻，将测量结果做好记录。

② 恢复有关接线柱之间的连接片，使三相绕组按出厂要求连接，将其接入三相交流电路，通电运行。用钳形电流表测量其启动电流和转速达额定值后的空载电流，将测量结果做好记录。

③ 人为断开一相电源（如取下某相熔断器），用钳形电流表测量缺相运行电流。测量时间要尽量短，测量完立即关断电源，将测量结果做好记录。

（4）详细介绍万用表的结构，演示使用方法与注意事项，然后分组进行实际操作训练。

① 用万用表测量实训室电源或插座的交流电压。

② 用万用表测量直流稳压电源（或学生电源）的输出电压和几个电池（1.5 V、9 V 等）的电动势。

③ 用万用表测量几个电阻元件（或日光灯、电炉、电烙铁、电熨斗的电热丝等）的电阻，判断日光灯、电炉、电烙铁、电熨斗等日用电器电热丝的通断。

④ 用万用表测量几个电解电容（如洗衣机常用的 10 μF、4 μF 电容）的充放电能力，判断电容器的好坏和质量。（用电阻挡测量，表笔接触电容器两引出端。若万用表指针偏转后，能慢慢返回"∞"处，则此电容器良好；若万用表指针不动，则此电容器已开路；若万用表指针偏转后，不能返回"∞"处，则此电容器漏电。）

（5）万用表使用时注意事项。

① 测量前，必须将"功能/量程"开关旋至所需的正确位置。

② 测量电流时，万用表应串接于被测电路；测量电压时，万用表应并接于被测电路；测量电阻时，应先将"功能/量程"开关旋至合适挡位，并进行"Ω"调零。

③ 测量直流电压、电流时，表笔极性勿弄错；绝对禁止用万用表的电流挡和电阻挡去测量电压。

4. 实训要求

（1）掌握电笔的正确使用方法，懂得电笔是保证人身安全和检测电路故障的重要工具。

（2）了解和初步掌握各种常用电工工具与仪表的结构和使用方法，能独立进行简单电工操作和电工测量。

（3）了解万用表的结构和原理，掌握正确使用万用表测量交（直）流电压、电流和电阻的方法。

（4）学会判断电容器好坏的方法和判断电烙铁、电炉等电器电热丝通断的方法。

5. 实训报告

根据实训结果，进行总结、分析。

本 章 小 结

电路理论研究的对象，是由理想电路元件构成的电路模型。理想电路元件是实际电路元件的理想化模型。

电路图中所标注的电压、电流方向均为参考方向，在分析计算电路时，首先必须标出各电压、电流的参考方向，这是列写方程的依据。通常，电压的参考方向（极性）用"＋""－"标注，电流的参考方向用"→"标注。当 u（或 i）>0 时，表明其方向与参考方向一致；否则相反。

当元件的 u、i 选择关联参考方向时，功率 $p=ui$；当元件的 u、i 选择非关联参考方向时，功率 $p=-ui$。如果 $p>0$，则该元件吸收功率，为耗能元件；如果 $p<0$，则该元件输出功率，为储能元件。电路中的功率是平衡的，满足 $\sum p=0$，即发出的功率之和等于吸收的功率之和。

电阻三角形连接和星形连接等效变换：

$$Y\ 电阻 = \frac{\triangle\ 相邻电阻的乘积}{\triangle\ 电阻之和}$$

$$\triangle\ 电阻 = \frac{Y\ 电阻两两乘积之和}{Y\ 不相邻电阻}$$

理想电压源串联电阻模型与理想电流源并联电阻模型等效变换的条件是：

$$\begin{cases} 两个模型中的电阻阻值相等：R'_s=R_s \\ 理想电压源、理想电流源、电阻三者间满足欧姆定律：U_s=R'_s I_s \end{cases}$$

值得注意的是：

（1）两种电源模型中，电流源的电流流出端应与电压源的正极性端相对应。

（2）等效变换仅为对外电路等效，对电源内部并不等效。即等效变换前后，外电路电压和电流的大小及方向都不变。

基尔霍夫电流定律：电路中的任一结点，都满足 $\sum i=0$。根据各支路电流 i 的参考方向，流入结点的电流前取"＋"，流出结点的电流前取"－"。

基尔霍夫电压定律：沿着电路中的任一回路绕行一周，都满足 $\sum u=0$。根据各端电压 u 的参考方向，各电压降的方向与绕行方向一致时取"＋"，各电压升的方向与绕向方向一致时取"－"。

习　题

1. 如图 1.35 所示，已知 $U_1 = 3$ V，$U_2 = 10$ V，$U_3 = 4$ V，试求电压 U_{ab}，并判断 a、b 两点哪点电位高。

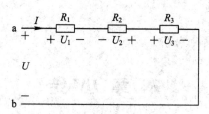

图 1.35　习题 1 图

2. 已知电路中 A、B 两点间的电压 $U_{AB} = -20$ V，A 点的电位为 $V_A = 5$ V，那么 B 点的电位为多少？如果以 B 点为参考点，那么 A 点的电位又是多少？

3. 一只 100 Ω、100 W 的电阻与 120 V 电源相串联，至少要串入多大的电阻 R 才能使该电阻正常工作？

4. 如图 1.36 所示电路，已知电流 $i = 2$ A，求电阻 R 的值，以及 4 Ω 电阻吸收的功率。

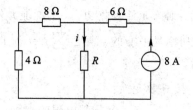

图 1.36　习题 4 图

5. 一台 40 W 的扩音机，其输出电阻为 8 Ω。现有 8 Ω、10 W 低音扬声器两只，16 Ω、20 W 扬声器一只。问：应把它们如何连接在电路中才能满足"匹配"的要求？能否像电灯泡那样全部并联？

6. 电路如图 1.37 所示，已知通过 3 Ω 电阻的电流为 0.2 A，试求此电路的总电压 U 和总电流 I。

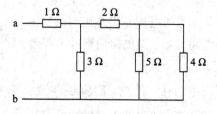

图 1.37　习题 6 图

7. 电路如图 1.38 所示，开关 S 接在端子"1"时，电压表读数为 10 V，S 接在端子"2"时，电流表读数为 10 mA。问：开关 S 接在端子"3"时，电压表、电流表读数分别为多少？

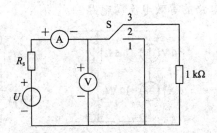

图 1.38   习题 7 图

8. 电路如图 1.39 所示，计算各电路中的未知电流。

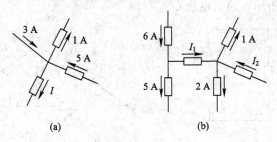

(a)   (b)

图 1.39   习题 8 图

9. 试求图 1.40 所示电路中的等效电阻 R_{ab}。

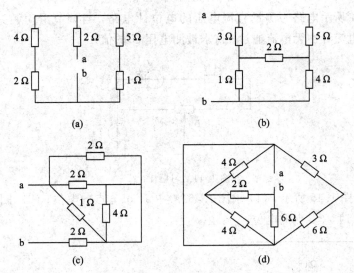

(a)   (b)

(c)   (d)

图 1.40   习题 9 图

10. 试求图 1.41 所示电路的等效电压源电路。

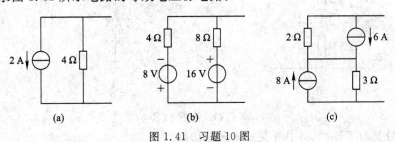

(a)   (b)   (c)

图 1.41   习题 10 图

電工电子技术

11. 试求图 1.42 所示电路的等效电流源电路。

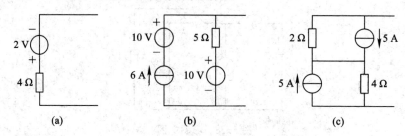

图 1.42 习题 11 图

12. 试求图 1.43 所示电路的电压 U。

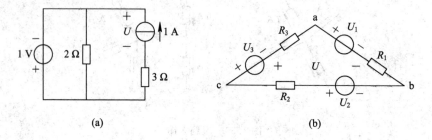

图 1.43 习题 12 图

13. 图 1.44 所示电路为测量直流电压的电位计电路，当调节滑动触头使 $R_1 = 70\ \Omega$、$R_2 = 30\ \Omega$ 时，电流计中无电流通过。试求被测电压 U 的值。

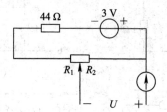

图 1.44 习题 13 图

14. 电路如图 1.45 所示；(1) 求图 1.45(a) 中 a、b、c 点的电位；(2) 求图 1.45(b) 中开关 S 打开与闭合时 a、b 点的电位。

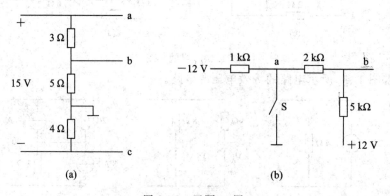

图 1.45 习题 14 图

15. 求图 1.46 所示电路中各独立电源的功率。

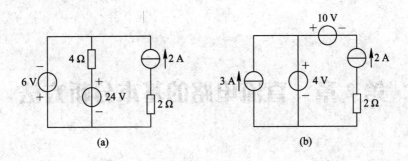

图 1.46　习题 15 图

16. 图 1.47 所示电路，其中 $R_1 = 10\ \Omega$，$R_2 = 60\ \Omega$，$R_3 = 30\ \Omega$，$R_4 = 10\ \Omega$。若电源电流 I 超过 6 A 时，熔断器的熔丝会烧断。试问：哪个电阻器因损坏而短路时，会烧断熔丝？

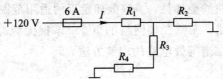

图 1.47　习题 16 图

第2章 直流电路的基本分析方法

学习目标

（1）理解支路电流的概念，掌握支路电流法的正确运用；

（2）理解网孔电流及结点电压的概念，掌握网孔电流法和结点电压法的正确运用；

（3）深刻理解线性电路的叠加性，了解叠加定理的适用范围，会用叠加定理分析电路；

（4）了解有源二端网络、无源二端网络的概念，掌握无源二端网络输入电阻的求解方法，掌握有源二端网络戴维南等效电路的求解方法。

能力目标

（1）会运用支路电流法、网孔电流法、结点电压法分析电路；

（2）能求解有源二端网络、无源二端网络的等效电阻；

（3）会运用叠加定理、戴维南定理简化电路的分析和计算。

电路的基本概念和基本定律，是电路分析理论中的基本语言和共同约定。但是，工程实际中的电路结构多样，求解的对象也因实际需求而各不相同，因此，对于复杂电路，仅用第1章的基本概念和基本定律来分析和计算，往往非常棘手。本章将介绍在一般电阻电路中应用较为广泛的分析方法：支路电流法、网孔电流法、结点电压法，以及叠加定理和戴维南定理等。这些分析方法大多建立在欧姆定律和基尔霍夫定律基础之上，是电路基本定律的延伸。

2.1 支路电流法

支路电流法是直接应用基尔霍夫定律求解电路的最基本方法之一，它是以支路电流为变量，根据 KCL 和 KVL 列方程的一种方法。

2.1.1 独立方程和非独立方程

支路电流法涉及独立方程和非独立方程的问题，下面用一个简单的例子加以说明。

现有一方程组

$$\begin{cases} x_1 + x_2 + x_3 = 0 \\ -x_1 + 2x_2 - 3x_3 = 0 \\ 3x_2 - 2x_3 = 0 \end{cases}$$

上述方程组中，前两个方程之间相互独立，没有关系，可称为独立方程，第三个方程是由前两个独立方程经四则运算而得，也就是说，它与前两个方程是存在约束关系的，称为非独立方程。

要注意的是，独立方程和非独立方程是相对而言的。同样地，可将上面的第一个和第三个方程看作独立方程，此时，方程二就称为非独立方程。

在列方程求未知数时，n 个未知数必须列 n 个独立方程，才能解出具体值。因此，用支路电流法根据 KCL 和 KVL 列方程时，也一定要确认所列方程是否为独立方程、方程个数是否与未知量（支路电流）一致。

可以证明，对于具有 b 条支路、n 个结点的电路，应用 KVL 只能列 $b-(n-1)$ 个回路方程，应用 KCL 只能列 $n-1$ 个结点方程。

2.1.2　支路电流法

1. 支路电流法的内容

支路电流法：把支路电流设为未知变量，应用 KCL 和 KVL 对电路列写独立方程，求解未知量的方法。

下面用一道例题说明支路电流法的解题过程。

例 2-1　图 2.1 所示电路中，$U_{s1}=10$ V，$U_{s2}=6$ V，$R_1=2$ Ω，$R_2=1$ Ω，负载电阻 $R_L=2$ Ω，试用 KCL 和 KVL 求出各支路电流。

解　分析电路结构可知，该电路含有 2 个结点（b 和 d）、3 条支路（接于 b、d 间）、3 个回路（abda、bcdb 和 abcda）。因为支路数有 3 条，即 3 个未知量，因此，需要列写 3 个独立方程。

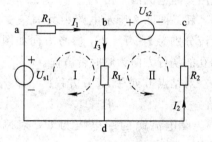

图 2.1　例 2-1 电路图

列写方程前，首先需要将各支路电流的参考方向在电路图中标示出来，如图中 I_1、I_2、I_3 所示。

对于结点 b 和 d，3 条支路的电流既汇集于 b 又汇集于 d，即这两个结点互相影响，互不独立，因此，只能对其中任意一个列写 KCL 方程。选取结点 a 作为独立结点，列出 KCL 方程：

$$I_1 + I_2 - I_3 = 0$$

其余两个独立方程可选取 3 个回路中的任意两个来列写。因为网孔中不含其他支路，较为直观，因此，一般选择网孔作为回路，分别列出 KVL 方程。

同样地，列写方程之前，先将各回路绕行方向在电路图上标示出来，如图 2.1 中虚线箭头所示。

对回路 I 列写 KVL 方程：

$$R_1 I_1 + R_L I_3 - U_{s1} = 0 \rightarrow R_1 I_1 + R_L I_3 = U_{s1}$$

对回路 II 列写 KVL 方程：

$$R_L I_3 + R_2 I_2 - U_{s2} = 0 \rightarrow R_2 I_2 + R_L I_3 = U_{s2}$$

将数值代入上述方程，有

$$\begin{cases} I_1 + I_2 - I_3 = 0 \\ 2I_1 + 2I_3 = 10 \\ I_2 + 2I_3 = 6 \end{cases}$$

化简可得

$$\begin{cases} I_1 + I_2 - I_3 = 0 \\ I_1 = 5 - I_3 \\ I_2 = 6 - 2I_3 \end{cases}$$

利用代入消元法联立求解可得

$$I_3 = 2.75 \ \text{A}$$
$$I_1 = 2.25 \ \text{A}$$
$$I_2 = 0.5 \ \text{A}$$

2. 支路电流法的一般步骤

应用支路电流法的一般步骤如下：

(1) 对于含 n 个结点、b 条支路的电路，选定 $n-1$ 个独立结点、$b-(n-1)$ 个独立回路，并在电路图上标出各支路电流的参考方向以及独立回路的绕行方向。

(2) 应用 KCL、KVL 分别对独立结点和独立回路列写方程组。

(3) 联立方程组，求解未知量。

例 2 - 2 图 2.2 所示电路中，$U_s = 20$ V，$I_s = 3$ A，$R_1 = 10$ Ω，$R_2 = 25$ Ω，$R_3 = 15$ Ω，试用支路电流法求出 I_3。

解 图 2.2 所示电路中共 3 条支路，对应的支路电流分别为 I_1、I_2、I_3，参考方向如图所示。选定所有网孔的绕行方向为顺时针方向。

对结点 b 列写 KCL 方程：

$$I_1 + I_2 - I_3 = 0$$

设电流源的端电压为 U，对网孔 I 列写 KVL 方程：

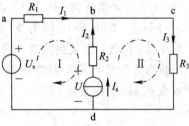

图 2.2 例 2-2 电路图

$$R_1 I_1 - R_2 I_2 + U - U_s = 0$$

电流源的电流值刚好为 I_2，则 $I_2 = 3$ A，代入上两式，分别可得

$$I_1 + 3 - I_3 = 0 \qquad \qquad ①$$
$$R_1 I_1 - 3R_2 + U = U_s \qquad \qquad ②$$

方程②中代入数值，有

$$10 I_1 - 3 \times 25 + U = 20 \qquad \qquad ③$$

对网孔 II 列写 KVL 方程：

$$R_3 I_3 - U + R_2 I_2 = 0$$

代入数值，有

$$15 I_3 - U + 25 \times 3 = 0 \qquad \qquad ④$$

联立求解方程①③④，可得

$$I_3 = 2 \ \text{A}$$

从本例可知，当含有电流源的支路为网孔的公共支路时，对网孔列写 KVL 时，需假设该电流源的端电压，即引入一个新的未知量列入方程。

当含有电流源的支路不是网孔的公共支路时，所在支路的电流已成为已知量，等于该电流源的电流，因而可以不必列写该支路所在网孔的 KVL 方程。

2.2　网孔电流法

1. 网孔电流法的内容

利用支路电流法分析计算电路时，对于有 b 条支路的电路，需要列写并求解 b 个独立方程，当电路结构比较复杂时，解方程的计算量也就随之变大。

假如把未知量改为网孔电流，因为网孔电流是沿着闭合回路流动的，流入某一结点的网孔电流必将流出该结点。因此，每个结点的网孔电流自动满足 KCL。也就是说，引入网孔电流后，就不必对各独立结点列写 KCL 方程了，显然这大大减少了独立方程数。

这种采用网孔电流作为未知量，对各网孔列写 KVL 方程的方法称为网孔电流法。

下面仍以图 2.1 所示电路为例，并将其重画为图 2.3，来说明网孔电流法的解题过程。

例 2-3　图 2.3 所示电路中，$U_{s1}=10$ V，$U_{s2}=6$ V，$R_1=2$ Ω，$R_2=1$ Ω，负载电阻 $R_L=2$ Ω，试用 KCL 和 KVL 求出各支路电流。

解　各支路电流的参考方向、网孔的绕行方向如图所示，假设网孔Ⅰ、Ⅱ的电流分别为 I_a、I_b，其参考方向与绕向方向一致。

对网孔Ⅰ列写 KVL 方程

$$R_1 I_a + R_L(I_a + I_b) - U_{s1} = 0$$

对网孔Ⅱ列写 KVL 方程

$$R_L(I_a + I_b) + R_2 I_b - U_{s2} = 0$$

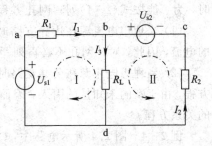

图 2.3　例 2-3 电路图

代入数值得

$$2I_a + 2I_a + 2I_b = 10$$

$$2I_a + 2I_b + I_b = 6$$

联立方程组，可得

$$I_b = 0.5 \text{ A}, \quad I_a = 2.25 \text{ A}$$

由图可知

$$I_1 = I_a = 2.25 \text{ A}, \quad I_2 = I_b = 0.5 \text{ A}, \quad I_3 = I_a + I_b = 2.75 \text{ A}$$

2. 网孔电流法的一般步骤

应用网孔电流法的一般步骤如下：

（1）指定电路中各电流、电压的参考方向；选定网孔电流的参考方向，该方向也是列 KVL 方程时的绕行方向。

（2）对各网孔列写网孔电流方程：

$$\begin{cases} R_{11}I_1 + R_{12}I_2 + \cdots + R_{1m}I_m = U_{s11} \\ R_{21}I_1 + R_{22}I_2 + \cdots + R_{2m}I_m = U_{s22} \\ \vdots \\ R_{m1}I_1 + R_{m2}I_2 + \cdots + R_{mn}I_m = U_{smn} \end{cases} \tag{2-1}$$

式中各物理量的含义如下：

I_1、I_2、$\cdots$、I_m 为网孔电流。

R_{11}、R_{22}、…、R_{mm}有相同下标的电阻为各网孔的自电阻，分别是各网孔电阻之和，恒为正值。

R_{12}、R_{13}、R_{23}、…有不同下标的电阻为互电阻，即为两个相邻网孔的公共电阻。比如R_{12}指的是网孔1和网孔2公共支路上的总电阻。通过公共电阻的两个网孔电流参考方向一致时，互电阻取正值，否则取负值。如果两个相邻网孔之间没有公共电阻，则互电阻为零。一般情况下，$R_{jk}=R_{kj}$（含受控源的电路除外）。

U_{s11}、U_{s22}、…、U_{smm}分别为各个网孔电压源电压的代数和。各电压源电压沿绕行方向，若由负极到正极，则取正值（"+"），否则取负值（"-"）。

（3）联立方程组，解得网孔电流。

（4）根据网孔电流与各支路电流的关系，求出支路电流或电压。

3. 含电流源支路时的求解方法

当电路中含有电流源与电阻的并联组合时，将其等效为电压源与电阻串联的形式，再列写方程。但是，如果某支路为电流源与电阻串联的组合，或者为单独的一个理想电流源时，为了能按式（2-1）列写网孔方程，需要做如下特殊处理。

（1）当理想电流源在边界支路时，所在网孔的网孔电流就成为已知量，等于该电流源的电流，因此，对该网孔不必再列写网孔电流方程。

（2）当理想电流源在公共支路时，首先将电流源端电压设为新的未知量列入网孔电流方程，由于新的未知量的引入，因而需要增补一个方程：电流源电流与相邻两个网孔电流的关系方程。

例2-4 图2.4所示电路中，$U_s=4$ V，$I_s=1$ A，$R_1=2$ Ω，$R_2=3$ Ω，$R_3=5$ Ω，试用网孔电流法求出各支路电流。

解 假设两个网孔的绕行方向如图所示，其中网孔Ⅰ、Ⅱ电流分别为I_a和I_b。列写网孔电流方程：

网孔Ⅰ：$(R_1+R_2)I_a+R_2I_b=U_s$

网孔Ⅱ：$I_b=I_s=1$

联立方程组，有$5I_a+3=4$

解得$I_a=0.2$ A

各支路电流：$I_1=I_a=0.2$ A，$I_2=-(I_a+I_b)=-1.2$ A，$I_3=-I_s=-1$ A

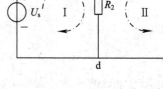

图2.4 例2-4电路图

2.3 结点电压法

2.3.1 结点电压法

结点电压就是两个结点电位之间的差值。电路中，任选一个结点为参考节点，其他结点与参考点之间的电压即为结点电压。引入结点电压法的目的与引入网孔电路法的目的一样，都是为了简化分析和计算的步骤。

1. 结点电压法的内容

以结点电压为未知量，利用KCL对结点列写方程，并联立解方程，实现对电路的求解，称为结点电压法，简称结点法。

以图 2.5 所示电路为例，具体说明结点电压法分析电路的过程。

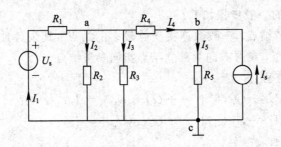

图 2.5　结点电压法示例

图 2.5 所示电路支路数多、网孔数也多，但结点数相对较少。针对结点，如果也能像网孔电流法那样把 KVL 方程省略掉，只用 KCL 电流方程进行解题，显然可以大大减少该电路的方程数，进而达到简化解题步骤的目的。

选取结点 c 作为参考点，则结点 a 和结点 b 的电压分别为 U_{ac}、U_{bc}。对结点 a 和 b 分别列 KCL 方程，有

结点 a：

$$I_1 - I_2 - I_3 - I_4 = 0 \tag{2-2}$$

结点 b：

$$I_s + I_4 - I_5 = 0$$

将各电流用结点电压表示：

$$I_1 = \frac{U_s - U_{ac}}{R_1} = G_1(U_s - U_{ac}), \quad I_2 = \frac{U_{ac}}{R_2} = G_2 U_{ac}, \quad I_3 = \frac{U_{ac}}{R_3} = G_3 U_{ac},$$

$$I_4 = \frac{U_{ac} - U_{bc}}{R_4} = G_4(U_{ac} - U_{bc}), \quad I_5 = \frac{U_{bc}}{R_5} = G_5 U_{bc}$$

代入式(2-2)，整理得

结点 a：

$$(G_1 + G_2 + G_3 + G_4)U_{ac} - G_4 U_{bc} = G_1 U_s$$

结点 b：

$$G_4 U_{ac} + (G_4 + G_5)U_{bc} = I_s$$

写出一般形式：

$$G_{11}U_{10} + G_{12}U_{20} = I_{s1}$$
$$G_{21}U_{10} + G_{22}U_{20} = I_{s2}$$

式中各量的含义如下：

G_{11} 等于 $G_1 + G_2 + G_3 + G_4$，表示与结点 a 相连接的所有电导之和，称为结点 a 的自导，总为正（"+"）。

G_{22} 等于 $G_4 + G_5$，表示与结点 b 相连接的所有电导之和，称为结点 b 的自导。

$G_{12} = G_{21}$，表示结点 a 与 b 之间所有公共支路的电导之和，称为互导，总为负（"-"）。

I_{s1}、I_{s2} 表示与结点 a、b 相连的所有电流源的代数和。当电流源的电流流入结点时，取正，否则取负。

U_{10}、U_{20}表示结点 a、b 的电压。

2. 结点电压法的一般步骤

应用结点电压法的一般步骤如下：

（1）选取一个参考结点，一般取连接支路较多的结点。其余各独立结点与参考结点之间的电压即为结点电压，参考方向为独立结点指向参考结点。

（2）列结点电压方程：

$$\begin{cases} G_{11}U_1 + G_{12}U_2 + \cdots + G_{1(n-1)}U_{n-1} = I_{s11} \\ G_{21}U_1 + G_{22}U_1 + \cdots + G_{2(n-1)}U_{n-1} = I_{s22} \\ \qquad\qquad\qquad\vdots \\ G_{(n-1)1}U_1 + G_{(n-1)2}U_2 + \cdots + G_{(n-1)(n-1)}U_{n-1} = I_{s(n-1)(n-1)} \end{cases} \qquad (2-3)$$

式中各量的含义如下：

U_1、U_2、$\cdots$、U_{n-1}为独立结点电压。

G_{11}、G_{22}、$\cdots$、$G_{(n-1)(n-1)}$为各结点的自电导，分别为各结点上电导总和，恒为正（"+"）。

G_{12}、G_{21}、$\cdots$为两个相关结点的公共电导，称为互导，恒为负（"－"）。若两个结点之间没有支路直接相连，则相应的互电导为零。一般地，$G_{jk}=G_{kj}$。

I_{s1}、I_{s2}、$\cdots$、$I_{s(n-1)(n-1)}$为与各结点相连的所有电流源的代数和。当电流源的电流流入结点时，取正，否则取负。

（3）求解结点电压方程，解出结点电压值。

（4）根据待求量与结点电压的关系，求出相关量。

如果电路的独立结点数比网孔数少，与网孔电流法相比，结点电压法因为所需求解的方程数较少，更便于求解。

例 2-5 电路如图 2.6 所示，试用结点电压法求出支路电流 $I_1 \sim I_5$。

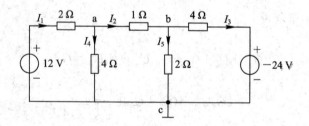

图 2.6 例 2-5 电路图

解 选取结点 c 为参考点，则结点 a、b 的电压分别为 U_{ac}、U_{bc}。

列写结点电压方程：

结点 a：

$$(0.5+0.25+1)U_{ac} - U_{bc} = \frac{12}{2}$$

结点 b：

$$-U_{ac} + (1+0.25+0.5)U_{bc} = \frac{-24}{4}$$

整理得

结点 a：

$$1.75U_{ac}-U_{bc}=6$$

结点 b：

$$-U_{ac}+1.75U_{bc}=-6$$

联立方程组，有

$$U_{ac}=2.18\ \text{V},\ U_{bc}=-2.18\ \text{V}$$

各支路电流：

$$I_1=\frac{12-U_{ac}}{2}=4.91\ \text{A}, \quad I_2=\frac{U_{ac}-U_{bc}}{1}=4.36\ \text{A}$$

$$I_3=\frac{U_{bc}-(-24)}{4}=5.46\ \text{A}, \quad I_4=\frac{U_{ac}}{4}=0.546\ \text{A}$$

$$I_5=\frac{U_{bc}}{2}=-1.09\ \text{A}$$

3. 一些特殊支路的处理

1）电路中只有一条仅含一个纯理想电压源的支路

如图 2.7 所示，电路中有一条支路仅含一个纯理想电压源时，可选取该理想电压源所在支路的一端为参考点，如图中的 o 点，则结点 a、b、c 的电压为 U_{ao}、U_{bo}、U_{co}，且 $U_{bo}=U_{s4}$ 为已知量，因此，只需对结点 a、c 列出结点电压方程。

$$\left(\frac{1}{R_1}+\frac{1}{R_2}+\frac{1}{R_3}\right)U_{ao}-\frac{1}{R_2}U_{bo}-\frac{1}{R_1}u_{co}=-\frac{U_{s1}}{R_1}-\frac{U_{s2}}{R_2}+\frac{U_{s3}}{R_3}$$

$$-\frac{1}{R_1}U_{ao}-\frac{1}{R_4}U_{bo}+\left(\frac{1}{R_1}+\frac{1}{R_4}+\frac{1}{R_5}\right)U_{co}=\frac{U_{s1}}{R_1}$$

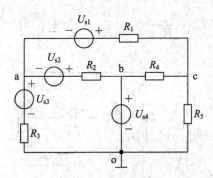

图 2.7　仅一条单独电压源支路电路图

2）电路中含有一条以上纯理想电压源支路，且它们不汇集于同一点

如果电路中含有一个以上的纯理想电压源支路，且它们不汇集于同一点，这种情况下，可考虑增加电流变量。

如图 2.8 所示，电路有两条支路仅含一个纯理想电压源，因此，选取理想电压源 U_{s3} 所在支路的一端（图中的 o 点）为参考点，则结点 a、b、c 的电压为 U_{ao}、U_{bo}、U_{co}，且 $U_{bo}=U_{s4}$ 为已知量，因此，只需对结点 a、c 列出结点电压方程。在 U_{s1} 所在支路引入一个电流变量 I_x。

$$\left(\frac{1}{R_2}+\frac{1}{R_3}\right)U_{ao}-\frac{1}{R_2}U_{bo}=-I_x-\frac{U_{s2}}{R_2}+\frac{U_{s3}}{R_3}$$

$$-\frac{1}{R_4}U_{bo}+\left(\frac{1}{R_4}+\frac{1}{R_5}\right)U_{co}=I_x$$

再补充一个约束方程：

$$U_{co}-U_{ao}=U_{s1}$$

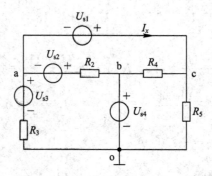

图 2.8　一条以上单独电压源支路电路图

3）电路中含有理想电流源与电阻串联的支路

电路中含有理想电流源（或受控电流源）串联电阻的支路如图 2.9 所示。R_2 所在支路电流唯一由电流源 I_s 确定，对外电路而言，与电流源串联的电阻 R_2 无关，不起作用，应该去掉。因此 R_2 对应的电导 G_2 不应出现在结点方程中，则结点电压方程如下：

$$\left(\frac{1}{R_1}+\frac{1}{R_4}\right)U_1-\frac{1}{R_4}U_3=\frac{U_s}{R_1}-I_s$$

$$\left(\frac{1}{R_5}+\frac{1}{R_6}\right)U_2-\frac{1}{R_5}U_3=I_s$$

$$-\frac{1}{R_4}U_1-\frac{1}{R_5}U_2+\left(\frac{1}{R_3}+\frac{1}{R_4}+\frac{1}{R_5}\right)U_3=0$$

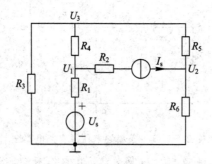

图 2.9　理想电流源与电阻串联支路电路图

2.3.2　弥尔曼定理

在实际电路中，常遇到只有两个结点、多条支路并联的情况，如图 2.10 所示。

用结点法分析这类电路时，只需列出一个方程，即

$$\left(\frac{1}{R_1}+\frac{1}{R_2}+\frac{1}{R_4}\right)U_a=\frac{U_{s1}}{R_1}-\frac{U_{s4}}{R_4}+I_s$$

整理后得

$$U_{\mathrm{a}} = \frac{\dfrac{U_{\mathrm{s1}}}{R_1} - \dfrac{U_{\mathrm{s4}}}{R_4} + I_{\mathrm{s3}}}{\dfrac{1}{R_1} + \dfrac{1}{R_2} + \dfrac{1}{R_4}} = \frac{\sum I_{\mathrm{s}}}{\sum G} = \frac{\sum G U_{\mathrm{s}}}{\sum G}$$

$$(2-4)$$

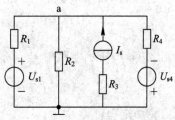

图 2.10　弥尔曼定理示例电路图

式(2-4)为两个结点电路的结点电压公式，又称为弥尔曼定理。

式中，分母为各支路电导之和，恒为正；分子为各支路电流源之和，流入结点的电流源取正，反之取负。若为电压源与电阻串联支路，则电压源方向与结点电压方向一致时取正值，方向相反则取负值。

2.4　叠 加 定 理

叠加定理是线性电路的一个重要定理，在电路分析中占有重要地位。

1. 叠加定理的内容

叠加定理的内容是：在线性电路中，有多个独立电源同时作用时，在任何一条支路产生的电压(或电流)，都等于电路中各个独立源单独作用时在该支路所产生的电压(或电流)的代数和。

各个独立源单独作用指的是，在保证电路结构不变的情况下，其他独立电源都取零。当理想电压源作用为零时，相当于被短路(用短路线代替)；理想电流源作用为零时，相当于开路(用开路代替)。

2. 应用叠加定理的一般步骤

(1) 将多个独立电源作用的电路，分解为每个电源单独作用的分电路，并标注每个分电路中分电压(或分电流)的参考方向。

各独立源单独作用时，其他独立电源作用为零：理想电压源被短路，理想电流源开路。

(2) 对每个分电路进行计算，求出对应的分电流和分电压。

(3) 求各分电路中的分电流(或分电压)的代数和。

例 2-6　电路如图 2.11 所示，试用叠加定理求出电压 U。

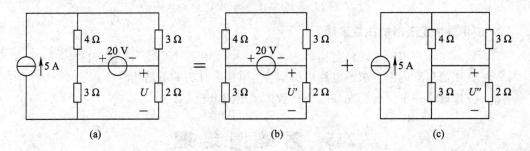

图 2.11　例 2-6 电路图

解　20 V 电压源、5 A 电流源单独作用的分电路如图 2.11(b)、(c)所示。

图 2.11(b)所示电路中

$$U' = -\frac{20}{3+2} \times 2 = -8 \ \text{V}$$

图 2.11(c)所示电路中

$$U'' = 5 \times \frac{2 \times 3}{2+3} = 6 \ \text{V}$$

由叠加定理可得

$$U = U' + U'' = -2 \ \text{V}$$

例 2 - 7 图 2.12(a)所示电路,试用叠加定理求出电压 U 和电流 I。

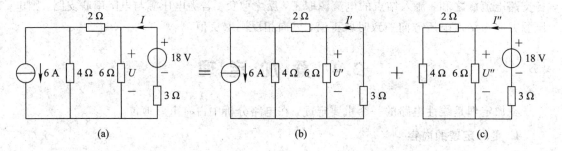

(a)　　　　　　　　　　(b)　　　　　　　　　　(c)

图 2.12　例 2 - 7 电路图

解　6 A 电流源、18 V 电压源单独作用的分电路如图 2.12(b)、(c)所示。

图 2.12(b)所示电路中

$$I' = 6 \times \frac{4}{\left(\dfrac{6 \times 3}{6+3} + 2\right) + 4} \times \frac{6}{6+3} = 2 \ \text{A}$$

$$U' = -3 \ \Omega \times I' = -6 \ \text{V}$$

图 2.12(b)所示电路中

$$I'' = \frac{18}{\dfrac{(2+4) \times 6}{(2+4) + 6} + 3} = \frac{18}{3+3} = 3 \ \text{A}$$

$$U'' = 18 - 3 \times I'' = 9 \ \text{V}$$

由叠加定理可得

$$I = I' + I'' = 5 \ \text{A}$$
$$U = U' + U'' = 3 \ \text{V}$$

3. 应用叠加定理时的注意事项

(1) 叠加定理只适用于线性电路。

(2) 叠加定理只适用于求解电路中的电流、电压,对功率不适用。

(3) 叠加定理并不便于用在独立源比较多的电路分析中。

2.5　戴维南定理

有些情况下并不需要把所有支路电流都求出来,而只是求某一支路的电流、电压和功率,此时,可以将该支路划出,把其余电路看作一个二端网络,采用戴维南定理进行分析计算。

2.5.1　二端网络及其等效电路

1．二端网络

电路中任何一个具有两个引出端与外电路相连接的网络，称为二端网络。含有电源的二端网络称为有源二端网络，不含电源的二端网络称为无源二端网络，如图 2.13 所示。

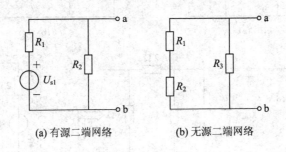

(a) 有源二端网络　　　　　　(b) 无源二端网络

图 2.13　二端网络

2．二端网络等效电路

二端网络对外电路的作用，可以用一个简单的等效电路来替代。线性有源二端网络的对外等效电路，可以表示为一个等效电源支路，该电源支路的连接形式可以为电压源串联电阻，或者电流源并联电导。这便是戴维南定理和诺顿定理，统称为等效电源定理。

2.5.2　戴维南定理

1．戴维南定理

戴维南定理可以描述为：任一有源二端网络，对外电路来说，都可以用一个电压源和电阻的串联组合来替代，该电压源的电压等于有源二端网络的开路电压 U_{oc}，电阻等于有源二端网络全部独立源置零后的输入电阻 R_{eq}（两端间的等效电阻），如图 2.14 所示。该等效电路再外接上原先去掉的待求支路，组成的电路称为戴维南等效电路，其中的输入电阻 R_{eq}^{eq} 又称为戴维南等效电阻。

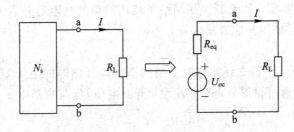

图 2.14　戴维南定理

应用戴维南定理时，需要求出含源二端网络的开路电压和戴维南等效电阻。

2．应用戴维南定理解题的一般步骤

(1) 画出待求量所在支路去掉后的电路，求出开路电压。

(2) 画出全部独立源置零后的电路，并求端口处的输入电阻。

(3) 画出戴维南等效电路，求出待求量。

例 2-8　电路如图 2.15(a) 所示，试用戴维南定理求出电压 U。

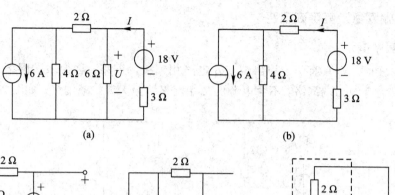

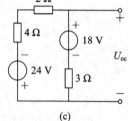
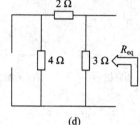
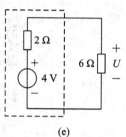

图 2.15 例 2-8 电路图

解 (1) 去掉待求支路后的电路如图 2.15(b)所示,由此可求出开路电压 U_{oc}。利用电源等效变换,可得等效电路如图 2.15(c)所示,则

$$U_{oc} = 18 + \frac{3}{4+2+3} \times [-(24+18)] = 4 \text{ V}$$

(2) 将图 2.15(b)中的所有独立源置零,可得等效电路如图 2.15(d)所示,则

$$R_{eq} = \frac{(4+2)\times 3}{(4+2)+3} = 2 \ \Omega$$

(3) 戴维南等效电路如图 2.15(e)所示,则待求电压 U 的值为

$$U = \frac{6}{2+6} \times 4 = 3 \text{ V}$$

3. 戴维南等效电阻的其他求法

有时原电路电源置零后的无源二端网络不能用简单的电阻串并联关系求解戴维南等效电阻,这种情况下,需要用其他方法求解。

1) 开路电压、短路电流法

电路如图 2.16 所示。首先计算有源二端网络端口开路时的电压 U_{oc};再求出端口短路时的短路电流 I_{sc};最后可得等效电阻。注意,开路电压 U_{oc} 与短路电流 I_{sc} 为关联参考方向。

$$R_{eq} = \frac{U_{oc}}{I_{sc}} \tag{2-5}$$

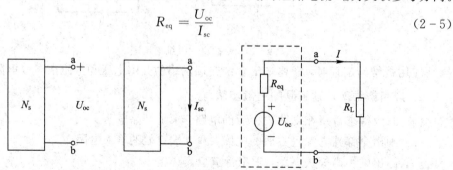

图 2.16 开路电压、短路电流法

2）加压求流法

加压求流法的主要思想为：首先将开路后的有源二端网络 N_s 中所有独立源置零（电压源短路，电流源开路），变成无源网络 N_0；然后在 N_0 端口外接一个电压 U，此时端口处便有电流 I 流入，如图 2.17 所示；再求出电压 U 与电流 I 的比值，该值即为戴维南等效电阻 R_{eq}。注意，外接电压 U 与输入电流 I 为非关联参考方向。这一方法经常用于含有受控源的有源线性二端网络中戴维南等效电阻的计算。

$$R_{eq} = \frac{U}{I}$$

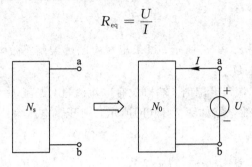

图 2.17　加压求流法

值得注意的是，受控源与独立源（理想电压源、理想电流源）最本质的区别在于，受控源不是真正的电源，不能输出电能，它只是一种电压或电流的比例转换器。因此，一个只含有受控源（不含独立源）的二端网络也是无源二端网络。

对同时含有独立电源和受控电源的二端网络，求网络的戴维南等效电阻时，将有源网络变成无源网络的做法为：独立电源置零（电压源短路，电流源开路），而受控源保持原状不变。

例 2-9　电路如图 2.18（a）所示，试用戴维南定理求电阻 $R_L = 5\ \Omega$ 的电流 I_2。

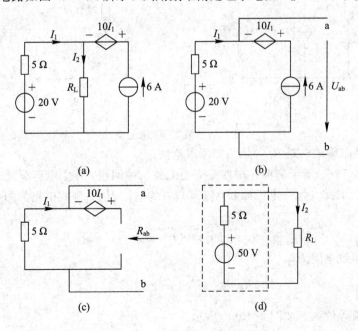

(a)　　　　　　　　　(b)

(c)　　　　　　　　　(d)

图 2.18　例 2-9 电路图

解 （1）根据戴维南定理，首先将 R_L 支路从原电路中分离，得到图 2.18(b) 所示电路，求解开路电压 U_{ab}。由图 2.18(b) 可以看出 $I_1 = -6$ A，则

$$U_{ab} = -5I_1 + 20 = -5 \times (-6) + 20 = 50 \text{ V}$$

（2）求戴维南等效电阻 R_{eq}。将图 2.18(b) 中的独立源置零、受控源保留，则得等效电路如图 2.18(c) 所示。因为控制量 $I_1 = 0$，则受控源 $10I_1 = 0$，显然 $R_{eq} = 5$ Ω。

（3）画出戴维南等效电路如图 2.18(d) 所示，并求流过 R_L 的电流。

$$I_2 = \frac{50}{5+5} = 5 \text{ A}$$

例 2-10 电路如图 2.19(a) 所示，试求出对应的戴维南等效电路。

解 （1）求开路电压 U_{abo}。

当图 2.19(a) 所示二端口开路时，端口没有电流流过，电流 $I = 0$，故流控电流源支路的电流也为"0"，对应的等效电路如图 2.19(b) 所示，则开路电压为

$$U_{abo} = 8 - 4 = 4 \text{ V}$$

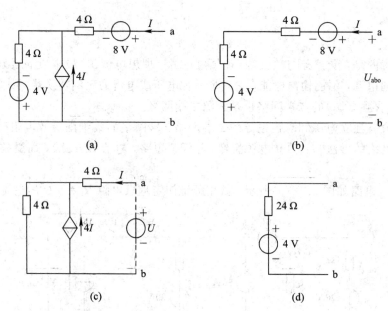

图 2.19　例 2-10 电路图

（2）求戴维南等效电阻 R_{eq}，采用加压求流法。

首先将图 2.19(a) 所示有源二端网络变为无源二端网络，独立电压源处短路，其他元件保持原状。在 a、b 端外加一电压源 U，流入端口的电流为 I，等效电路如图 2.19(c) 所示。

由 KVL 有

$$U = 4I + 4 \times (I + 4I) = 24I$$

则戴维南等效电阻为

$$R_{eq} = \frac{U}{I} = 24 \text{ Ω}$$

可得戴维南等效电路如图 2.19(d) 所示。

2.6　最大功率传输定理

由戴维南定理可知，任何一个线性有源二端网络，都可以等效为一个实际电压源。

一个实际电源产生的功率通常为 2 部分，一部分消耗在电源及线路的内阻上，另一部分输出给负载。

在电力系统中，我们总是希望电源供出的电能绝大部分消耗在负载上，而在电子通信技术中，为了使负载上获得最大功率，总是希望负载上的功率越大越好。那么，负载为何值时，才能从电源处获得最大功率？能获得多大的最大功率？

如图 2.20 所示，在有源二端网络的戴维南等效电路端口处，外接一个负载 R_L，如果负载 R_L 变化，那么负载从实际电源获得的功率也会发生变化。

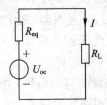

图 2.20　戴维南等效电路最大功率分析

负载获得的功率为

$$P = I^2 R = \left(\frac{U_{oc}}{R_{eq} + R_L} \right)^2 R_L$$

要使 P 最大，应满足

$$\frac{\mathrm{d}P}{\mathrm{d}R_L} = 0$$

即

$$\frac{\mathrm{d}P}{\mathrm{d}R_L} = \frac{R_{eq} - R_L}{(R_{eq} + R_L)^3} \times U_{oc}^2 = 0$$

可得

$$R_{eq} = R_L$$

由此可见，当负载电阻 $R_L = R_{eq}$ 时，负载获得最大功率，且此时的最大功率为

$$P_{max} = I^2 R_L = \frac{U_{oc}^2}{4R_{eq}}$$

因此，我们称 $R_L = R_{eq}$ 为负载获得最大功率的条件。负载获得了最大功率，同时也意味着电源发出最大功率，故又称为最大功率传输定理。

$R_L = R_{eq}$ 时的工作状态称为负载与电源匹配。匹配时，负载电阻与电源内阻相等，说明内阻消耗的功率与负载一样大，电源的传输效率仅为 50%，即其中一半的功率让电源内阻消耗掉了。

在电信工程中，由于信号一般很弱，常要求从信号源获得最大功率，因此，必须满足上述匹配条件。而在电力工程中，由于电力系统输送功率很大，传输效率显得非常重要，就必须避免匹配现象发生，应使电源内阻远远小于负载电阻。

2.7 应用 Multisim 软件进行戴维南定理仿真验证

1. 仿真目的

(1) 验证戴维南定理，加深对定理的理解。

(2) 学习测量有源二端网络的开路电压和等效电阻的方法。

(3) 熟悉 Multisim 软件的使用。

2. 仿真原理及说明

(1) 戴维宁定理的内容。

任何有源二端网络对外电路的作用，可用一个实际电压源来等效。这个等效电压源的电压等于有源二端网络的开路电压 U_{oc}，其内阻（戴维南等效电阻）等于有源二端网络中各理想电压源短路、理想电流源开路时无源网络的等效电阻 R_{eq}。

(2) 等效电源的电压 U_{oc} 用空载实验测量。

将外电路开路，用电压表直接测量端口的电压，电压表的读数即为 U_{oc}。

(3) 戴维南等效电阻可用开路、短路实验测得。

分别测量有源二端网络的开路电压 U_{oc} 和短路电流 I_{sc}，则 R_{eq} 等于开路电压和短路电流 I_{sc} 的比值，即

$$R_{eq} = \frac{U_{oc}}{I_{sc}}$$

3. 仿真内容及步骤

(1) 在 Multisim 软件中建立如图 2.21 所示电路，在有源二端网络的输出端并联电压表，将电流表与负载 R_L 串联。为了控制外电路的通断，接入一开关 S1，并设置用空格键控制开关的通断。

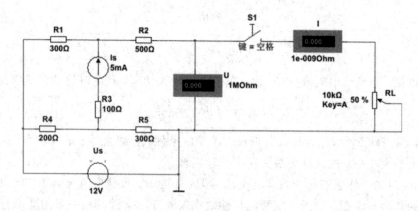

图 2.21 验证戴维南定理仿真实验电路

(2) 改变 R_L 阻值，测量有源二端网络的外特性，调节 R_L 分别为 1000 Ω、2000 Ω、3000 Ω、4000 Ω、5000 Ω 和 6000 Ω 等值，测出对应的电压 U、电流 I，记录在表 2-1 中。

表 2-1　仿真数据记录表

R_L/Ω	有源二端网络		戴维南等效电路	
	U/V	I/mA	U/V	I/mA
0				
1000				
2000				
3000				
4000				
5000				
6000				
∞				

(3) 测量有源二端网络的开路电压。按空格键,断开外电路控制开关 S1,电压表的读数即为开路电压 U_{oc}。

(4) 测量有源二端网络的短路电流 I_{sc}。按 Shift+A 组合键,将负载 R_L 调到 0 Ω(或用短路线将负载 R_L 短路),读取电流表的读数,即为短路电流,记录在表 2-1 中。

(5) 根据开路电压 U_{oc} 和短路电流 I_{sc},算出 R_{eq}。

(6) 建立戴维南等效电路,如图 2.22 所示。

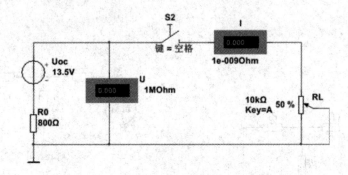

图 2.22　戴维南等效电路

(7) 重复实验步骤(2),改变 R_L 阻值,测量戴维南等效电路的外特性,将测量数据记录在表 2-1 中。

(8) 将步骤(2)的测量结果与步骤(7)的测量结果进行比较,观察两个电路的电压与电流变化是否一致,验证戴维南定理。

4. 讨论与思考

等效电源的内阻 R_{eq} 除了用开路、短路实验测得外,还可以用什么方法测得?

实训 2   基尔霍夫定律的验证

1. 实训目的

(1) 验证基尔霍夫的电流定律及电压定律；

(2) 学习使用电流表及电压表。

2. 实训原理

(1) 第一定律(结点电流定律 KCL)：电路中，任意时刻流入任一个结点的电流恒等于流出这个结点的电流。若规定流入结点的电流为正，流出结点的电流为负值，则 $\sum i = 0$。

(2) 第二定律(回路电压定律 KVL)：沿着任一个闭合回路绕行一周电路中各元件上电压降的代数和恒为零，即 $\sum u = 0$。

说明：在分析和计算电路时，按选定的回路绕行方向列方程，若所得的值为正值，则表明实际的电流方向和电压方向与图中所标的参考方向一致，若为负值则相反。

3. 实训设备

直流电源 1 台、干电池 1 节、电压表 1 只、电流表 3 只、电阻 3 个、开关 2 个、综合实验板及连接导线若干。

4. 实训内容及步骤

图 2.23、图 2.24 中：$E_1 = 12$ V，$E_2 = 1.5$ V。mA_1 用 0～250～500 mA 表接 250 mA 量程；mA_2 用 0～150～300 mA 表接 150 mA 量程；mA_3 用 0～100～200 mA 表接 100 mA 量程。

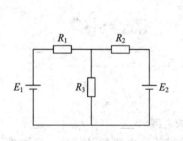

图 2.23　实训电路 1

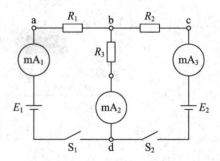

图 2.24　实训电路 2

(1) 看懂原理图图 2.23 后，按照实训接线图图 2.24 将所有仪器仪表及电器元件接到综合实验板上，请教师检查。

(2) 用双手同时合上 S_1、S_2 开关，观察 3 个电流表(若指针有反向指示，立即关闭 S_1、S_2；将电流表正负极调换，再重新合上 S_1、S_2)，并将 3 个电流数值记录在表 2-2 中。

表 2 - 2　数据表 1

各支路电流/mA		结点电流 $\sum I$
实验数据	I_1	
	I_2	
	I_3	
计算数据	I_1'	
	I_2'	
	I_3'	

（3）用电压表的 15 V 量程，测量回路各点（元件上电压）的电压值及 E_1、E_2，并记入表 2-3 中。

表 2 - 3　数据表 2

各元件电压		U_{ab}/mV	U_{bc}/mV	U_{bd}/mV	E_1/mV	E_2/mV
实验数据 $\sum U$	回路 abda					
	回路 bcdb					

（4）数据记录完并请教师检查后，方可整理好实训台。

5. 填写实训报告

（1）用实训测得各支路电流值，计算 b 点处电流 I 的大小，填入表 2-2 中。

（2）计算各支路电流，并与实验测得各值进行比较，看有无误差，分析误差产生的原因。

（3）计算各回路压降值的代数和是否为零，若不为零分析其原因。

6. 注意事项

（1）测量与计算时应记录各电流值的正负值。

（2）计算要有简单的运算过程。

（3）电源正负极不能短路。

本 章 小 结

1. 支路电流法求解电路

支路电流法是以支路电流为变量，根据 KCL 和 KVL 列方程，从而求解电路中的待求量。

应用支路电流法的一般步骤：

（1）对于含 n 个结点、b 条支路的电路，选定 $n-1$ 个独立结点、$b-(n-1)$ 个独立回路，并在电路图上标出各支路电流的参考方向，以及独立回路的绕行方向。

（2）应用 KCL、KVL 分别对独立结点和独立回路列方程组。

（3）联立方程组，求解未知量。

2. 网孔电流法求解电路

以网孔电流作为独立变量，对各个网孔列写 KVL 方程，电路中如果具有 m 个网孔，就可得到含 m 个变量的 m 个独立电压方程，从而求解电路中的待求量。

应用网孔电流法的一般步骤：

（1）指定电路中各电流、电压的参考方向；选定网孔电流的参考方向，该方向也是列 KVL 方程时的绕行方向。

（2）对各网孔列写网孔电流方程：

$$\begin{cases} R_{11}I_1 + R_{12}I_2 + \cdots + R_{1m}I_m = U_{s11} \\ R_{21}I_1 + R_{22}I_2 + \cdots + R_{2m}I_m = U_{s22} \\ \vdots \\ R_{m1}I_1 + R_{m2}I_2 + \cdots + R_{mm}I_m = U_{smm} \end{cases}$$

式中各量的含义如下：

I_1、I_2、$\cdots$、I_m 为网孔电流。

R_{11}、R_{22}、$\cdots$、R_{mm} 有相同下标的电阻为各网孔的自电阻，分别是各网孔电阻之和，恒为正值。

R_{12}、R_{13}、R_{23}、$\cdots$有不同下标的电阻为互电阻，即为两个相邻网孔的公共电阻。比如 R_{12} 指的是网孔 1 和网孔 2 公共支路上的总电阻。通过公共电阻的两个网孔电流参考方向一致时，互电阻取正值，否则取负值。如果两个相邻网孔之间没有公共电阻，则互电阻为零。一般情况下，$R_{jk} = R_{kj}$（含受控源的电路除外）。

U_{s11}、U_{s22}、$\cdots$、U_{smm} 分别为各个网孔电压源电压的代数和。各电压源电压沿绕行方向，若由负极到正极，则取正值（"+"），否则取负值（"-"）。

（3）联立方程组，解得网孔电流。

（4）根据网孔电流与各支路电流的关系，求出支路电流或电压。

3. 结点电压法

以结点电压作为独立变量，对各个网孔列写 KCL 方程，电路中如果具有 n 个结点，就可得到含 $n-1$ 个变量的 $n-1$ 个独立电流方程，从而求解电路中的待求量。

应用结点电压法的一般步骤：

（1）选取一个参考结点，一般取连接支路较多的结点。其余各独立结点与参考结点之间的电压即为结点电压，参考方向为独立结点指向参考结点。

（2）列结点电压方程：

$$\begin{cases} G_{11}U_1 + G_{12}U_2 + \cdots + G_{1(n-1)}U_{n-1} = I_{s11} \\ G_{21}U_1 + G_{22}U_1 + \cdots + G_{2(n-1)}U_{n-1} = I_{s22} \\ \vdots \\ G_{(n-1)1}U_1 + G_{(n-1)2}U_2 + \cdots + G_{(n-1)(n-1)}U_{n-1} = I_{s(n-1)(n-1)} \end{cases}$$

式中各量的含义如下：

U_1、U_2、$\cdots$、U_{n-1} 为独立结点电压。

G_{11}、G_{22}、$\cdots$、$G_{(n-1)(n-1)}$ 为各结点的自电导，分别为各结点上电导总和，恒为正（"+"）。

G_{12}、G_{21}、…为两个相关结点的公共电导，称为互导，恒为负（"—"）。若两个结点之间没有支路直接相连，则相应的互电导为零。一般地，$G_{jk} = G_{kj}$。

I_{s1}、I_{s2}、…、$I_{s(n-1)(n-1)}$ 为与各结点相连的所有电流源的代数和。当电流源的电流流入结点时，取正，否则取负。

（3）求解结点电压方程，解出结点电压值。

（4）根据待求量与结点电压的关系，求出相关量。

如果电路的独立节点数比网孔数少，与网孔电流法相比，节点电压法因为所需求解的方程数较少，更便于求解。

4. 弥尔曼定理

弥尔曼定理用于分析具有两个节点的电路，非常方便。

$$U = \frac{\sum G U_s}{\sum G}$$

5. 叠加定理

有两个或两个以上独立电源共同作用的线性电路中，任一支路中的电压和电流等于各个独立电源分别单独作用时在该支路中产生的电压和电流的代数和。当某一独立电源单独作用时，其余所有独立电源置零，即电压源短路、电流源开路。

6. 戴维南定理

戴维南定理是有源二端网络等效变换化简的重要方法，该定理仅适用于线性二端网络。

在只需要计算复杂电路中某一支路的电压（或电流）时，应用该定理十分方便。

戴维南定理的内容：含独立电源的二端网络（有源二端网络）对其外部而言，一般可用电压源与电阻的串联组合等效。电压源的电压等于有源二端网络的开路电压 U_{oc}，电阻等于有源二端网络所有独立源置零后的端口输入电阻 R_{eq}。

7. 最大功率传输定理

负载电阻 R_L 与电源内阻 R_{eq} 相等时，负载获得最大功率，称为最大功率传输定理。

$$P_{max} = I^2 R_L = \frac{U_{oc}^2}{4 R_{eq}}$$

习　　题

1. 电路如图 2.25 所示，试用支路电流法求电路中的电流 I_1、I_2、I_3 和 I_4。

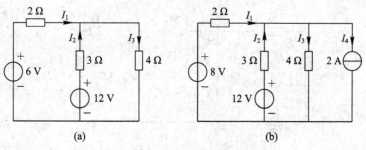

(a)　　　　　　　　　　　(b)

图 2.25　习题 1 图

2. 列出图 2.26 所示电路的支路电流方程。

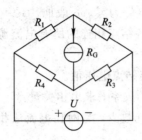

图 2.26 习题 2 图

3. 电路如图 2.27 所示，使用网孔电流法求出各支路电流。

4. 电路如图 2.28 所示，使用网孔电流法求出流过 5 Ω 电阻的电流。

5. 电路如图 2.29 所示，使用网孔电流法求出各支路电流。

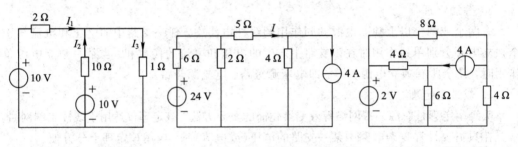

图 2.27 习题 3 图   图 2.28 习题 4 图   图 2.29 习题 5 图

6. 电路如图 2.30 所示，使用网孔电流法求电路中的 U 和 I。

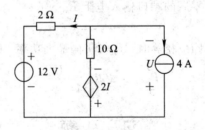

图 2.30 习题 6 图

7. 电路如图 2.31 所示，使用网孔电流法求出各支路电流。

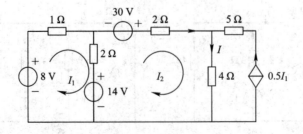

图 2.31 习题 7 图

8. 电路如图 2.32 所示，使用结点电压法求各结点电压。

9. 电路如图 2.33 所示，使用结点电压法求各结点电压。

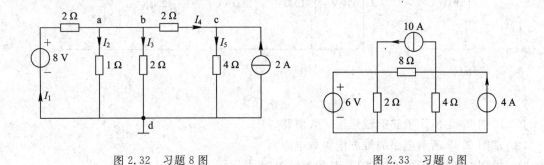

图 2.32　习题 8 图　　　　　　　　　　图 2.33　习题 9 图

10. 电路如图 2.34 所示，使用结点电压法求各结点电压。

11. 电路如图 2.35 所示，使用弥尔曼定理求支路电流 I_1、I_2 和 I_3。

12. 电路如图 2.36 所示，使用弥尔曼定理求各支路电流。

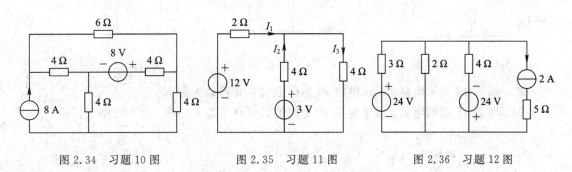

图 2.34　习题 10 图　　　　图 2.35　习题 11 图　　　　图 2.36　习题 12 图

13. 电路如图 2.37 所示，使用叠加定理求电流 I。欲使 $I=0$，U_s 应改为何值?

14. 用叠加定理求图 2.38 所示电路中的电流 I。

15. 图 2.39 所示电路，使用叠加定理分别求 $I_s=8$ A 和 $I_s=6$ A 时的电流 I 和电压 U。

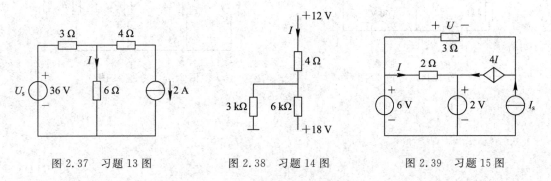

图 2.37　习题 13 图　　　　图 2.38　习题 14 图　　　　图 2.39　习题 15 图

16. 求图 2.40 所示电路中各单口网络的戴维南等效电路。

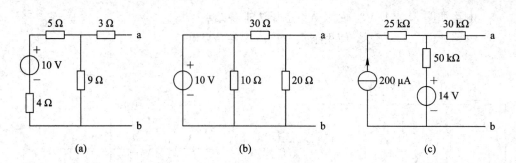

(a)   (b)   (c)

图 2.40　习题 16 图

17. 求图 2.41 所示电路的戴维南等效电路。

18. 求图 2.42 所示电路的戴维南等效电路。

19. 求图 2.43 所示电路对端口 ab 的等效电阻。

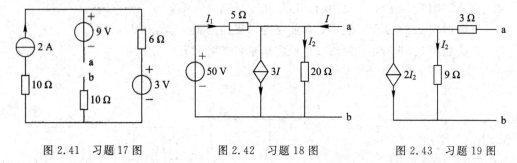

图 2.41　习题 17 图　　　　图 2.42　习题 18 图　　　　图 2.43　习题 19 图

20. 图 2.44 所示电路，试求电阻 R_L 为何值时可获得最大功率。

21. 图 2.45 所示电路，试求电阻 R_L 为何值时可获得最大功率，最大功率为何值。

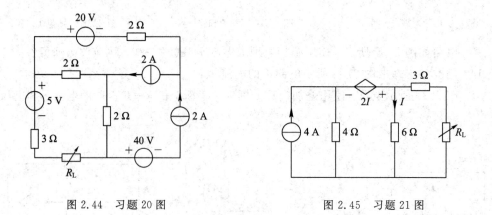

图 2.44　习题 20 图　　　　　　图 2.45　习题 21 图

第 3 章　正弦交流电路

学习目标

（1）掌握正弦交流电路的基本概念、正弦量的表示方法；

（2）掌握 R、L、C 三种元件的电压、电流的关系；掌握 R、L、C 串联和 R、L 与 C 并联电路的相量分析法；

（3）掌握正弦交流电路中的功率计算，熟悉提高功率因数的方法，了解正弦交流电路负载获得最大功率的条件；

（4）掌握对称三相电源的特点及其相序；

（5）掌握三相电源的连接方法；

（6）掌握三相负载的连接方法；

（7）理解触电方式及急救措施。

能力目标

（1）熟悉电工仪表的使用方法；

（2）掌握简单照明电路的连接方法；

（3）熟悉电气安装工具的使用方法和电工布线的基本规范；

（4）掌握三相电力电路的连接方法；

（5）掌握安全用电的基本知识。

在电力系统中，考虑到传输、分配和应用电能方面的便利性、经济性，大都采用交流电。工程上应用的交流电一般是随时间按正弦规律变化的，称为正弦交流电，简称交流电。正弦交流电路是指含有正弦电源而且电路各部分所产生的电压和电流均按正弦规律变化的电路。

3.1　正弦电压与电流

交流电与直流电的区别在于：直流电的方向不随时间变化，而交流电的方向、大小都随时间做周期性的变化，如果其变化按正弦规律进行，则它在一周期内的平均值为零，图 3.1

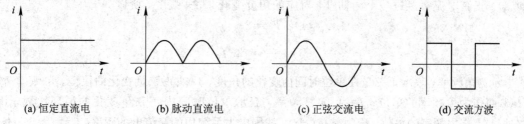

(a) 恒定直流电　　(b) 脉动直流电　　(c) 正弦交流电　　(d) 交流方波

图 3.1　直流电和交流电的电流波形图

为交、直流电的电流波形图。

3.1.1 正弦电流及其三要素

随时间按正弦规律变化的电流称为正弦电流,同样也有正弦电压等。这些按正弦规律变化的物理量统称为正弦量。

设图 3.2 中通过元件的电流 i 是正弦电流,其参考方向如图所示。正弦电流的一般表达式为

$$i = I_m \sin(\omega t + \varphi_0) \tag{3-1}$$

它表示电流 i 是时间 t 的正弦函数,不同的时间有不同的量值,称为瞬时值,用小写字母表示。电流 i 的时间函数曲线如图 3.3 所示,称为波形图。

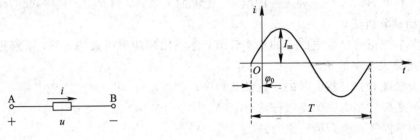

图 3.2 电路元件   图 3.3 正弦电流波形图

在式(3-1)中,I_m 为正弦电流的最大值(幅值),即正弦量的振幅,用大写字母加下标 m 表示正弦量的最大值,例如 I_m、U_m、E_m 等,它反映了正弦量变化的幅度。$\omega t + \varphi_0$ 随时间变化,称为正弦量的相位,它描述了正弦量变化的进程或状态。φ_0 为 $t=0$ 时刻的相位,称为初相位(初相角),简称初相。习惯上取 $|\varphi_0| \leqslant 180°$。图 3.4(a)、(b)分别表示初相位为正值和负值时正弦电流的波形图。

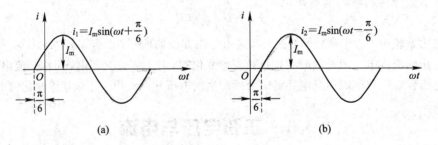

(a)   (b)

图 3.4 正弦电流的初相位

正弦电流每重复变化一次所经历的时间间隔即为它的周期,用 T 表示,周期的单位为秒(s)。正弦电流每经过一个周期 T,对应的角度变化了 2π 弧度,所以

$$\omega T = 2\pi$$

$$\omega = \frac{2\pi}{T} = 2\pi f \tag{3-2}$$

式中 ω 为角频率,表示正弦量在单位时间内变化的角度,反映正弦量变化的快慢。用弧度/秒(rad/s)作为角频率的单位;$f = 1/T$ 是频率,表示单位时间内正弦量变化的循环次数,用 1/秒(1/s)作为频率的单位,称为赫兹(Hz)。我国电力系统用的交流电的频率(工频)为 50 Hz。

幅值、角频率和初相位称为正弦量的三要素。

例 3 - 1　某正弦交流电流的最大值、频率、初相位分别为 14.1 A、1000 Hz、π/4，试写出它的三角函数式。

解　由式(3 - 2)得

$$\omega = 2\pi f = 2 \times 3.14 \times 1000 = 6280 \text{ rad/s}$$

根据三要素，该正弦电流可表示为

$$i = I_{\mathrm{m}}\sin(\omega t + \varphi_0) = 14.1\sin\left(6280t + \frac{\pi}{4}\right) \text{ A}$$

3.1.2　正弦电流的相位差

任意两个同频率的正弦电流为

$$i_1(t) = I_{\mathrm{m1}}\sin(\omega t + \varphi_1)$$
$$i_2(t) = I_{\mathrm{m2}}\sin(\omega t + \varphi_2)$$

则它们的相位差是

$$\varphi_{12} = (\omega_t + \varphi_1) - (\omega_t + \varphi_2) = \varphi_1 - \varphi_2 \tag{3 - 3}$$

相位差在任何瞬间都是一个与时间无关的常量，等于它们初相位之差。相位差 $|\varphi_{12}| \leqslant 180°$。

若两个同频率正弦电流的相位差为零，即 $\varphi_{12} = 0$，则称这两个正弦量为同相位。如图 3.5 中的 i_1 与 i_3，否则称为不同相位，如 i_1 与 i_2。

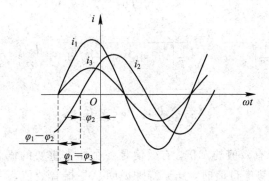

图 3.5　正弦量的相位关系

如果 $\varphi_1 - \varphi_2 > 0$，则称 i_1 超前 i_2，意指 i_1 比 i_2 先到达正峰值，反过来也可以说 i_2 滞后 i_1。超前或滞后有时也需指明超前或滞后多少角度或时间，以角度表示时为 $\varphi_1 - \varphi_2$，若以时间表示，则为 $(\varphi_1 - \varphi_2)/\omega$。

如果两个正弦电流的相位差 φ_{12} 为 π，则称这两个正弦量反相；如果 $\varphi_{12} = \frac{\pi}{2}$，则称这两个正弦量正交。

3.1.3　交流电有效值

交流电的大小有三种表示方式：瞬时值、最大值和有效值。

1. 瞬时值

瞬时值指任一时刻交流电量的大小。例如 i、u 和 e，都用小写字母表示，它们都是时间的函数。

2. 最大值

最大值指交流电量在一个周期中最大的瞬时值，它是交流电波形的振幅如 I_m、U_m 和 E_m，通常用大写并加注下标 m 表示。

3. 有效值

引入有效值的概念是为了研究交流电量在一个周期中的平均效果。

周期电流 i 流过电阻 R 在一个周期所产生的能量与直流电流 I 流过电阻 R 在时间 T 内所产生的能量相等，则此直流电流的量值为此周期性电流的有效值。

周期性电流 i 流过电阻 R，在时间 T 内，电流 i 所产生的能量为

$$W_1 = \int_0^T i^2 R \mathrm{d}t$$

直流电流 I 流过电阻 R 在时间 T 内所产生的能量为

$$W_2 = I^2 RT$$

当两个电流在一个周期 T 内所做的功相等时，有

$$I^2 RT = \int_0^T i^2 R \mathrm{d}t$$

于是得

$$I = \sqrt{\frac{1}{T} \int_0^T i^2 \mathrm{d}t} \tag{3-4}$$

对正弦电流则有

$$I = \sqrt{\frac{1}{T} \int_0^T i^2 \mathrm{d}t} = \sqrt{\frac{1}{T} \int_0^T I_m^2 \sin^2(\omega t + \varphi) \mathrm{d}t} = \frac{I_m}{\sqrt{2}} \approx 0.707 I_m \tag{3-5}$$

同理可得

$$U = \frac{U_m}{\sqrt{2}}, \quad E = \frac{E_m}{\sqrt{2}}$$

即正弦量的最大值等于有效值的 $\sqrt{2}$ 倍。有效值是一个非常重要的概念，在工程上凡谈到周期性电流或电压、电动势等量值时，凡无特殊说明总是指有效值，一般电气设备铭牌上所标明的额定电压和电流值都是指有效值。

3.2 正弦量的相量表示法

3.2.1 正弦量与相量的对应关系

在掌握了复数的概念以后，我们便很容易联想到同频率正弦电压和电流，因为同频率正弦量的相位差与频率无关。因此，对电路进行分析时，求某一正弦量，只要确定其大小（最大值或有效值）与初相即可，这样正弦量的三要素可简化为二要素。作为复数，也有两个要素，即模和辐角。基于此，可以用复数的模表示正弦量的大小（最大值或有效值），复数的辐角表示正弦量的初相。我们把表示正弦交流电的两个要素（最大值、初相角）的复数称为相量。这种用复数表示正弦量的方法叫作相量法。应用相量法可以把同频率的正弦量的运算转化为复数的运算。为了与一般复数相区别，相量用头上带点的大写字母表示。

例如，对于正弦电流

$$i = \sqrt{2} I \sin(\omega t + \varphi_i)$$

可以用复数表示为

$$\dot{I}_m = I_m \angle \varphi_i \tag{3-6}$$

或

$$\dot{I} = I \angle \varphi_i \tag{3-7}$$

其中 I_m、I 分别为正弦电流的幅值和有效值，φ_i 为其初相。式(3-6)和式(3-7)分别称为正弦量的有效值相量和幅值相量。

由于电路分析中往往有效值比最大值(幅值)更为常用，因而分析中一般所指的相量都是指正弦量的有效值相量。值得注意的是，用相量表示正弦量是指两者有对应的关系，而不是指两者相等。正弦量是时间的函数，而相量只是与正弦量的大小(最大值或有效值)及初相相对应的复数。

3.2.2　正弦交流电的复数表示法

为实现对交流电路的分析计算，通常需要先将交流电路中的参数转换成复数的形式，然后才能进行分析计算。

1. 复数概念

在数学中常用 $A = a + ib$ 表示复数。其中 a 为实部，b 为虚部，$i = \sqrt{-1}$ 称为虚单位。在电工技术中，为区别于电流的符号，虚单位常用 j 表示，即

$$A = a + jb$$

2. 复数的表示方法

复数的表示有下面四种：

(1) 复数的代数形式：

$$A = a + jb \tag{3-8}$$

(2) 复数的三角形式：

$$A = r\cos\varphi + jr\sin\varphi \tag{3-9}$$

(3) 复数的指数形式：

$$A = re^{j\varphi} \tag{3-10}$$

(4) 复数的极坐标形式：

$$A = r \angle \varphi \tag{3-11}$$

式(3-8)～(3-11)中，矢量的长度 r 为复数的模，$r = \sqrt{a^2 + b^2}$；φ 为复数 A 的辐角，即矢量和实轴正方向的夹角，$\varphi = \arctan\left(\dfrac{b}{a}\right)(\varphi \leqslant \pi)$，$a = r\cos\varphi$，$b = r\sin\varphi$；e 是常量，其值等于 2.71828。

3. 复数的计算

在交流电运算中，主要是加减乘除，因此，一般情况下，常用复数的代数形式和极坐标形式来表示交流电。

1) 复数的加减运算

设有复数：

$$A = a_1 + jb_2$$

$$B = a_2 + jb_2$$

则

$$A \pm B = (a_1 \pm a_2) + j(b_1 \pm b_2)$$

即复数相加减时,将实部和实部相加减,虚部和虚部相加减。复数的加减运算也可在复平面上用平行四边形法则作图完成,如图 3.6 所示。

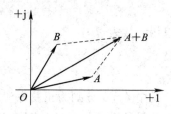

图 3.6 复数加减运算

2)复数的乘除运算

一般情况下,复数的乘除运算用指数或极坐标形式进行,主要用极坐标形式进行。

设有复数:

$$A = r_1 \angle \varphi_1$$
$$B = r_2 \angle \varphi_2$$

则

$$A \cdot B = r_1 \angle \varphi_1 \times r_2 \angle \varphi_2 = r_1 r_2 \angle (\varphi_1 + \varphi_2)$$

$$\frac{A}{B} = \frac{r_1 \angle \varphi_1}{r_2 \angle \varphi_2} = \frac{r_1}{r_2} \angle (\varphi_1 - \varphi_2)$$

即复数相乘,模相乘,辐角相加;复数相除,模相除,辐角相减。

3.2.3 正弦交流电的相量图表示法

和复数一样,正弦量的相量也可以在复平面上用一有方向的线段表示,并称之为相量图。图 3.7 所示即为式(3-8)~(3-11)所表示的正弦电流的相量图。

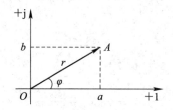

图 3.7 复数的相量图

例 3-2 已知 $u = 141\sin(\omega t + 60°)$ V;$i = 70.7\sin(\omega t - 60°)$ A。试写出它们的相量式,画相量图。

解 $\dot{U} = \dfrac{141}{\sqrt{2}} \angle 60°$ V $= 100 \angle 60°$V,$\dot{I} = \dfrac{70.7}{\sqrt{2}} \angle -60°$A $= 50 \angle -60°$ A

相量图如图 3.8 所示。

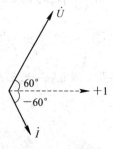

图 3.8 相量图

注意：(1) 只有正弦周期量才能用相量表示；(2) 只有同频率的正弦量才能画在同一相量图上。

例 3 – 3　已知 $u_1 = 4\sqrt{2}\sin(314t + 60°)$ V，$u_2 = 3\sqrt{2}\sin(314t - 30°)$ V，画出相量图并求 $u_{12} = u_1 + u_2$。

解　(1) 用相量式求。

由已知条件可写出 u_1 和 u_2 的有效值相量：

$$\dot{U}_1 = 4\angle 60° \text{ V} = (2 + \text{j}3.5) \text{ V}$$

$$\dot{U}_2 = 3\angle -30° \text{ V} = (2.6 - \text{j}1.5) \text{ V}$$

$$\dot{U}_{12} = \dot{U}_1 + \dot{U}_2 = 2 + \text{j}3.5 + 2.6 - \text{j}1.5 = 4.6 + \text{j}2 \text{ V} = 5\angle 23° \text{ V}$$

$$u_{12} = 5\sqrt{2}\sin(314t + 23°) \text{ V}$$

(2) 用相量图求。

在复平面上，复数用有向线段表示时，复数间的加、减运算满足平行四边形法则，那么正弦量的相量加、减运算就满足该法则，因此还可用作图的方法——相量图法求出 $\dot{U}_{12} = \dot{U}_1 + \dot{U}_2$，其相量图如图 3.9 所示。

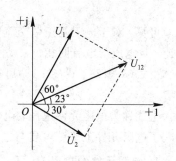

图 3.9　相量图

3.2.4　电路定律的相量表示形式

电压、电流的瞬时值的关系符合欧姆定律、基尔霍夫定律，同时，同一电路中，同频率的电压、电流相量符合相量形式的欧姆定律、基尔霍夫定律。

如图 3.10 所示电路，该电路符合瞬时值、相量的基尔霍夫电流定律(KCL)和基尔霍夫电压定律(KVL)。

KCL：$\sum i = 0$，$\sum \dot{I} = 0$。

KVL：$\sum u = 0$，$\sum \dot{U} = 0$。

在图 3.10 电路中，基尔霍夫电流定律的表达式可以写为

$$i = i_R + i_L, \quad \dot{I} = \dot{I}_R + \dot{I}_L$$

基尔霍夫电压定律的表达式可以写为

$$u = u_R + u_L, \quad \dot{U} = \dot{U}_R + \dot{U}_L$$

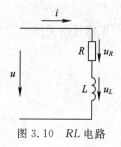

图 3.10　RL 电路

3.3　单一参数的正弦交流电路

在直流电路模型中，理想的电路元件有三种，即电阻元件、电感元件和电容元件。各种实际的电工、电子元件及设备在进行电路分析时均可用这三种电路元件来等效。单个元件电阻、电感或电容组成的电路称为单一参数电路，掌握它的伏安关系、功率消耗及能量转换是分析正弦交流电路的基础。

3.3.1　电阻元件的正弦交流电路

1. 电阻元件上电压和电流的关系

纯电阻电路是最简单的交流电路，如图 3.11 所示。我们所接触到的白炽灯、电炉、电

烙铁等都属于电阻性负载，它们与交流电源连接组成纯电阻电路。

纯电阻电路电压与电流的关系在任何瞬时都服从欧姆定律，即

$$u = Ri$$

设流过电阻的正弦电流为

$$i = \sqrt{2}I\sin(\omega t + \varphi_i)$$

则

$$u = \sqrt{2}RI\sin(\omega t + \varphi_i) = \sqrt{2}U\sin(\omega t + \varphi_u)$$

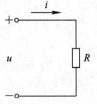

图 3.11　纯电阻电路

电阻两端的电压与其上流过的电流是同频率的正弦量，它们的大小和相位关系分别为

$$U = RI \tag{3-12}$$

$$\varphi_u = \varphi_i \tag{3-13}$$

可见，对于电阻的正弦交流电路，电压的有效值（或幅值）与电流的有效值（或幅值）成正比，且电压与电流同相。

由式(3-12)、式(3-13)可得电阻元件电压与电流的相量关系为

$$\dot{U} = \dot{I}R \tag{3-14}$$

上式称为电阻元件电压、电流关系的相量形式，或称为相量形式的欧姆定律。它全面反映了电阻元件上正弦电压与电流的大小关系和相位关系。

2. 电阻元件的功率

1) 瞬时功率

电阻在某一时刻消耗的电功率叫作瞬时功率，它等于电压 u 与电流 i 瞬时值的乘积，并用小写字母 p 表示。

设流过电阻的电流、电压瞬时值分别为

$$i = \sqrt{2}I\sin\omega t$$

$$u = \sqrt{2}U\sin\omega t$$

则

$$p = ui = U_m\sin\omega t \cdot I_m\sin\omega t = U_m I_m\sin^2\omega t$$

$$= \sqrt{2}U \cdot \sqrt{2}I \cdot \frac{1 - \cos2\omega t}{2} = UI(1 - \cos2\omega t) \tag{3-15}$$

由式(3-15)可以看出，在任何瞬时，恒有 $p \geqslant 0$。这说明电阻是一种耗能元件，它将电能转为热能。

2) 平均功率

由于瞬时功率是随时间变化的，其实用意义不大，因此工程上常采用平均功率。

平均功率是指瞬时功率在一个周期内的平均值，用大写字母 P 表示，即

$$P = \frac{1}{T}\int_0^T p(t)\,\mathrm{d}t = \frac{1}{T}\int_0^T UI(1 - \cos^2\omega t)\,\mathrm{d}t = UI$$

由于 $U = RI$，因此电阻的平均功率也可表示为

$$P = I^2R = \frac{U^2}{R}$$

平均功率表示电阻实际消耗的功率，又称为有功功率，其单位为瓦（W）。通常所说的

功率都是指平均功率，简称功率。

例如白炽灯的功率为 25 W，是指白炽灯在额定工作情况下，所消耗的平均功率为 25 W。

注意：上式与直流电路中电阻功率的表达式相同，但式中的 U、I 不是直流电压、电流，而是正弦交流电的有效值。

3.3.2　电感元件的正弦交流电路

1. 电感元件上电压和电流的关系

纯电感电路如图 3.12 所示。

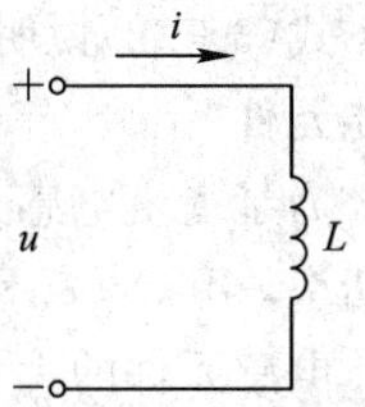

设流过电感的电流为

$$i = I_m \sin(\omega t + \varphi) \qquad (3-16)$$

则电感两端电压为

$$u = L\frac{\mathrm{d}i}{\mathrm{d}t} = \omega L I_m \sin\left(\omega t + \varphi_i + \frac{\pi}{2}\right) = U_m \sin(\omega t + \varphi_u)$$
$$(3-17)$$

图 3.12　纯电感电路

比较式(3-16)和式(3-17)可见，电感元件两端的电压 u 与流过的电流 i 是同频率的正弦量，它们的大小和相位关系为

$$U = \omega L I \qquad (3-18)$$
$$\varphi_u = \varphi_i + 90° \qquad (3-19)$$

可见，对于电感的正弦交流电路，电压的有效值(或幅值)与电流的有效值(或幅值)成正比，且电压的相位超前电流 90°。

式(3-18)、式(3-19)表明了电感元件在正弦交流电路中的电压、电流关系，用相量表示为

$$\dot{U} = \mathrm{j}\dot{I}X_L \qquad (3-20)$$

上式中，X_L 为电感的感抗，$X_L = \omega L = 2\pi f L$，表示了电感元件对正弦交流电的阻碍作用。

当 $f=0$ 时 $X_L=0$，表明线圈对直流电流相当于短路，这就是线圈本身所固有的"通直流阻交流，通低频阻高频"特性。

2. 电感元件的功率

1) 瞬时功率

设流过电感的电流为

$$i = \sqrt{2}I\sin\omega t$$

则

$$u = \sqrt{2}U\sin(\omega t + 90°)$$

电感元件的瞬时功率为

$$p = ui = \sqrt{2}U\sin(\omega t + 90°)\sqrt{2}I\sin\omega t = UI\sin2\omega t \qquad (3-21)$$

式(3-21)表明，电感元件的瞬时功率 p 随时间 t 按正弦规律变化，其角频率为 2ω。瞬时功率 p 可为正值，也可以为负值。当 $p>0$ 时，表示电源供给电感元件电能，电感元件将电能转化为磁场能，并存储在电感元件中；当 $p<0$ 时，表示电感元件将所储存的磁场能量释放出来返还给电源。

可见电感元件在正弦交流电路中不断地进行电能和磁场能之间的转换,这是储能元件与耗能元件的重要区别。

2) 平均功率

电感元件瞬时功率在一个周期内的平均值称为平均功率或有功功率,即

$$P = \frac{1}{T}\int_0^T p\,\mathrm{d}t = \frac{1}{T}\int_0^T UI\sin2\omega t\,\mathrm{d}t = 0 \qquad (3-22)$$

式(3-22)说明电感元件与电源之间只有能量的交换,它本身不消耗能量,所以电感是储能元件。

为了衡量电感元件与电源之间进行能量交换的大小,通常将瞬时功率的最大值称为无功功率,用 Q_L 表示,其单位为乏(var)或千乏(kvar)。

电感元件的无功功率为

$$Q_L = UI = I^2 X_L = \frac{U^2}{X_L}$$

例 3-4 把一个电感量为 0.35 H 的线圈接到 $u = 220\sqrt{2}U\sin(100\pi t + 60°)$ V 的电源上,求线圈中电流瞬时值表达式。

解 由电压的解析式可知

$$U = 220 \text{ V}, \quad \omega = 100\pi \text{ rad/s}, \quad \varphi = 60°$$

则

$$\dot{U} = 220\angle60° \text{ V}$$

$$X_L = \omega L = 100 \times 3.14 \times 0.35 \approx 110 \text{ }\Omega$$

$$\dot{I} = \frac{\dot{U}}{\mathrm{j}X_L} = \frac{220\angle60°}{1\angle90° \times 110} = 2\angle-30° \text{ A}$$

因此,通过线圈的电流瞬时值表达式为

$$i = 2\sqrt{2}\sin(100\pi t - 30°) \text{ A}$$

3.3.3 电容元件的正弦交流电路

1. 电容元件上电压和电流的关系

纯电容电路如图 3.13 所示。

设电容两端的电压为

$$u = \sqrt{2}U(\sin\omega t + \varphi_u)$$

则流过电容的电流为

$$i = C\frac{\mathrm{d}u}{\mathrm{d}t} = \omega C U_m\cos\omega t$$

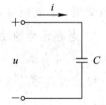

图 3.13 纯电容电路

$$= \omega U I_m\sin(\omega t + 90°)$$

$$= I_m\sin(\omega t + 90°)$$

比较以上两式可见,流过电容的电流 i 与电容两端的电压 u 是同频率的正弦量,它们的大小和相位关系为

$$I = \omega C U \qquad (3-23)$$

$$\varphi_i = \varphi_u + 90° \qquad (3-24)$$

可见,对于电容的正弦交流电路,电压的有效值(或幅值)与电流的有效值(或幅值)成

正比，且电流的相位超前电压 $90°$。

式(3-23)、式(3-24)表明了电容元件在正弦交流电路中的电压、电流关系，用相量表示为

$$\dot{I} = \mathrm{j}\omega C \dot{U} \quad 或者 \quad \dot{U} = \mathrm{j}\frac{1}{\omega C}\dot{I} \tag{3-25}$$

式(3-25)称为电容元件电压、电流关系的相量形式。它全面反映了电容元件上正弦电压与电流的大小关系和相位关系。

由式(3-23)可得

$$\frac{U}{I} = \frac{1}{\omega C} = \frac{1}{2\pi f C}$$

上式说明在电容的正弦交流电路中，电压与电流有效值(或幅值)之比不仅与电容 C 有关，而且与频率 f 有关，这是电容元件在正弦交流电路中所表现的重要特点。由于 $1/\omega C$ 也具有电阻的单位，即欧姆(Ω)，它体现了电容对正弦交流电的阻碍作用，故称为容抗，用 X_C 表示，即

$$X_C = \frac{1}{\omega C} = \frac{1}{2\pi f C}$$

电容元件对高频电流所呈现的容抗很小，相当于短路；而当频率很低或直流($f=0$)时，电容就相当于开路。这就是电容的"通交流隔直流，通高频阻低频"特性。引入容抗的概念后，式(3-25)又可写为

$$\dot{U} = -\mathrm{j}X_C\dot{I}$$

2. 电容元件的功率

1) 瞬时功率

对于电容的正弦交流电路，为了与电感的正弦电路相比较，改设电容电流 i 为参考正弦量，即

$$i = \sqrt{2}I\sin\omega t$$

则

$$u = \sqrt{2}U\sin(\omega t - 90°)$$

所以电容元件的瞬时功率为

$$p = ui = U_{\mathrm{m}}\sin(\omega t - 90°)I_{\mathrm{m}}\sin\omega t = -U_{\mathrm{m}}I_{\mathrm{m}}\cos\omega t\sin\omega t = -UI\sin2\omega t \tag{3-26}$$

上式表明，电容的瞬时功率 p 以 UI 为幅值，以 2ω 为角频率随时间按正弦规律变化。瞬时功率 p 可正可负，当 $p>0$ 时，表示电容吸收电能，并将其转换成电场电能；当 $p<0$ 时，表示电容释放能量，并将其还给电源。电容与电源之间不停地进行能量交换，是电容元件在正弦交流电路中表现出来的另一重要特性。

2) 平均功率

与电感元件类似，电容元件的平均功率为

$$P = 0$$

上式说明电容元件本身不消耗功率，所以它不是耗能元件，而是储能元件。

对于电容元件，为了体现其与电感元件具有不同的性质，通常将电容瞬时功率幅值的相反数定义为电容的无功功率，用 Q_C 表示，即

$$Q_C = UI = I^2 X_C = \frac{U^2}{X_C}$$

例 3-5 把电容量为 $40\ \mu F$ 的电容器接到正弦交流电源上，如果通过电容器的电流为 $i = 2.75\sqrt{2}\sin(314t + 30°)$ A，试求电容器两端的电压瞬时值表达式。

解 根据电流解析式得

$$I = 2.75A, \quad \omega = 314\ rad/s, \quad \varphi = 30°$$

则

$$\dot{I} = 2.75\angle 30°\ A$$

电容器的容抗为

$$X_C = \frac{1}{\omega C} = \frac{1}{314 \times 40 \times 10^{-6}} \approx 80\ \Omega$$

$$\dot{U} = -jX_C\dot{I} = 1\angle -90° \times 80 \times 2.75\angle 30° = 220\angle -60°\ V$$

电容器两端电压瞬时值表达式为

$$u = 220\sqrt{2}\sin(314t - 60°)\ V$$

3.4 电阻、电感与电容电路

正弦交流电路应用相量分析法，就是把正弦电路中的电压、电流用相量表示，电路参数用复阻抗表示，直流电路中介绍的电路定律、定理在相量分析法中依然适用。

3.4.1 复阻抗

图 3.14 所示为一无源二端网络。把无源二端网络端口电压相量和端口电流相量的比值定义为该无源二端网络的复阻抗，简称阻抗，并用大写字母 Z 表示。Z 具有电阻的量纲，其单位还是 Ω，它是一个复数，不是正弦量的相量，故 Z 字母之上无小圆点"."。无源二端网络等效图如图 3.15 所示，其表达式为

$$Z = \frac{\dot{U}_m}{\dot{I}_m} \quad 或 \quad Z = \frac{\dot{U}}{\dot{I}} = \frac{U\angle\varphi_u}{I\angle\varphi_i} = \frac{U}{I}\angle(\varphi_u - \varphi_i) \qquad (3-27)$$

上式也可以表示为

$$\dot{U}_m = Z\dot{I}_m \quad 或 \quad \dot{U} = Z\dot{I}$$

对于电阻、电感、电容元件，它们的阻抗为

$$Z_R = R$$

$$Z_L = jX_L = j\omega L$$

$$Z_C = -jX_C = -j\frac{1}{\omega C}$$

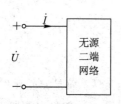

图 3.14 无源二端网络

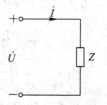

图 3.15 无源二端网络等效图

3.4.2　阻抗模和阻抗角

1. 阻抗模

把无源二端网络端口电压的有效值和端口电流的有效值的比值定义为该无源二端网络的阻抗模，也为复阻抗的模，并用符号 $|Z|$ 表示，其表达式为

$$|Z| = \frac{U}{I}$$

2. 阻抗角

由式(3-27)得

$$Z = |Z| \angle (\varphi_u - \varphi_i) = |Z| \angle \varphi$$

式中，φ 称为阻抗角，它也表示二端网络的电压与电流的相位差。

阻抗三角形和电压三角形如图 3.16 所示。

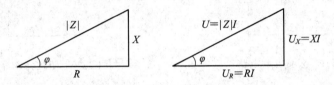

图 3.16　阻抗三角形和电压三角形

3.4.3　阻抗的串联电路

在正弦交流电路中，阻抗的串联、并联和混联在连接形式上与直流电路一样，其等效阻抗分析方法与直流电路等效电阻分析方法类似，只是将实数的运算变为复数运算。

图 3.17 是两个阻抗 Z_1 和 Z_2 串联的电路。根据基尔霍夫定律，有

$$\dot{U} = \dot{U}_1 + \dot{U}_2 = Z_1 \dot{I}_1 + Z_2 \dot{I}_2 = (Z_1 + Z_2)\dot{I}$$

两个串联的阻抗可用一个等效阻抗 Z 来代替，如图 3.18 所示。在相同电压 $\dot{U}$ 的作用下，若这两电路中电流的有效值和相位保持不变，则称 Z 为两个阻抗 Z_1、Z_2 串联的等效阻抗，其等效阻抗等于两个串联的阻抗之和，即

$$Z = Z_1 + Z_2$$

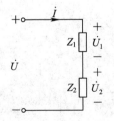
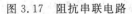

图 3.17　阻抗串联电路

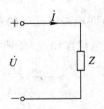

图 3.18　阻抗串联等效电路

由以上分析可知，若有 n 个阻抗串联，等效阻抗等于各个阻抗之和。

如两个阻抗串联，则每个阻抗具有分压作用，仍可按分压原理来求串联支路中的电压 $\dot{U}_1$ 或 $\dot{U}_2$，其分压公式为

$$\begin{cases} \dot{U}_1 = \dfrac{Z_1}{Z_1 + Z_2}\dot{U} \\[3mm] \dot{U}_2 = \dfrac{Z_2}{Z_1 + Z_2}\dot{U} \end{cases}$$

$$(3-28)$$

3.4.4 阻抗的并联电路

图 3.19 是两个阻抗 Z_1 和 Z_2 并联的电路。根据基尔霍夫定律,有

$$\dot{I} = \dot{I}_1 + \dot{I}_2 = \frac{\dot{U}}{Z_1} + \frac{\dot{U}}{Z_2} = \frac{Z_1 Z_2}{Z_1 + Z_2}\dot{U}$$

两个并联的阻抗可用一个等效的阻抗 Z 来代替,如图 3.20 所示。

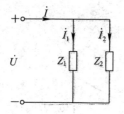 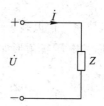

图 3.19　阻抗并联电路　　　　　　　图 3.20　阻抗并联等效电路

电路等效阻抗 Z 为

$$Z = \frac{Z_1 Z_2}{Z_1 + Z_2}$$

对于两个阻抗并联的交流电路,仍可按分流原理来求并联支路中的电流 $\dot{I}_1$ 或 $\dot{I}_2$,其分流公式为

$$\begin{cases} \dot{I}_1 = \dfrac{Z_2}{Z_1 + Z_2}\dot{I} \\[3mm] \dot{I}_2 = \dfrac{Z_1}{Z_1 + Z_2}\dot{I} \end{cases}$$

3.4.5 *RLC* 串联电路

单一参数元件的电路是理想化的电路,而实际电路(如日光灯电路、电动机、变压器等)往往是多参数元件(R、L、C)按不同的方式组合而成的,因此研究含有多参数元件的电路就更具有实际意义。RLC 串联电路具有一定的代表性。

1. *RLC* 串联电路电压间的关系

RLC 串联电路如图 3.21 所示,由 KVL 可得

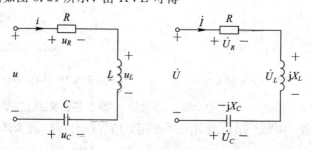

图 3.21　*RLC* 串联电路

$$\dot{U}=\dot{U}_R+\dot{U}_L+\dot{U}_C$$

流经 R、L、C 的电流相同，则

$$\begin{aligned}\dot{U}&=R\dot{I}+\mathrm{j}X_L\dot{I}-\mathrm{j}X_C\dot{I}\\&=[R+\mathrm{j}(X_L-X_C)]\dot{I}\\&=(R+\mathrm{j}X)\dot{I}\\&=Z\dot{I}\end{aligned}$$

其中 $X=X_L-X_C$ 称为等效电抗。

以电流相量为参考相量作出相量图，如图 3.22 所示。图中设 $U_L>U_C$。显然 $\dot{U}_R$、$\dot{U}_X$、$\dot{U}$ 组成一个直角三角形，称为电压三角形。

由此可见，正弦电路端口电压的有效值不等于各串联元件的电压有效值之和。

$$U\neq U_R+U_L+U_C$$

$$\dot{U}=\dot{U}_R+\dot{U}_L+\dot{U}_C,\quad U=\sqrt{U_R^2+(U_L-U_C)^2}$$

$$I=\frac{U}{\sqrt{R^2+X^2}}=\frac{U}{|Z|}$$

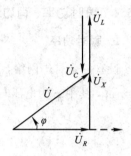

图 3.22　电压三角形

$|Z|$表示电阻、电感和电容串联电路对交流电流的总的抵抗作用。阻抗的大小决定于电路参数(R、L、C)和电源频率，即

$$|Z|\neq R+X$$

$$|Z|=\sqrt{R^2+(X_L-X_C)^2}$$

2. *RLC* 串联电路的阻抗

将图 3.22 所示的电压三角形的三边同时除以电流 I，就得到电阻 R、电抗 X 和阻抗模$|Z|$组成的三角形——阻抗三角形，如图 3.23 所示。

图 3.23　阻抗三角形

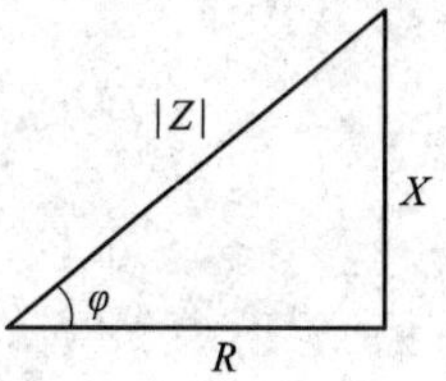

阻抗三角形和电压三角形是相似三角形，阻抗三角形中$|Z|$与 R 的夹角 φ 即阻抗角，它等于电压三角形中电压与电流的夹角 φ，也就是电压与电流的相位差 φ，即

$$\varphi=\arctan\frac{X}{R}=\arctan\frac{U_X}{U_R}$$

或

$$\varphi=\varphi_u-\varphi_i$$

由阻抗三角形还可以得到阻抗模与电阻、等效电抗的关系式：

$$\begin{cases}R=|Z|\cos\varphi\\X=|Z|\sin\varphi\end{cases}$$

当等效电抗不同时，电路呈现出以下三种不同的性质：

(1) 当 $X>0$ 时，表明感抗大于容抗。$\varphi>0$，此时电压相位超前于电流相位。电路呈现电感性。

(2) 当 $X<0$ 时，表明容抗大于感抗。$\varphi<0$，此时电流相位超前于电压相位。电路呈现电容性。

(3) 当 $X=0$ 时，表明感抗和容抗的作用相等，即 $X_L=X_C$，电压与电流同相。$\varphi=0$，此时电路如同纯电阻电路一样，这样的情况称为谐振。有关谐振问题将在后面讨论。

3.5　功率与功率因数

在分析单一参数电路元件的交流电路时可知，电阻元件是消耗电能的，而电感、电容元件是不消耗电能的，它们只与电源之间进行能量交换。

3.5.1　瞬时功率、有功功率、无功功率、视在功率

1. 瞬时功率

设有一个二端网络，取电压、电流为关联参考方向，设 $u(t)=\sqrt{2}U\sin(\omega t+\varphi)$，$i(t)=\sqrt{2}\sin\omega t$，其中 φ 为电压与电流的相位差，则网络在任一瞬间时吸收的功率即瞬时功率为

$$p(t)=u(t)\cdot i(t)$$
$$=\sqrt{2}U\sin(\omega t+\varphi)\cdot\sqrt{2}I\sin\omega t$$
$$=UI\cos\varphi-UI\cos(2\omega t+\varphi)$$

其波形图如图 3.24 所示。

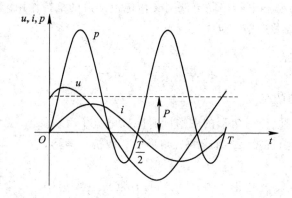

图 3.24　瞬时功率波形图

瞬时功率有时为正值，有时为负值，表示网络有时从外部接受能量，有时向外部发出能量。

2. 有功功率

由于瞬时功率随时间变化，测量和计算都不方便，所以在实际工作中常用平均功率。瞬时功率在一个周期内的平均值称为平均功率，也叫有功功率，用大写字母 P 表示，即

$$P=\frac{1}{T}\int_0^T p\,\mathrm{d}t=\int_0^T ui\,\mathrm{d}t=UI\cos\varphi=UI\lambda \qquad (3-29)$$

正弦交流电路的有功功率不但与电压、电流的有效值有关，还与电压与电流相位差的余弦有关。我们把 $\lambda=\cos\varphi$ 称为电路的功率因数。故阻抗角 φ 也称为功率因数角。

在正弦交流电路中，电感、电容元件就平均意义而言，不消耗电能，所以有功功率为零，而电阻总是消耗电能。当电路中有多个电阻时，其总有功功率为各电阻的有功功率之和，即

$$P = P_{R1} + P_{R2} + P_{R3} + \cdots$$

3. 无功功率

工程中为了表示储能元件能量交换的强弱，引入了无功功率 Q，并定义

$$Q = UI\sin\varphi$$

它具有功率的量纲，但为了与电阻上消耗的有功功率相区别，无功功率的基本单位为乏尔，简称乏(var)。无功功率体现了储能元件能量交换的最大速率。

在正弦交流电路中，电阻元件的无功功率为零。电容性无功功率取负值，而电感性无功功率取正值，即它们的无功功率相互补偿一部分，不足的再与外电路进行交换。电路的无功功率 $Q = Q_L - Q_C$，其中 Q_L 为电路中全部电感元件无功功率之和，Q_C 为电路中全部电容元件无功功率之和。

4. 视在功率

在交流电路中，我们将正弦交流电路中电压有效值与电流有效值的乘积称为视在功率，即

$$S = UI$$

视在功率通常用来表示电源设备的容量。例如，交流发电机、变压器等的额定电压 U_N 和额定电流 I_N 的乘积称为额定视在功率 S_N，即

$$S_N = U_N I_N$$

S_N 又称为额定容量，简称容量。它表示电源设备能够提供的最大有功功率，但负载能否得到这样大的有功功率，还在于负载的性质。

视在功率的单位是伏·安(VA)或千伏·安(kVA)

5. 有功功率、无功功率、视在功率之间的关系

将前面介绍的电压三角形的三边同时乘以电流 I，就得到有功功率、无功功率、视在功率组成的三角形——功率三角形，如图 3.25 所示。

从功率三角形可看出

$$\begin{cases} P = UI\cos\varphi = S\cos\varphi \\ Q = UI\sin\varphi = S\sin\varphi \\ S = \sqrt{P^2 + Q^2} \\ \varphi = \arctan\dfrac{Q}{P} \\ \cos\varphi = \dfrac{P}{S} \end{cases}$$

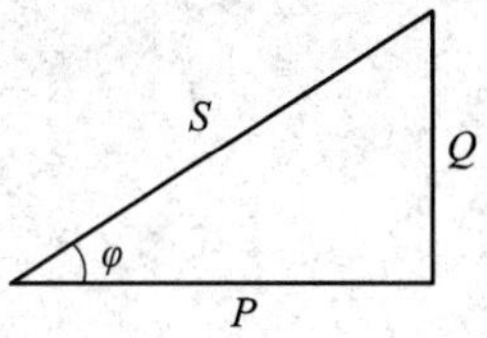

图 3.25　功率三角形

当视在功率一定时，功率因数越大，用电设备的有功功率也越大，电源输出功率的利用率就越高。功率因数的大小由电路参数(R、L、C)和电源频率决定。工厂中的交流电机、变压器等都是感性负载，功率因数一般较低。

3.5.2　功率因数的提高

电源的额定输出功率为 $P_N = S_N\cos\varphi$，它除了决定于本身容量(即额定视在功率)外，还与负载功率因数有关。若负载功率因数低，电源输出功率将减小，这显然是不利的。因此为了充分利用电源设备的容量，应该设法提高负载网络的功率因数。

另外，若负载功率因数低，电源在供给有功功率的同时，还要提供足够的无功功率，致使供电线路电流增大，从而造成线路上能耗增大。可见，提高功率因数有很大的经济意义。

功率因数不高，主要是由于大量电感性负载的存在。工厂生产中广泛使用的三相异步电动机就相当于电感性负载。为了提高功率因数，可以从两个基本方面来着手：一方面是改进用电设备的功率因数，这主要涉及更换或改进设备；另一方面是在感性负载的两端并联适当大小的电容器。

下面分析利用并联电容器来提高功率因数的方法。

原负载为感性负载，其功率因数为 $\cos\varphi$，电流为 I_1，在其两端并联电容器 C，电路如图3.26所示，并联电容以后，并不影响原负载的工作状态。从相量图可知由于电容电流补偿了负载中的无功电流，使总电流减小，电路的总功率因数提高了。

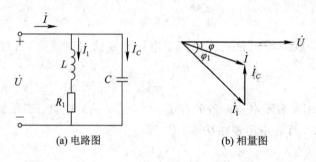

(a) 电路图　　　　　　　　　(b) 相量图

图 3.26　并联电容器提高功率因数

设有一感性负载的端电压为 U，功率为 P，功率因数为 $\cos\varphi_1$，为了使功率因数提高到 $\cos\varphi$，可推导所需并联电容 C 的计算公式：

$$I_1\cos\varphi_1 = I\cos\varphi = \frac{P}{U}$$

流过电容的电流为

$$I_C = I_1\sin\varphi_1 - I\sin\varphi = \frac{P}{U}(\text{tg}\varphi_1 - \text{tg}\varphi)$$

又因

$$I_C = U\omega C$$

所以

$$C = \frac{P}{\omega U^2}(\text{tg}\varphi_1 - \text{tg}\varphi)$$

例 3-6　两个负载并联，接到 220 V、50 Hz 的电源上。一个负载的功率 $P_1 = 2.8$ kW，功率因数 $\cos\varphi_1 = 0.8$（感性），另一个负载的功率 $P_2 = 2.42$ kW，功率因数 $\cos\varphi_2 = 0.5$（感性）。试求：

(1) 电路的总电流和总功率因数；

(2) 电路消耗的总功率；

(3) 要使电路的功率因数提高到 0.92，需并联多大的电容？此时电路的总电流为多少？

(4) 再把电路的功率因数从 0.92 提高到 1，需并联多大的电容？

解　(1)　　　　　$I_1 = \dfrac{P_1}{U\cos\varphi_1} = \dfrac{2800}{220 \times 0.8} = 15.9$ A

$$\cos\varphi_1 = 0.8 \Rightarrow \varphi_1 = 36.9°$$

$$I_2 = \frac{P_2}{U\cos\varphi_2} = \frac{2420}{220 \times 0.5} = 22 \text{ A}$$

$$\cos\varphi_1 = 0.5 \Rightarrow \varphi_1 = 60°$$

设电源电压 $\dot{U} = 220\angle 0° \text{ V}$，则

$$I_1 = 15.9\angle -36.9° \text{ A}$$

$$I_2 = 22\angle -60° \text{ A}$$

$$\dot{I} = I_1 + I_2 = 15.9\angle -36.9° + 22\angle -60° = 37.1\angle -50.3° \text{ A}$$

由 $I = 37.1$ A 和 $\varphi' = 50.3°$ 可得 $\cos\varphi' = 0.64$。

(2) $$P = P_1 + P_2 = 2.8 + 2.42 = 5.22 \text{ kW}$$

(3) $$\cos\varphi = 0.92 \Rightarrow \varphi = 23.1°$$

$$\cos\varphi' = 0.64 \Rightarrow \varphi' = 50.3°$$

$$C = \frac{P}{\omega U^2}(\text{tg}50.3° - \text{tg}23.1°) = 0.00034(1.2 - 0.426) = 263 \ \mu\text{F}$$

$$I = \frac{P}{U\cos\varphi} = \frac{5220}{220 \times 0.92} = 25.8 \text{ A}$$

(4) $$\cos\varphi' = 0.92 \Rightarrow \varphi' = 23.1°$$

$$\cos\varphi = 1 \Rightarrow \varphi = 0°$$

$$C' = \frac{P}{\omega U^2}(\text{tg}23.1° - \text{tg}0°) = 0.000\ 34(0.426 - 0) = 144.8 \ \mu\text{F}$$

由上述计算可以看出，将功率因数从 0.92 提高到 1，仅提高了 0.08，补偿电容需要 144.8 μF，将增大设备的投资。

在实际生产中并不要把功率因数提高到 1，因为这样做需要并联的电容较大，功率因数提高到什么程度为宜，只能在做具体的技术经济比较之后才能决定。通常只将功率因数提高到 0.9～0.95 之间。

3.6　谐 振 电 路

谐振是正弦交流电路中可能发生的一种特殊现象。研究电路的谐振，对于强电类专业来讲，主要是为了避免过电压与过电流现象的出现，对弱电类(电子、自动化控制类)专业而言，谐振现象广泛应用于实际工程技术中；例如收音机中的中频放大器，电视机或收音机输入回路的调谐电路，各类仪器仪表中的滤波电路、LC 振荡回路，利用谐振特性制成的 Q 表等。因此，对谐振电路需要掌握一套相应的分析方法。
谐振分为串联谐振和并联谐振。

3.6.1　串联谐振

1. 谐振现象

由电阻、电感、电容组成的电路如图 3.27 所示，在正弦电源作用下，当电压与电流同相时，电路呈电阻性，此时电路的工作状态称为谐振。

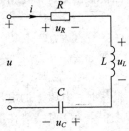

图 3.27　串联谐振电路

2. 产生谐振的条件

图 3.27 中，电路的总阻抗为

$$Z = R + j(X_L - X_C)$$

由谐振概念可知，串联谐振的条件是

$$\begin{cases} X_L - X_C = 0 \quad 或 \quad X_L = X_C \\ \omega_0 L = \dfrac{1}{\omega_0 C} \end{cases}$$

可见，调节 ω、L 和 C 三个参数中的任意一个，都可使电路发生谐振。式中 ω_0 称为谐振角频率，从上式中可解出

$$\omega_0 = \frac{1}{\sqrt{LC}} \quad 或 \quad f = f_0 = \frac{1}{2\pi\sqrt{LC}}$$

串联电路中的谐振频率 f_0 与电阻 R 和电源无关。它反映了串联电路的一种固有的性质，所以又称"固有频率"；ω_0 称为"固有角频率"。

3. 调谐方法

调谐过程就是使电源的频率和电路的固有频率二者由不相等达到相等的过程。其方法有：

(1) 调频：当 L、C 固定时，可以改变电源频率达到谐振。

(2) 调谐：当电源的频率 f 一定时，可改变电容 C 和电感 L 使电路谐振。

4. 电路串联谐振时的特点

(1) 谐振时总阻抗最小($Z = R$)，当外加电压 U 一定时，电流具有最大值 $I_0 = \dfrac{U}{R}$，称为串联谐振电流。

(2) 电压与电流同相，电路呈现纯电阻性质。

(3) 因为 $X_L = X_C \gg R$，故 $U_L = U_C \gg U_R = U$，即电感和电容上的电压远远高于电路的端电压。串联谐振时电感电压与电容电压大小相等，相位相反，互相抵消，因此串联谐振又称为电压谐振。

(4) 特性阻抗。谐振时，电路的等效电抗为零，但是感抗和容抗都不为零，此时电路的感抗或容抗都叫作谐振电路的特性阻抗，用字母 ρ 表示

$$\rho = \omega_0 L = \frac{1}{\omega_0 C} = \frac{L}{\sqrt{LC}} = \sqrt{\frac{L}{C}}$$

(5) 品质因数。在电子技术中，经常用谐振电路的特性阻抗与电路中电阻的比值来说明电路的性能，这个比值被称作电路的品质因数，用字母 Q 来表示：

$$\begin{cases} Q = \dfrac{\rho}{R} = \dfrac{\omega_0 L}{R} = \dfrac{1}{\omega_0 CR} = \dfrac{1}{R}\sqrt{\dfrac{L}{C}} \\ Q = \dfrac{U_L}{U} = \dfrac{U_C}{U} \end{cases}$$

谐振时，电阻上的电压等于电源电压。电感和电容上的电压等于电源电压的 Q 倍。在电子工程中，Q 值一般在 $10 \sim 500$ 之间。当 $Q \gg 1$ 时，就有 $U_L = U_C \gg U$，即 U_L、U_C 都远远大于电源电压。串联谐振时若在线圈或电容上产生高电压则会造成绝缘的击穿，所以在电力电路中，要设法避免发生串联谐振。然而在电子电路中却常常利用串联谐振。

3.6.2　并联谐振

串联谐振电路适用于内阻抗小的信号源。如果信号源的内阻抗很大，仍用串联谐振电路，将使电路的品质因数严重降低，选择性变差，因此，应采用并联谐振电路。

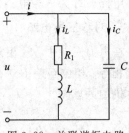

图 3.28　并联谐振电路

并联谐振电路的形式较多。工程上常用到电感线圈与电容并联的谐振电路，如图 3.28 所示，其中电感线圈用 R 和 L 的串联组合来表示。

1. 谐振现象

同串联谐振一样，当端电压 $\dot{U}$ 和总电流 $\dot{I}$ 同相时，电路的这一工作状态称为并联谐振。

2. 并联谐振的条件

理论和实验证明，电感线圈与电容并联谐振电路的谐振频率为

$$f_0 = \frac{1}{2\pi\sqrt{LC}}\sqrt{1 - \frac{CR^2}{L}}$$

在一般情况下，线圈的电阻比较小，$\sqrt{\dfrac{L}{C}} \gg R$，则 $\dfrac{CR^2}{L} \approx 0$，所以谐振频率近似为

$$f_0 = \frac{1}{2\pi\sqrt{LC}}$$

3. 并联谐振时的特点

（1）电路显电阻性，由于 R 很小，因此总阻抗很大，即

$$|Z_0| = \frac{L}{CR} = Q\rho$$

（2）总电压与总电流同相。

（3）品质因数为

$$Q = \frac{\omega_0 L}{R} = \frac{1}{R\omega_0 C} = \frac{1}{R}\sqrt{\frac{L}{C}}$$

（4）支路电流可能远远大于端口电流，支路电流是总电流的 Q 倍，即

$$I_L = QI \qquad I_C = QI$$

电感和电容上的电流大小相等，相位相反，且为电源电流的 Q 倍。因此，并联谐振又叫作电流谐振。

当外加电源的频率等于并联电路的固有频率时，可以获得较大的信号电压。当外加电源的频率偏离并联电路的固有频率时，可以获得较小的信号电压。因此，并联谐振电路常常用作选频器，收音机和电视机的中频选频电路就是并联谐振电路。

3.7　三相正弦交流电路

3.7.1　三相电源

三相电源是具有三个频率相同、幅值相等但相位不同的电动势的电源，用三相电源供

电的电路就称为三相电路。

1. 对称三相电源

在电力工业中，三相电路中的电源通常是三相发电机，由它可以获得三个频率相同、幅值相等、相位互差120°的电动势，这样的发电机称为对称三相电源。图3.29是三相同步发电机的原理图。

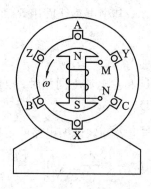

图 3.29　三相同步发电机原理图

三相发电机中转子上的励磁线圈 MN 内通有直流电流，使转子成为一个电磁铁。在定子内侧面，空间相隔120°的槽内装有三个完全相同的线圈 A－X、B－Y、C－Z。转子与定子间磁场被设计成正弦分布。当转子以角速度 ω 转动时，三个线圈中便感应出频率相同、幅值相等、相位互差120°的三个电动势。有这样的三个电动势的发电机便构成一对称三相电源。

对称三相电源的瞬时值表达式（以 u_A 为参考正弦量）为

$$\begin{cases} u_A = \sqrt{2}U\sin(\omega t) \\ u_B = \sqrt{2}U\sin(\omega t - 120°) \\ u_C = \sqrt{2}U\sin(\omega t + 120°) \end{cases}$$

三相发电机中三个线圈的首端分别用 A、B、C 表示；尾端分别用 X、Y、Z 表示。三相电压的参考方向为首端指向尾端。对称三相电源的电路符号如图3.30所示。

三相电压的相量形式为

$$\begin{cases} \dot{U}_A = U\angle 0° \\ \dot{U}_B = U\angle -120° \\ \dot{U}_C = U\angle 120° \end{cases}$$

对称三相电压的波形图和相量图如图3.31和图3.32所示。

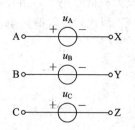

图 3.30　对称三相电源

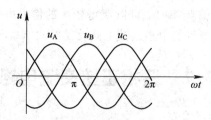

图 3.31　对称三相电压波形图

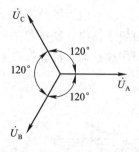

图 3.32　对称三相电压相量图

对称三相电压三个电压的瞬时值之和为零，即

$$u_A + u_B + u_C = 0$$

三个电压的相量之和亦为零，即

$$\dot{U}_A + \dot{U}_B + \dot{U}_C = 0$$

这是对称三相电源的重要特点。

通常三相发电机产生的都是对称三相电源。

2. 相序

三相电源中每一相电压经过同一值（如正的最大值）的先后次序称为相序。从图 3.31 可以看出，其三相电压到达最大值的次序依次为 u_A、u_B、u_C，其相序为 A−B−C−A，称为顺序或正序。若将发电机转子反转，则

$$u_A = \sqrt{2}U\sin\omega t$$

$$u_C = \sqrt{2}U\sin(\omega t - 120°)$$

$$u_B = \sqrt{2}U\sin(\omega t + 120°)$$

则相序为 A−C−B−A，称为逆序或负序。

工程上常用的相序是顺序，如果不加以说明，都是指顺序。工业上通常在交流发电机的三相引出线及配电装置的三相母线上涂有黄、绿、红三种颜色，分别表示 A、B、C 三相。

3.7.2　三相电源的连接

将三相电源的三个绕组以一定的方式连接起来就构成三相电路的电源。通常的连接方式是星形（也称 Y 形）连接和三角形（也称△形）连接。对三相发电机来说，通常采用星形连接。

1. 三相电源的星形连接

将对称三相电源的尾端 X、Y、Z 连在一起，首端 A、B、C 引出作为输出线，这种连接称为三相电源的星形连接，如图 3.33 所示。

连接在一起的 X、Y、Z 点称为三相电源的中点，用 N 表示，从中点引出的线称为中线。三个电源首端 A、B、C 引出的线称为端线（俗称火线）。

电源每相绕组两端的电压称为电源的相电压，电源相电压用符号 u_A、u_B、u_C 表示；端线之间的电压称为线电压，用 u_{AB}、u_{BC}、u_{CA} 表示。规定线电压的方向是由 A 线指向 B 线、B 线指向 C 线、C 线指向 A 线。下面分析星形连接时对称三相电源线电压与相电压的关系。

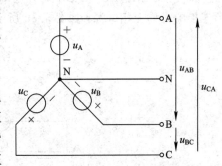

图 3.33　星形连接的三相电源

根据图 3.33，由 KVL 可得，三相电源的线电压与相电压有以下关系：

$$u_{AB} = u_A - u_B$$

$$u_{BC} = u_B - u_C$$

$$u_{CA} = u_C - u_A$$

假设

$$\dot U_A = U \angle 0°, \quad \dot U_B = U \angle -120°, \quad \dot U_C = U \angle 120°$$

则相量形式为

$$\dot U_{AB} = \dot U_A - \dot U_B = \sqrt3 U \angle 30° = \sqrt3 \dot U_A \angle 30°$$

$$\dot U_{BC} = \dot U_B - \dot U_C = \sqrt3 U \angle -90° = \sqrt3 \dot U_B \angle 30°$$

$$\dot U_{CA} = \dot U_C - \dot U_A = \sqrt3 U \angle 150° = \sqrt3 \dot U_C \angle 30°$$

由上式看出,星形连接的对称三相电源的线电压也是对称的。线电压的有效值(U_l)是相电压有效值(U_p)的$\sqrt3$倍,即$U_l = \sqrt3 U_p$;式中各线电压的相位超前于相应的相电压30°,其相量图如图 3.34 所示。

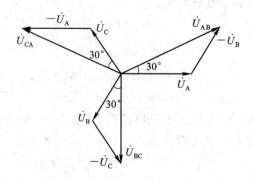

图 3.34 相量图

三相电源星形连接的供电方式有两种,一种是三相四线制(三条端线和一条中线),另一种是三相三线制,即无中线。目前电力网的低压供电系统(又称民用电)为三相四线制,此系统供电的线电压为 380 V,相电压为 220 V,通常写作电源电压 380/220 V。

2. 三相电源的三角形连接

将对称三相电源中的三个单相电源首尾相接,由三个连接点引出三条端线就形成三角形连接的对称三相电源,如图 3.35 所示。

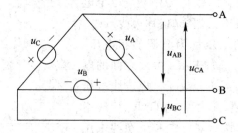

图 3.35 三角形连接的三相电源

对称三相电源三角形连接时,只有三条端线,没有中线,它一定是三相三线制。对称三相电源三角形连接时线电压就是相应的相电压,即

$$
\begin{aligned}
u_{AB} &= u_A & & & \dot U_{AB} &= \dot U_A \\
u_{BC} &= u_B & &\text{或} & \dot U_{BC} &= \dot U_B \\
u_{CA} &= u_C & & & \dot U_{CA} &= \dot U_C
\end{aligned}
$$

三相电源三角形连接时,形成一个闭合回路。由于对称三相电源 $\dot{U}_A + \dot{U}_B + \dot{U}_C = 0$,所以回路中不会有电流。但若有一相电源极性接反,造成三相电源电压之和不为零,将会在回路中产生很大的电流。所以三相电源采用三角形连接时,连接前必须检查。

3.7.3　对称三相电路

组成三相交流电路的每一相电路是单相交流电路。整个三相交流电路则是由三个单相交流电路所组成的复杂电路,它的分析方法是以单相交流电路的分析方法为基础的。

对称三相电路由对称三相电源和对称三相负载连接组成。一般电源均为对称电源,因此只要负载是对称三相负载,则该电路为对称三相电路。所谓对称三相负载是指三相负载的三个复阻抗相同。三相负载一般也接成星形或三角形,如图 3.36 所示。

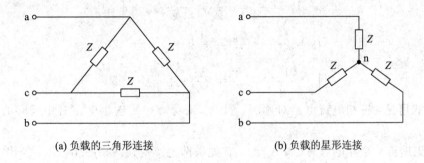

|(a) 负载的三角形连接|(b) 负载的星形连接|

图 3.36　对称三相负载的连接

1. 负载 Y 连接的对称三相电路

图 3.37 中,三相电源作星形连接,三相负载也作星形连接,且有中线,称为 Y—Y 连接的三相四线制。

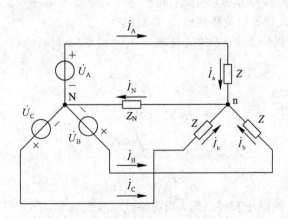

图 3.37　三相四线制

设每相负载阻抗均为 $Z = |Z| \angle \varphi$ 。N 为电源中点,n 为负载的中点,Nn 为中线。设中线的阻抗为 Z_N 。每相负载上的电压称为负载相电压,用 $\dot{U}_{an}$ 、 $\dot{U}_{bn}$ 、 $\dot{U}_{cn}$ 表示;负载端线之间的电压称为负载的线电压,用 $\dot{U}_{ab}$ 、 $\dot{U}_{bc}$ 、 $\dot{U}_{ca}$ 表示。各相负载中的电流称为相电流,用 $\dot{I}_a$ 、 $\dot{I}_b$ 、 $\dot{I}_c$ 表示;火线中的电流称为线电流,用 $\dot{I}_A$ 、 $\dot{I}_B$ 、 $\dot{I}_C$ 表示。线电流的参考方向从电源端指向负载端,中线电流 $\dot{I}_N$ 的参考方向从负载端指向电源端。对于负载 Y 连接的电路,线电流

$\dot{I}_{A}$ 就是相电流 $\dot{I}_{a}$。

三相电路实际上是一个复杂正弦交流电路，采用节点法分析此电路可得

$$\dot{U}_{nN} = 0$$

结论是负载中点与电源中点等电位，它与中线阻抗的大小无关。由此可得

$$\begin{cases} \dot{U}_{an} = \dot{U}_{A} \\ \dot{U}_{bn} = \dot{U}_{B} \\ \dot{U}_{cn} = \dot{U}_{C} \end{cases}$$

上式表明：负载相电压等于电源相电压（在忽略输电线阻抗时），即负载三相电压也为对称三相电压。若以 $\dot{U}_{A}$ 为参考相量，则线电流为

$$\dot{I}_{A} = \frac{\dot{U}_{an}}{Z} = \frac{\dot{U}_{A}}{Z} = \frac{U_{p}}{|Z|} \angle -\varphi$$

$$\dot{I}_{B} = \frac{\dot{U}_{bn}}{Z} = \frac{\dot{U}_{B}}{Z} = \frac{U_{p}}{|Z|} \angle -\varphi -120°$$

$$\dot{I}_{C} = \frac{\dot{U}_{cn}}{Z} = \frac{\dot{U}_{C}}{Z} = \frac{U_{p}}{|Z|} \angle -\varphi +120°$$

由上式可见，三相电流也是对称的。因此，对称 Y—Y 连接电路有中线时的计算步骤可归结为：

（1）先进行一个相的计算（如 A 相），首先根据电源找到该相的相电压，算出 $\dot{I}_{A}$；

（2）根据对称性，推知其他两相电流 $\dot{I}_{B}$、$\dot{I}_{C}$；

（3）由三相电流对称可知，中线电流 $\dot{I}_{N} = \dot{I}_{A} + \dot{I}_{B} + \dot{I}_{C} = 0$。

当对称 Y—Y 连接电路中无中线，即 $Z_{N} = \infty$ 时，由节点法分析可知 $\dot{U}_{nN} = 0$，即负载中点与电源中点仍然等电位，此时相当于三相四线制。即每相电路看成是独立的，计算时采用如上的三相四线制的计算方法。可见，对称 Y—Y 连接的电路，不论有无中线以及中线阻抗的大小，都不会影响各相负载的电流和电压。

由于 $\dot{U}_{nN} = 0$，所以负载的线电压与相电压的关系同电源的线电压与相电压的关系相同：

$$\begin{cases} \dot{U}_{ab} = \sqrt{3}\dot{U}_{an} \angle 30° \\ \dot{U}_{bc} = \sqrt{3}\dot{U}_{bn} \angle 30° \\ \dot{U}_{ca} = \sqrt{3}\dot{U}_{cn} \angle 30° \end{cases}$$

即

$$U_{l}' = \sqrt{3}U_{p}'$$

式中 U_{l}'、U_{p}' 为负载的线电压和相电压。当忽略输电线阻抗时，$U_{l}' = U_{l}$，$U_{p}' = U_{p}$。

综上所述，负载星形连接的对称三相电路其负载电压、电流有以下特点：

（1）线电压、相电压，线电流、相电流都是对称的。

（2）线电流等于相电流。

（3）线电压等于 $\sqrt{3}$ 倍的相电压。

例 3-7 某对称三相电路，负载为 Y 形连接，三相三线制，其电源线电压为 380 V，每相负载阻抗 $Z = 8 + j6$ Ω，忽略输电线路阻抗。求负载每相电流，画出负载电压和电流相量图。

解　已知 $U_1 = 380$ V，负载为 Y 形连接，其电源无论是 Y 形还是△形连接，都可用等效的 Y 形连接的三相电源进行分析。

电源相电压为

$$U_p = \frac{380}{\sqrt{3}} = 220 \text{ V}$$

设 $\dot{U}_A = 220\angle 0° $ V，则

$$\dot{I}_A = \frac{\dot{U}_A}{Z} = \frac{220\angle 0°}{8 + j6} = 22\angle -36.9° \text{ A}$$

根据对称性可得

$$\dot{I}_B = 22\angle -36.9° - 120° = 22\angle -156.9° \text{ A}$$

$$\dot{I}_C = 22\angle -36.9° + 120° = 22\angle 83.1° \text{ A}$$

相量图如图 3.38 所示。

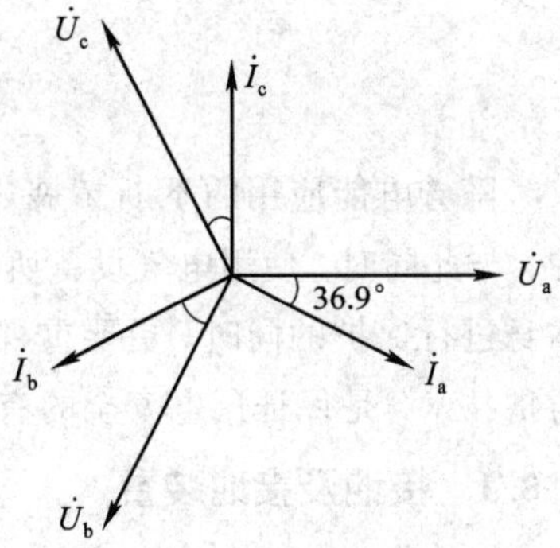

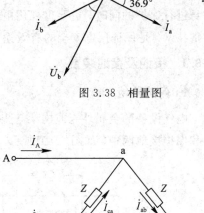

图 3.38　相量图

2. 负载△连接的对称三相电路

负载采用三角形连接时的电路如图 3.39 所示。由图可以看出，与负载相连的三个电源一定是线电压，不管电源是星形连接还是三角形连接。

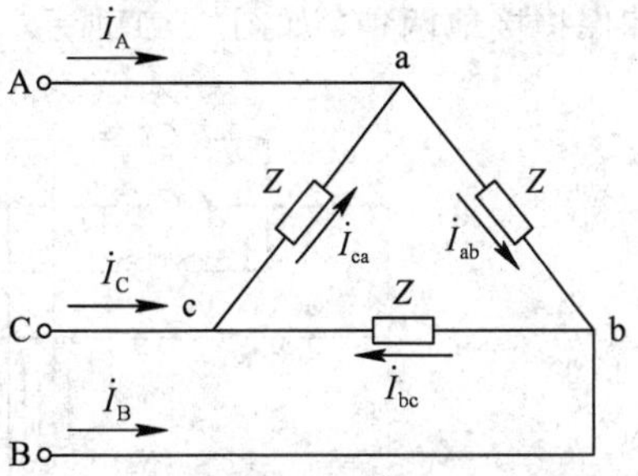

设 $Z = |Z|\angle\varphi$，三相负载相同，其负载线电流为 $\dot{I}_A$、$\dot{I}_B$、$\dot{I}_C$，相电流为 $\dot{I}_{ab}$、$\dot{I}_{bc}$、$\dot{I}_{ca}$。

设 $\dot{U}_{AB} = U_1\angle 0°$ V，当忽略输电线阻抗时，负载线电压等于电源线电压。负载的相电流为

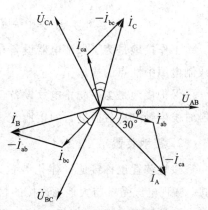

图 3.39　负载三角形连接的对称三相电路

$$\dot{I}_{ab} = \frac{\dot{U}_{ab}}{Z} = \frac{\dot{U}_{AB}}{Z} = \frac{U_1}{|Z|}\angle -\varphi$$

$$\dot{I}_{bc} = \frac{\dot{U}_{bc}}{Z} = \frac{\dot{U}_{BC}}{Z} = \frac{U_1}{|Z|}\angle -\varphi - 120°$$

$$\dot{I}_{ca} = \frac{\dot{U}_{ca}}{Z} = \frac{\dot{U}_{CA}}{Z} = \frac{U_1}{|Z|}\angle -\varphi + 120°$$

线电流为

$$\dot{I}_A = \dot{I}_{ab} - \dot{I}_{ca} = \sqrt{3}\dot{I}_{ab}\angle -30°$$

$$\dot{I}_B = \dot{I}_{bc} - \dot{I}_{ab} = \sqrt{3}\dot{I}_{bc}\angle -30°$$

$$\dot{I}_C = \dot{I}_{ca} - \dot{I}_{bc} = \sqrt{3}\dot{I}_{ca}\angle -30°$$

综上所述：负载△形连接的对称三相电路，其负载电压、电流有以下特点：

(1) 相电压、线电压，相电流、线电流均对称。

(2) 每相负载上的线电压等于相电压。

(3) 线电流大小的有效值等于相电流有效值的 $\sqrt{3}$ 倍，即 $I_1 = \sqrt{3}I_p$，且线电流滞后相应的相电流30°。电压、电流相量图如图 3.40 所示。

图 3.40　电压、电流相量图

3.8 安 全 用 电

随着电能应用的不断拓展,以电能为介质的各种电气设备广泛进入企业和家庭生活中,与此同时,使用电气设备所带来的不安全事故也不断发生。为了实现电气安全,对电网本身进行保护的同时,更要重视用电的安全问题。学习安全用电基本知识,掌握常规触电防护技术,是保证用电安全的有效途径。

3.8.1 接地及接地装置

1. 保护接地

电气设备的金属外壳或构架与土壤之间采用良好的电气连接称为接地。可分为工作接地和保护接地两种,如图 3.41 所示。

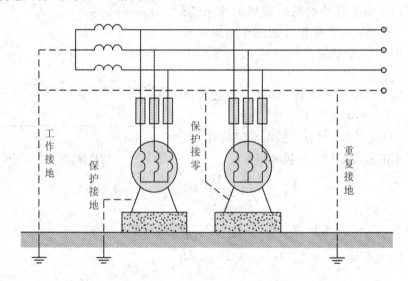

图 3.41 保护接地、工作接地、重复接地及保护接零示意图

工作接地是为了保证电器设备在正常及事故情况下可靠工作而进行的接地,如三相四线制电源中性点的接地。

保护接地是为了防止电气设备正常运行时,不带电的金属外壳或框架因漏电使人体接触时发生触电事故而进行的接地。适用于中性点不接地的低压电网。

2. 接地装置

接地装置也称接地一体化装置,作用是使电气设备或其他物件和地之间构成电气连接,实现电气系统与大地相连接的目的。

接地装置由接地极(板)、接地母线(户内、户外)、接地引下线(接地跨接线)、构架接地组成。

接地装置如图 3.42 所示,图 3.42(a)为独立桩基方式,图 3.42(b)为携带型接地线。

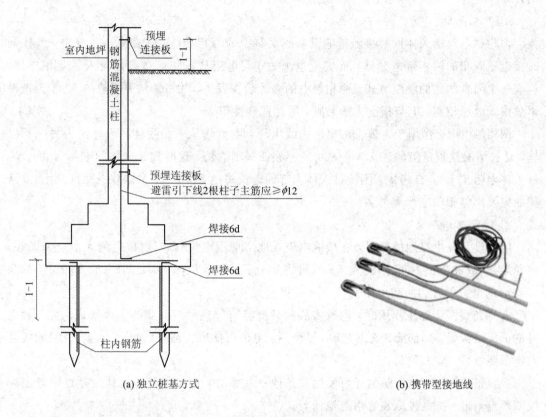

(a) 独立桩基方式　　　　　　　　　　　　(b) 携带型接地线

图 3.42　接地装置

3.8.2　触电方式与急救措施

1. 触电的种类

电流对人体的伤害有三种：电击、电伤和电磁场伤害。

触电是指人体触及带电体后，电流对人体造成的伤害。它有两种类型，即电击和电伤。

1）电击

电击是指电流通过人体内部，破坏人体内部组织，影响呼吸系统、心脏及神经系统的正常功能，甚至危及生命。在触电事故中，电击和电伤常会同时发生。

电击就是通常所说的触电，触电死亡绝大部分是电击造成的。

2）电伤

电伤是指电流的热效应、化学效应、机械效应及电流本身作用造成的人体伤害。电伤会在人体皮肤表面留下明显的伤痕，常见的有灼伤、电烙伤和皮肤金属化等现象。

2. 触电的方式

1）单相触电

单相触电是指人体直接碰触带电设备其中的一相时，电流通过人体入地的触电现象。对于高压带电体，在人体虽然未直接接触，但小于安全距离时，高电压对人体放电，造成单相接地引起触电，也属于单相触电。这种触电事故约占总触电事故的 75% 以上，是很危险

的，通常是由于碰触、搭接、断线、碰壳等情况造成的。

2）两相触电

两相触电是指人体同时接触带电设备或线路中的两相导体，或在高压系统中，人体同时接近不同相的两相带电导体，而发生电弧放电，电流从一相通过人体流入另一相导体，构成一个闭合回路的触电方式。两相触电的事故较少发生，约占总触电事故的 5％。但这种事故由于电压较高，电流损害人的心脏，因此危险性很大。

两相触电时，作用于人体上的电压为线电压，电流将从一相导体经人体流入另一相导体，这种情况是很危险的。以 380/220 V 三相四线制为例，这时加于人体的电压为 380 V，若人体电阻按 $1500 \, \Omega$ 考虑，则流过人体内部的电流将达 250 mA，足以致人死亡。因此，两相触电要比单相触电严重得多。

3）跨步电压触电

电气设备发生接地故障时，在接地电流入地点周围电位分布区(以电流入地点为圆心，半径为 20 m 的范围内)行走的人，其两脚将处于不同的电位，两脚之间(一般人的跨步约为 0.8 m)的电位差称为跨步电压。

人体受到跨步电压作用时，电流将从一只脚经胯部到另一只脚与大地形成回路。触电者的征象是脚发麻、抽筋、跌倒在地。跌倒后，电流可能改变路径(如从头到脚或手)而流经人体重要器官，使人致命。

必须指出，跨步电压触电还可发生在其他一些场合，如架空导线接地故障点附近或导线断落点附近、防雷接地装置附近地面等。

3. 触电急救措施

人体触电后会出现肌肉收缩、神经麻痹、呼吸中断、心跳停止等征象，表面上呈现昏迷不醒状态，此时并不是死亡，而是"假死"，如果立即急救，绝大多数的触电者是可以救活的。关键在于能否迅速使触电者脱离电源，并及时、正确地施行救护。

触电急救步骤及措施如下：

1）使触电者迅速脱离电源

根据现场的具体情况，采取不同的安全、有效的方法，让触电者脱离电源；但是必须注意，救护人员既要救人，又要保护自己。

2）伤员脱离电源后的处理

要先对伤员进行应急处置，然后进行呼吸、心跳情况的判定。

3）触电的急救措施

如果触电伤员的呼吸和心跳均停止，应立即按照心肺复苏法支持生命的三项基本措施，即通畅气道、口对口(鼻)人工呼吸和胸外按压心脏法，正确进行就地抢救。

4）抢救过程中的再判定

（1）按压吹气 1 分钟后，应用看、听、试方法在 5～7s 时间内完成对伤员呼吸和心跳情况的再判定。

（2）若判定颈动脉已有搏动但无呼吸，则暂停胸外按压，再进行 2 次口对口人工呼吸，接着每 5 s 吹气一次，如脉搏和呼吸均未恢复，则继续坚持心肺复苏法抢救。

（3）在抢救过程中，要每隔数分钟再判定一次，每次判定时间均不得超过 5～7 s。在医务人员未接替抢救前，现场抢救人员不得放弃抢救。

实训 3　三相交流电路的测量

1. 实训目的

通过对三相负载星形连接电路和三相负载三角形连接电路的测量，掌握三相负载星形和三角形连接电路中电压和电流的关系。

2. 实训内容及步骤

1）三相负载星形连接测量

实训电路如图 3.43 所示。分别在对称负载（每相三盏灯）和不对称负载（A、B、C 相分别接一盏灯、二盏灯、三盏灯）情况下按表 3－1 所列各项进行测量并记录。

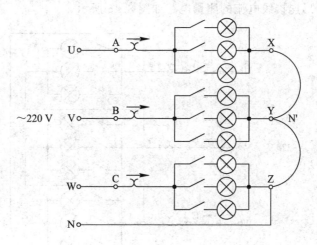

图 3.43　三相负载星形连接电路

表 3－1　三相负载星形连接测量数据

项　目		线电压/V			负载相电压/V			线电流/A			$I_{N'}$/A	$U_{N'N}$/A
		U_{AB}	U_{BC}	U_{CA}	U_{AN}	U_{BN}	U_{CN}	U_A	U_B	U_C		
对称负载	有中线											
	无中线											
不对称负载	有中线											
	无中线											

2) 三相负载三角形连接测量

三相负载三角形连接相电流的测量电路如图 3.44 所示。

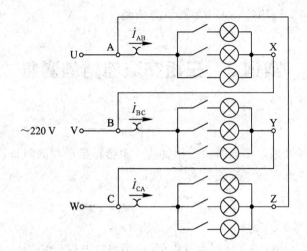

图 3.44 三相负载三角形连接相电流测量电路

三相负载三角形连接线电流的测量电路如图 3.45 所示。

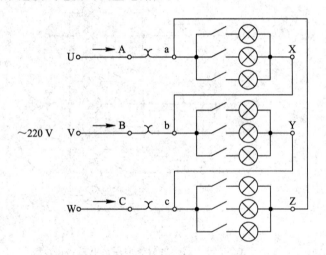

图 3.45 三相负载三角形连接线电流测量电路

按表 3-2 所列各项进行测量并记录。

表 3-2 三相负载三角形连接测量数据

项　目	线电压/V			线电流/A			相电流/A		
	U_{AB}	U_{BC}	U_{CA}	I_A	I_B	I_C	I_{AB}	I_{BC}	I_{CA}
对称负载									
不对称负载									

3. 实训注意事项

(1) 本实训采用线电压均调为 220 V。

（2）测量时注意人身安全，不可接触导电部件，防止意外事故发生。必须严格遵守先接线后通电、先断电后拔线的操作规则。

（3）每次接线完毕，同组同学应自查一遍，然后由指导教师检查后，方可接通电源。

4. 实训报告

根据实训结果，进行总结、分析。

本 章 小 结

在电力系统中，考虑到传输、分配和应用电能方面的便利性、经济性，大都采用交流电。工程上应用的交流电一般是随时间按正弦规律变化的，称为正弦交流电，简称交流电。正弦交流电路是指含有正弦电源而且电路各部分所产生的电压和电流均按正弦规律变化的电路。

大小和方向均随时间按正弦规律变化的电压、电流等，称为正弦交流电或正弦量，其要素为最大值、周期和初相位。同频率正弦量的相位关系由它们之间的相位差决定。

正弦量可用波形图和三角形函数来表示。

表示正弦量的复数称为相量。把同频率的正弦量画在同一个坐标上，即为相量图。利用相量的复数运算法和相量图形法可以分析简单的正弦交流电路。

电阻、电感、电容是正弦交流电路的三个基本参数。

功率因数是电力系统的重要指标。提高功率因数能充分利用电源设备，减小线路上的功率和电压损耗。提高功率因数的方法是在电感性负载两端并联适当的电容。

谐振是正弦交流电路中可能发生的一种特殊现象。研究电路的谐振，对于强电类专业来讲，主要是为了避免过电压与过电流现象的出现，对弱电类专业而言，谐振现象广泛应用于实际工程技术中。

三相交流电源的三相电压是对称的，即频率相同、最大值相同、相位互差120°。在三相四线制供电系统中，能向负载提供相电压和线电压两种电压。线电压是相电压的$\sqrt{3}$倍。

三相对称负载作星形连接时，线电压等于相电压的$\sqrt{3}$倍，超前相应的相电压30°，相电流＝线电流；当三相对称负载作三角形连接时，负载相电压 ＝ 电源线电压，线电流是相电流的$\sqrt{3}$倍。计算各线电流、相电流时，可先算一相，其余两相按对称原则推算。

为了实现电气安全，对电网本身进行保护的同时，更要重视用电的安全问题。学习安全用电基本知识，掌握常规触电防护技术，是保证用电安全的有效途径。

习　　题

1. 在选定的参考方向下，已知两正弦量的解析式为 $u = 200\sin(1000t + 200°)$ V，$i = -5\sin(314t + 30°)$ A，试求两个正弦量的三要素。

2. 已知选定参考方向下正弦量的波形图如图3.46所示,试写出正弦量的解析式。

3. 分别写出图 3.47 中电流 i_1、i_2 的相位差,并说明 i_1 与 i_2 的相位关系。

4. 已知:$u = 220\sqrt{2}\sin(\omega t + 235°)$ V, $i = 10\sqrt{2}\sin(\omega t + 45°)$ A,求 u 和 i 的初相及两者间的相位关系。

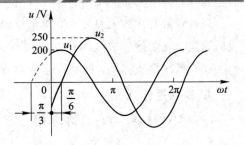

图 3.46 习题 2 图

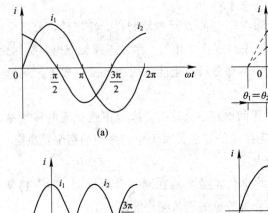
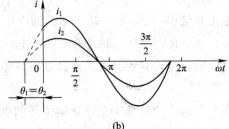

(a)

(b)

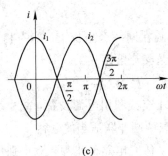
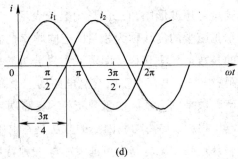

(c)

(d)

图 3.47 习题 3 图

5. 一电阻 R 接到 $f = 50$ Hz,$\dot{U} = 100\angle 60°$ V 的电源上,接受的功率为 200 W。

(1) 求电阻值 R。

(2) 求电流 $\dot{I}_R$。

(3) 绘制电流、电压向量图。

6. 已知 $u_L = 220\sqrt{2}\sin(1000t + 30°)$ V, $L = 0.1$ H。试求 X_L 和 $\dot{I}_L$ 并绘出电压、电流向量图。

7. 一电容 $C = 31.8$ μF,外加电压为 $u = 100\sqrt{2}\sin(314t - 60°)$ V,在电压和电流为关联参考方向时,求 X_C、$\dot{I}$、i_C、Q_C,并作出相量图。

8. 图 3.48 所示并联电路中,$R_1 = 50$ Ω,$R_2 = 40$ Ω,$R_3 = 80$ Ω,$L = 52.9$ mH,$C = 24$ μF,接到电压为 $u = 10\sqrt{2}\sin200t$ V 的电源上,试求各支路电流 $\dot{I}_1$、$\dot{I}_2$、$\dot{I}_3$。

9. 如图 3.49 所示,各相电阻相等,并由三相电源供电。若负载 R_U 断开,则电流表 A_1 和 A_2 的读数如何变化?为什么?

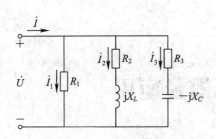

图 3.48　习题 8 图

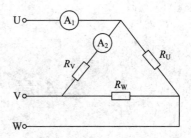

图 3.49　习题 9 图

10. 有一电源和负载都是三角形连接的对称三相电路，已知电源相电压为 220 V，负载阻抗 $|Z|=10$ Ω，试求负载的相电流和线电流。

11. 某带中性线的星形连接三相负载，已知各相电阻分别为 $R_U=R_V=R_W=11$ Ω，电源线电压为 380 V，试分别就以下三种情况求各个相电流及中性线电流：

(1) 电路正常工作时。

(2) U 相负载断开时。

(3) U 相负载断开，中性线也断开时。

12. 图 3.50 所示电路中，U 相负载是一个 220 V、100 W 的白炽灯，W 相开路（S 断开），V 相负载是一个 220 V、60 W 的白炽灯，三相电源的线电压为 380 V。求：

(1) 各相电流和中性线电流。

(2) 中性线因故障断开时，各负载两端的电压。

13. 如图 3.51 所示，三相对称电源的线电压为 380 V，频率为 50 Hz，$R=X_L=X_C=10$ Ω，试求各相电流、中性线电流和三相功率。

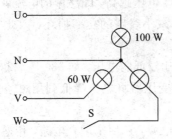

图 3.50　习题 12 图

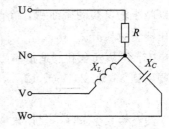

图 3.51　习题 13 图

14. 一台三相电动机的定子绕组作星形连接，接在线电压为 380 V 的三相电源上，功率因数为 0.8，消耗的功率为 10 kW，电源频率为 50 Hz，求：

(1) 每相定子绕组中的电流。

(2) 每相的等效电阻和等效感抗。

(3) 电动机的无功功率 Q。

15. 三相异步电动机的三个阻抗相同的绕组连接成三角形，接在线电压 $U_1=380$ V 的对称三相电源上，若每相阻抗 $Z=(8+j6)$Ω，试求此电动机工作时的相电流 I_p、线电流 I_1 和三相电功率 P。

16. 对称三相电源线电压 380 V，对称三相感性负载采用三角形连接，若测得线电流 $I_1=17.3$ A，三相功率 $P=9.12$ kW，求每相负载的电阻和感抗。

第4章　变压器及应用

学习目标

（1）了解磁路中的物理量及其基本定律；

（2）了解交流铁芯线圈等效电路，掌握交流铁芯线圈的工作特点；

（3）熟悉直流电磁铁、交流电磁铁的特点、吸力特性；

（4）熟悉变压器工作原理，掌握电压、电流、阻抗的变换公式，在多绕组变压器中应掌握正确判断同名端的方法，并学会利用同名端的概念确定正确的连接方法。

能力目标

（1）熟悉电工仪表的使用方法；

（2）掌握变压器的连接方法；

（3）掌握变压器的维保方法。

变压器是根据电磁感应原理制成的一种静止的电气设备，具有变换电压、变换电流、变换阻抗的功能，因而在电力系统和电子线路的各个领域得到了广泛应用。

在输电方面，当输送功率及负载功率因数一定时，电压越高，线路中的电流就越小，这样不仅可以减小输电线的截面积，节省材料，还可以减小线路的功率损耗，因此输电时必须利用变压器将电压升高。

在用电方面，从安全和制造成本考虑，一般使用比较低的电压，如 380 V、220 V，特殊的地方还要用到 36 V、24 V 或 12 V，这时需要利用变压器将电压降低到用户需要的电压等级。

在电子线路中，变压器不仅用来变换电压，提供电源，还用来耦合电路，传递信号，实现阻抗匹配。在测量方面，可利用电压互感器、电流互感器的变压、变流作用，扩大交流电压表及交流电流表的测量范围。

此外，在工程技术领域中，还大量使用各种不同的专用变压器，如自耦变压器、电焊变压器、电炉变压器、整流变压器等。虽然变压器的种类很多，用途各异，但基本结构和工作原理是相同的。

4.1　磁路及基本物理量

4.1.1　磁路的概念

电流产生磁场，即通电导体周围存在着磁场。在电磁铁、变压器、电机等电工设备中，为了用较小的电流产生较大的磁场，通常把线圈绕在磁性材料制成的铁芯上，当有电流通过线圈时,电流产生的磁通绝大部分通过铁芯,通过铁芯的磁通称为主磁通,用字母 Φ 表示;小部分沿铁芯以外空间闭合的磁通称为漏磁通,用 Φ_σ 表示,由于漏磁通很小,因而在工程中常略去不计。

主磁通通过的闭合路径称为磁路,用以产生磁场的电流称为励磁电流。图 4.1 所示为几种电气设备的磁路,图 4.1(a)是电磁铁的磁路,磁路中有很短的空气隙;图 4.1(b)是变压器的一种磁路,它由同一种磁性材料组成,且各段截面积基本相等,这种磁路称为均匀磁路;图 4.1(c)是直流电机的磁路,磁路中也有空气隙,且磁路的磁性材料不一定相同。

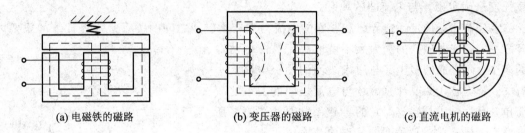

(a) 电磁铁的磁路　　　　　　(b) 变压器的磁路　　　　　　(c) 直流电机的磁路

图 4.1　电气设备的磁路

4.1.2　磁路的主要物理量

1. 磁感应强度

磁感应强度 $\boldsymbol{B}$ 是表示磁场内某点磁场强弱及方向的物理量,它是一个矢量。它的方向就是该点磁场的方向,它与电流之间的方向可用右手螺旋定则来确定,其大小是用一根电导线在磁场中受力的大小来衡量的。磁感应强度的大小也可用通过垂直于磁场方向单位面积的磁力线数来表示。

磁感应强度的单位是特斯拉(T),简称特。

$$1 \text{ T} = 1 \text{ Wb/m}^2 \tag{4-1}$$

若磁场中各点的磁感应强度大小相等、方向相同,则为均匀磁场。

2. 磁通

在磁场中,磁感应强度 $\boldsymbol{B}$ 与垂直于磁场方向的某一截面积 S 的乘积称为磁通 Φ,即

$$\Phi = \boldsymbol{B}S, \quad \boldsymbol{B} = \frac{\Phi}{S} \tag{4-2}$$

也就是说,磁通 Φ 是垂直穿过某一截面磁力线的总数。

根据电磁感应定律的公式有

$$e = -N\frac{\mathrm{d}\Phi}{\mathrm{d}t} \tag{4-3}$$

在国际单位制中,Φ 的单位为伏·秒(V·s),通常称为韦伯,用 Wb 表示。

3. 磁导率

磁导率 μ 是一个用来表示磁场介质磁性的物理量,也就是用来衡量物质导磁能力的物理量。在国际单位制中,μ 的单位为享/米,用 h/m 表示。真空的磁导率是一个常量,用 μ_0 表示。$\mu_0 = 4\pi \times 10^{-7}$ H/m,任一种物质的磁导率 μ 和真空的磁导率 μ_0 的比值,称为该物质的相对磁导率 μ_r,即

$$\mu_r = \frac{\mu}{\mu_0} \qquad\qquad (4-4)$$

引入磁导率 μ 后，磁感应强度 $\boldsymbol{B}$ 的大小等于磁导率 μ 与磁场强度 $\boldsymbol{H}$ 的乘积，即

$$\boldsymbol{B} = \mu \boldsymbol{H} \qquad\qquad (4-5)$$

这说明在相同磁场强度的情况下，物质的磁导率愈高，整体的磁场效应愈强。

4. 磁场强度

磁场强度是进行磁场计算时引用的一个辅助计算量，也是矢量，它用 $\boldsymbol{H}$ 表示。通过磁场强度来确定磁场与电流间的关系。

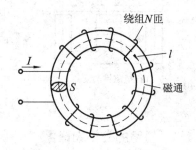

图 4.2　磁路的磁场强度

在工程上，确定通过导线和线圈的电流与其产生磁通之间的关系是工程计算的重要内容之一。例如电磁铁的吸力大小就取决于铁芯中磁通的多少，而磁通的多少又与通入线圈的励磁电流大小有关。对空心线圈要计算磁场与电流之间的关系比较简单，因为介质是空气，它的导磁系数是个常数，所以空心线圈产生的磁通是与励磁电流成正比的。

当线圈中具有铁芯时，因为铁磁物质的磁饱和现象，导磁系数不是常数，所以磁通与励磁电流之间不再是正比关系，这样在研究与计算磁路时就比较麻烦。为了简化起见，引入磁场强度这样一个辅助量，当磁路由一种磁性材料组成，且各处截面积 S 相等时，如图 4.2 所示，根据磁路的安培环路定律，磁路的磁场强度为

$$\boldsymbol{H} = \frac{IN}{l} \qquad\qquad (4-6)$$

式中，I 为励磁电流，N 为线圈匝数，l 为磁路的平均长度，$\boldsymbol{H}$ 的单位为安培每米，用 A/m 表示。

4.2　磁路基本定律

1. 安培环路定律

安培环路定律又称全电流定律，是分析磁场的基本定律。其内容是：磁场强度矢量在磁场中沿任何闭合回路的线积分，等于穿过该闭合回路所包围面积内电流的代数和，即

$$\sum I = \oint \boldsymbol{H} \cdot \mathrm{d}l$$

计算电流代数和时，绕行方向符合右手螺旋定则的电流取正号，反之取负号。

在电工技术中，常常遇到如图 4.1(b)所示的情况，即闭合回路上各点的磁场强度 $\boldsymbol{H}$ 相等且其方向与闭合回路的切线方向一致，则安培环路定律可简化为

$$\sum I = \boldsymbol{H}l$$

式中，l 为回路(磁路)长度，由于电流 I 和闭合回路绕行方向符合右手螺旋定则，线圈有 N 匝，电流就穿过回路 N 次，因此

$$\sum I = NI = F$$

所以
$$Hl = NI = F$$

式中，F 称为磁动势，单位是安（A）。

2. 磁路的欧姆定律

在图 4.1（b）中，磁通 Φ 为

$$\Phi = BS = \mu HS = \mu \frac{NI}{l}S = \frac{NI}{\dfrac{l}{\mu S}} = \frac{F}{R_m} \qquad (4-7)$$

式中，$R_m = \dfrac{l}{\mu S}$ 称为磁阻，是表示磁路对磁通具有阻碍作用的物理量，它与磁路的材料及几何尺寸有关。

式（4-7）与电路的欧姆定律在形式上相似，称为磁路的欧姆定律。因为磁性材料的磁阻 R_m 不为常数，所以式（4-7）只能作定性分析，不能作定量计算。

3. 电磁感应定律

当流过图 4.3 所示简单磁路中线圈的电流发生变化时，线圈中的磁通也随之变化，并在线圈中出现感应电流，这表明线圈中感应了电动势。电磁感应定律指出，感应电动势为

$$e = -N \frac{\mathrm{d}\Phi}{\mathrm{d}t}$$

式中，N 为线圈匝数。

感应电动势的方向由 $\dfrac{\mathrm{d}\Phi}{\mathrm{d}t}$ 的符号与感应电动势的参考方向比较而定。当 $\dfrac{\mathrm{d}\Phi}{\mathrm{d}t} > 0$，即穿过线圈的磁通增加时，$e < 0$，这时感应电动势的方向与参考方向相反，表明感应电流产生的磁场要阻止原来磁场的增加；当 $\dfrac{\mathrm{d}\Phi}{\mathrm{d}t} < 0$，即穿过线圈的磁通减少时，$e > 0$，这时感应电动势的方向与参考方向相同，表明感应电流产生的磁场要阻止原来磁场的减少。

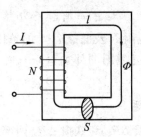

图 4.3   简单磁路

4.3   交流铁芯线圈与电磁铁

4.3.1   交流铁芯线圈

交流铁芯线圈，是指线圈中加入铁芯，并在线圈两端加正弦交流电压。

交流铁芯线圈是用正弦交流电来励磁的，其电磁关系与直流铁芯线圈有很大不同。在直流铁芯线圈中，因为励磁电流是直流，其磁通是恒定的，所以在铁芯和线圈中不会产生

感应电动势。而交流铁芯线圈的电流是变化的，变化的电流会产生变化的磁通，于是会产生感应电动势。交流铁芯线圈的电流关系也与磁路情况有关。

设线圈电压 u、电流 i、磁通 Φ 及感应电动势 e 的参考方向如图 4.4 所示，有

$$e = -N\frac{\mathrm{d}\Phi}{\mathrm{d}t}$$

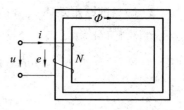

图 4.4 交流铁芯线圈

式中，N 为线圈匝数。

在上式中，若设磁通为正弦量 $\Phi = \Phi_\mathrm{m}\sin\omega t$，则有

$$e = -N\frac{\mathrm{d}}{\mathrm{d}t}(\Phi_\mathrm{m}\sin\omega t)$$
$$= -N\Phi_\mathrm{m}\omega\cos\omega t$$
$$= \omega N\Phi_\mathrm{m}\sin(\omega t - 90°)$$

可见，若磁通 Φ 为正弦量，则感应电动势 e 也是正弦量，且感应电动势 e 的相位比磁通 Φ 的相位滞后 $90°$，感应电动势的有效值与主磁通的最大值关系为

$$E = \frac{1}{\sqrt{2}}\omega N\Phi_\mathrm{m} = \frac{1}{\sqrt{2}}2\pi f N\Phi_\mathrm{m} = 4.44fN\Phi_\mathrm{m}$$

上式清楚地说明铁芯线圈中的电磁转换的大小关系，在电机工程的分析计算中常常用到。

在图 4.4 中，如果忽略线圈电阻及漏磁通，则有

$$u \approx -e = \omega N\Phi_\mathrm{m}\sin(\omega t + 90°)$$

从上式可见，电压为正弦量时，磁通也为正弦量。且电压 u 的相位比磁通中的相位超前 $90°$，即在铁芯线圈两端加上正弦交流电压 u，铁芯线圈中必定产生正弦交变的磁通以及感应电动势 e，且均为同频率的正弦量，并且电压及感应电动势的有效值与主磁通的最大值关系为

$$U \approx E = 4.44fN\Phi_\mathrm{m} \qquad (4-8)$$

式（4-8）表明，在忽略线圈电阻 R 及漏磁通 Φ_σ 的条件下，当线圈匝数 N 及电源频率 f 一定时，主磁通的最大值 Φ_m 由励磁线圈的外加电压有效值 U 确定，与铁芯的材料及尺寸无关。

4.3.2 交流铁芯线圈的功率损耗

交流铁芯线圈的损耗包括铜损 ΔP_Cu 和铁损 ΔP_Fe 两部分。

铜损 ΔP_Cu 是线圈电阻 R 上的有功功率损耗，是由线圈导线发热引起的。铜损的值为

$$\Delta P_\mathrm{Cu} = I^2R$$

式中，I 是线圈电流，R 是线圈电阻。

铁损 ΔP_Fe 是处于交变磁化下的铁芯中的有功功率损耗，主要是由磁滞和涡流产生的。在磁化过程中产生的热损耗称为磁滞损耗。硅钢是交流铁芯的理想材料，其磁滞损耗较小。

工程中常用两种方法减少涡流损耗，一是增大铁芯材料的电阻率，在钢中渗透硅既保持了良好的导磁性，又使电阻率大大提高；二是用片型铁芯，片间涂上绝缘漆，用这种硅钢片叠成的铁芯代替整块铁芯，既加长了涡流路径，又增加了涡流电阻，使涡流损耗大大减少。片状铁芯如图 4.5 所示。

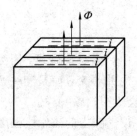

图 4.5　片状铁芯

综上所述，交流铁芯线圈电路总的有功功率为

$$P = UI\cos\varphi = \Delta P_{\text{Cu}} + \Delta P_{\text{Fe}} = I^2 R + I^2 R_0$$

式中，R_0 是铁损对应的等效电阻。

4.3.3　电磁铁

利用通电线圈在铁芯里产生磁场，由磁场产生吸力的机构统称为电磁铁。电磁铁是把电能转换为机械能的一种设备，通过电磁铁的衔铁可以获得直线运动和某一定角度的回转运动。电磁铁是一种重要的电磁元件。工业上经常利用电磁铁完成起重、制动、吸持及开闭等机械动作。在自动控制系统中经常利用电磁铁附上触头及相应部件做成各种继电器、接触器、调整器及驱动机构等。

电磁铁可分为线圈、铁芯及衔铁三部分。它的结构形式通常有图 4.6 所示的几种。

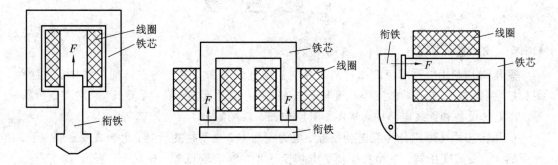

图 4.6　电磁铁的几种形式

1. 直流电磁铁

电磁铁的吸力是它的主要参数之一。吸力的大小与气隙的截面积 S_0 及气隙中磁感应强度 $\boldsymbol{B}_0$ 的平方成正比。计算吸力的基本公式为

$$F = \frac{10^7}{8\pi} \boldsymbol{B}_0^2 S_0$$

式中，$\boldsymbol{B}_0$ 的单位是 T，S_0 的单位是 m^2。国际单位制中，F 的单位是 N。

直流电磁铁的特点：

(1) 铁芯中的磁通恒定，没有铁损，铁芯用整块材料制成。

(2) 励磁电流 $I = U/R$，与衔铁的位置无关，外加电压全部降在线圈电阻 R 上，R 的电阻值较大。

(3) 当衔铁吸合时，由于磁路气隙减小，磁阻随之减小，磁通 Φ 增大，因而衔铁被牢牢

吸住。

2. 交流电磁铁

当交流电通过线圈时，在铁芯中产生交变磁通，因为电磁力与磁通的平方成正比，所以当电流改变方向时，牵引力的方向并不变，而是朝一个方向将衔铁吸向铁芯，正如永久磁铁无论 N 极或 S 极都因磁感应会吸引衔铁一样。

交流电磁铁中磁场是交变的，设气隙中的磁感应强度是 $\boldsymbol{B}_0$，则 $\boldsymbol{B}_0 = \boldsymbol{B}_{\mathrm{m}}\sin\omega t$，吸力为

$$f = \frac{10^7}{8\pi}\boldsymbol{B}_{\mathrm{m}}^2 S_0 \sin^2\omega t = \frac{10^7}{8\pi}\boldsymbol{B}_{\mathrm{m}}^2 S_0 \left(\frac{1-\cos 2\omega t}{2}\right)$$

$$= F_{\mathrm{m}}\left(\frac{1-\cos 2\omega t}{2}\right) = \frac{1}{2}F_{\mathrm{m}} - \frac{1}{2}F_{\mathrm{m}}\cos 2\omega t$$

交流电磁铁的特点如下：

(1) 励磁电流 I 是交变的，在铁芯中产生交变磁通，这一方面使铁芯中产生磁滞损失和涡流损失，为减少这种损失，交流电磁铁的铁芯一般用硅钢片叠成，另一方面使线圈中产生感应电动势，外加电压主要用于平衡线圈中的感应电动势，线圈电阻 R 较小。

(2) 励磁电流 I 与气隙 l_0 大小有关。在吸合过程中，随着气隙的减小，磁阻减小，因磁通最大值 Φ_{m} 基本不变，故磁动势 IN 下降，即励磁电流 I 下降。

(3) 因为磁通最大值 Φ_{m} 基本不变，所以平均电磁吸力 F 在吸合过程中基本不变。

4.4 变 压 器

4.4.1 变压器的用途

变压器是利用电磁感应的原理来改变交流电压的装置，主要构件是初级线圈、次级线圈和铁芯(磁芯)。主要功能有电压变换、电流变换、阻抗变换、隔离、稳压(磁饱和变压器)等。在电气设备和无线电路中，常用作升降电压、匹配阻抗、安全隔离等。

变压器按用途可以分为配电变压器、电力变压器、全密封变压器、组合式变压器、干式变压器、油浸式变压器、单相变压器、电炉变压器、整流变压器、电抗器、抗干扰变压器、防雷变压器、箱式变电器试验变压器、转角变压器、大电流变压器、励磁变压器等。

4.4.2 变压器的结构

变压器通常由一个公共铁芯和两个或两个以上的线圈(又称绕组)组成。按照铁芯和绕组结构形式的不同，分为芯式变压器和壳式变压器两类，如图 4.7 所示。

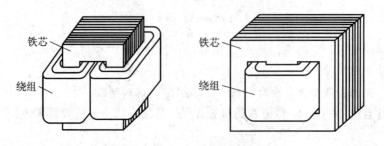

图 4.7　芯式变压器和壳式变压器

铁芯是变压器的磁路部分,为减少涡流和磁滞损耗,铁芯多用厚度为 0.35~0.55 mm 的硅钢片叠成,硅钢片两侧涂有绝缘漆,使片间绝缘。芯式变压器的绕组套在铁芯柱上,绕组装配方便,用铁量较少,多用于大容量变压器。壳式变压器的铁芯把绕组包围在中间,这种变压器制造工艺复杂,用铁量也较多,但不必使用专门的变压器外壳,常用于小容量的变压器,如电子线路的变压器。铁芯的叠装一般采用交错方式,即每层硅钢片的接缝错开,这样可降低磁路磁阻,减少励磁电流。

绕组是变压器的电路部分,用绝缘铜导线或铝导线绕制,绕制时多采用圆柱形绕组。通常电压高的绕组称为高压绕组,电压低的绕组称为低压绕组,低压绕组一般靠近铁芯放置,而高压绕组则置于外层。为了防止变压器内部短路,在绕组和绕组之间、绕组和铁芯之间以及每绕组的各层之间,都必须绝缘良好。

除了铁芯和绕组之外,变压器一般有外壳,用来保护绕组免受机械损伤,并起散热和屏蔽作用。较大容量的还具有冷却系统、保护装置以及绝缘套管等。

大容量变压器通常采用三相变压器。

4.4.3 变压器的工作原理

变压器的基本原理是电磁感应原理,现以单相双绕组变压器为例说明其基本工作原理。

如图 4.8 所示,当原边绕组上加上电压 u_1 时,流过电流 i_1,在铁芯中产生交变磁通,其中绝大部分磁通经铁芯闭合,为主磁通 Φ。此外还有很少一部分磁通经空气或其他非铁磁性物质闭合,为漏磁通 Φ_σ,这两个磁通分别在线圈中感应主电动势 e 和漏感电动势 e_σ。两侧绕组分别感应主电动势 e_1、e_2。e_1 和 e_2 也按正弦规律变化,它们的有效值分别为

$$E_1 = 4.44 f N_1 \Phi_m$$
$$E_2 = 4.44 f N_2 \Phi_m$$

式中,f 为频率,N 为匝数,Φ_m 为主磁通最大值。

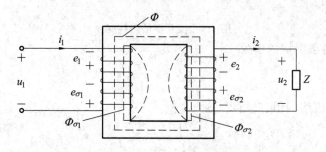

图 4.8 变压器的工作原理

1. 变压器的电压变换作用

当变压器副边空载时(副边开路,其电压设为 U_{20}),如果忽略漏磁通和原边绕组上的压降(空载电流很小),则原、副绕组的电动势近似等于原、副边电压,即

$$U_1 \approx E_1$$
$$U_{20} \approx E_2$$

此时,原、副边电压之比称为变压比或变比,即

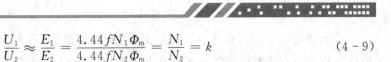

$$\frac{U_1}{U_2} \approx \frac{E_1}{E_2} = \frac{4.44fN_1\Phi_m}{4.44fN_2\Phi_m} = \frac{N_1}{N_2} = k \qquad (4-9)$$

可见,电压比等于原、副边线圈的匝数比。因此,只要改变线圈的匝数比,就可得到不同的输出电压,从而达到变电压的目的。

2. 变压器的电流变换作用

当变压器负载运行时,绕组电阻、铁芯的磁滞及涡流总会产生一定的能量损耗,但与变压器输出功率相比,其值要小得多,一般情况下可以忽略不计,从而可将变压器视为理想变压器,此时输入变压器的功率全部输出给所接的负载,即

$$U_1 I_1 = U_2 I_2$$

从前面的分析可以得出

$$\frac{I_1}{I_2} = \frac{U_2}{U_1} = \frac{N_2}{N_1} = \frac{1}{k} \qquad (4-10)$$

这表明变压器负载工作时,原、副边线圈的电流有效值 I_1 和 I_2 近似地与它们的匝数成反比。因此,变压器具有变换电流的作用,它在变换电压的同时也变换了电流。

3. 变压器的阻抗变换作用

设接在变压器绕组的负载阻抗为 Z,如图 4.9(a)所示,在忽略变压器漏磁压降及电阻压降的情况下,用阻抗 Z' 代替图 4.9(a)中虚线框内的部分,如图 4.9(b)所示。等效后原绕组的电流 I_1、电压 U_1 均不改变。

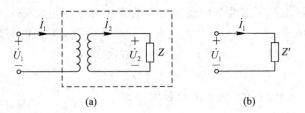

(a)   (b)

图 4.9 变压器的阻抗变换

从图 4.9 得负载阻抗的模为

$$|Z| = \frac{U_2}{I_2}$$

$|Z|$ 反映到原绕组的阻抗模 $|Z'|$ 为

$$|Z'| = \frac{U_1}{I_1} = \frac{kU_2}{\frac{I_2}{k}} = k^2 \frac{U_2}{I_2} = k^2 |Z| \qquad (4-11)$$

上式表明,负载 Z 通过变比为 k 的变压器接至电源,与负载 Z' 直接接至电源的效果是一样的,从而实现了阻抗变换作用,因此采用不同的变比,可以把负载阻抗变换为所要求的值。在电子线路中,常用这种方法来实现阻抗的匹配,以提高信号的传输功能。

例 4-1 有一额定容量为 2 kVA、电压为 380/110 V 的单相变压器。(1)求原、副边的额定电流;(2)若负载为 110 V、25 W、$\cos\varphi = 0.8$ 的小型单相电动机,问满载运行时可接入多少这样的电动机。

解 (1)原、副边的额定电流为

$$I_{1N} = \frac{S_N}{U_{1N}} = \frac{2000}{380} = 5.26 \text{ V}$$

$$I_{2N} = \frac{S_N}{U_{2N}} = \frac{2000}{110} = 18.18 \text{ A}$$

(2) 每台小电机的额定电流为

$$I = \frac{P}{U\cos\varphi} = \frac{25}{110 \times 0.8} = 0.28 \text{ A}$$

故可接电动机数量为

$$\frac{18.18}{0.28} = 65(台)$$

4.4.4 特殊变压器

1. 自耦变压器

自耦变压器只有一个绕组,其中高压绕组的一部分兼作低压绕组,因此高、低绕组之间不但有磁的联系,也有电的联系,如图 4.10 所示。

自耦变压器与单相双绕组变压器一样,也可以用来变换电压与电流。用同样的方法分析可知,其电压比、电流比与单相变压器相同,即

$$\frac{U_1}{U_2} = \frac{N_1}{N_2} = k, \qquad \frac{I_1}{I_2} = \frac{N_2}{N_1} = \frac{1}{k}$$

实验室中常用的调压器就是一种可以改变副线圈匝数的自耦变压器,其外形及电路如图 4.11 所示。转动手柄可改变副绕组匝数,从而达到调压目的。接线时从安全角度考虑,需把电源的零线接至 1 端子。若把相线接在 1 端子,调压器输出电压即使为零(端子 5 与 4 重合,$N_2 = 0$),端子 5 仍为高电位,用手触摸时有危险。

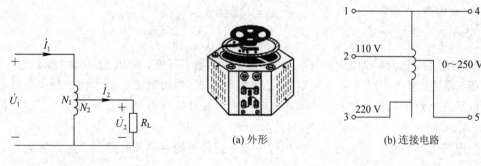

图 4.10 自耦变压器 (a) 外形 (b) 连接电路 图 4.11 调压器

2. 仪用互感器

仪用互感器分为电流互感器和电压互感器,其主要作用是扩大交流仪表的量程,使仪表与高压电路隔离,以保证安全。仪用互感器的工作原理与变压器相同,但由于用途不同、安装地点不同、电压等级不同,因而在构造和外形上有明显区别。

1) 电流互感器

电流互感器的原边绕组与被测电路串联,副边绕组接电流表。原边绕组的匝数很少,一般只有一匝或几匝,用粗导线绕成。副边绕组的匝数较多,用细导线绕成,与电流表串联,如图 4.12(a)所示。

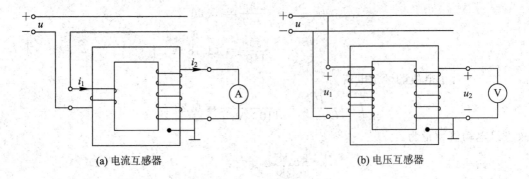

(a) 电流互感器   (b) 电压互感器

图 4.12　电流互感器和电压互感器

根据变压器电流变换原理，电流互感器原、副绕组电流之比为

$$\frac{I_1}{I_2} = \frac{N_2}{N_1} = \frac{1}{k} = K_i$$

$$I_1 = K_i I_2$$

式中，K_i 为电流互感器的电流比，也称为变换系数。可见，电流互感器可将大电流变为小电流。副边接上电流表，测出的 I_2 乘上变换系数 K_i 即得被测的原线圈大电流的值（通常其电流表表盘上刻度直接标出被测的电流值）。通常电流互感器副线圈的额定电流规定为 5 A。

电流互感器接于高压电路，为了安全起见，副线圈的一端及互感器铁芯必须接地。

2）电压互感器

电压互感器的原绕组匝数很多，并联于待测电路两端，副绕组匝数很少，与电压表及电度表、功率表、继电器的电压线圈并联，如图 4.12(b)所示。

根据变压器电压变换原理，电压互感器原、副绕组电压之比为

$$\frac{U_1}{U_2} = \frac{N_1}{N_2} = k = K_u$$

$$U_1 = K_u U_2$$

式中，K_u 为电压互感器的电压比，也称为变换系数。可见，电压互感器可将大电压变为小电压。副边接上电压表，测出的 U_2 乘上变换系数 K_u 即得被测的原线圈两端电压的值（通常其电压表表盘上刻度直接标出被测的电压值）。通常电压互感器副线圈的额定电压规定为 100 V。

电压互感器接于高压电路，为确保安全，副线圈的一端及互感器铁芯必须接地。

实训 4　变压器同名端的检测

1. 实训目的

掌握变压器同名端的检测方法。

2. 实训相关基础知识

如图 4.13 所示，1、2 为一次绕组，3、4 为二次绕组，它们的绕向相同，在同一交变磁通的作用下，两绕组中同时产生感应电势，在任何时刻两绕组同时具有相同电势极性的两

个断头互为同名端。1、3 互为同名端，2、4 互为同名端；1、4 互为异名端。

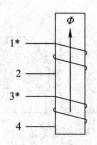

图 4.13　变压器同名端的表示

3. 实训内容及步骤

用以下方法对变压器的同名端进行判断。

1）交流电压法

一个单相变压器一、二次绕组连线如图 4.14 所示，在它的一次侧加适当的交流电压，分别用电压表测出一、二次侧的电压 U_1、U_2，以及 1、3 之间的电压 U_3。如果 $U_3 = U_1 + U_2$，则相连的 2、4 为异名端，1、4 为同名端，2、3 也是同名端。如果 $U_3 = U_1 - U_2$，则相连的 2、4 为同名端，1、4 为异名端，1、3 也是同名端。

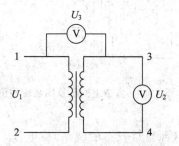

图 4.14　交流电压法检测同名端

2）直流电流法（又叫干电池法）

干电池一节、万用表一块接成电路如图 4.15 所示。将万用表挡位打在直流电压低挡位（如 5 V 以下），或者直流电流的低挡位（如 5 mA）。当接通 S 的瞬间，表针正向偏转，则万用表的正极、电池的正极所接的为同名端；如果表针反向偏转，则万用表的正极、电池的负极所接的为同名端。注意：断开 S 时，表针会摆向另一方向；S 不可长时接通。

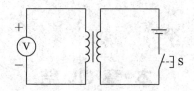

图 4.15　直流法检测同名端

3）测电笔法

为了提高感应电势，使氖管发光，可将电池接在匝数较少的绕组上，测电笔接在匝数较多的绕组上，按下按钮突然松开，在匝数较多的绕组中会产生非常高的感应电势，使氖

管发光,如图 4.16 所示。注意观察哪端发光,发光的一端为感应电势的负极。此时与电池正极相连的以及与氖管发光那端相连的为同名端。

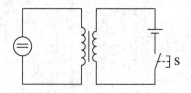

图 4.16　测电笔法检测同名端

4)多绕组同名端检测

如图 4.17 所示电路,任找一组绕组线圈接上 1.5~3 V 电池,然后将其余各绕组线圈抽头分别接在直流毫伏表或直流毫安表的正负接线柱上。接通电源的瞬间,表的指针会很快摆动一下,如果指针向正方向偏转,则接电池正极的线头与接电表正接线柱的线头为同名端;如果指针反向偏转,则接电池正极的线头与接电表负接线柱的线头为同名端。

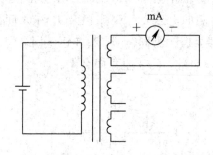

图 4.17　多绕组变压器同名端检测

在测试时应注意以下两点:

(1)若变压器的升压绕组(即匝数较多的绕组)接电池,电表应选用最小量程,使指针摆动幅度较大,以利于观察;若变压器的降压绕组(即匝数较少的绕组)接电池,电表应选用较大量程,以免损坏电表。

(2)接通电源瞬间,指针会向某一个方向偏转,但断开电源时,由于自感作用,指针将向相反方向倒转。如果接通和断开电源的间隔时间太短,很可能只看到断开时指针的偏转方向,而把测量结果搞错。所以接通电源后要等几秒钟后再断开电源,也可以多测几次,以保证测量准确。

4. 实训报告

根据实训结果,进行总结、分析。

本 章 小 结

变压器是根据电磁感应原理制成的一种静止的电气设备,它的基本作用是变换交流电压,即把电压从某一数值的交流电变为频率相同、电压为另一数值的交流电。在输电方面,为了节省输电导线的用铜量和减少线路上的电压降及线路的功率损耗,通常利用变压器升高电压;在用电方面,为了用电安全,可利用变压器降低电压。此外,变压器还可用于变换电流大小和变换阻抗大小。变压器的额定值主要有额定电压、额定电流、额定容量和额定频率等。

变压器的种类很多,根据其用途不同,可分为远距离输配电用的电力变压器、机床控制用的控制变压器、电子设备和仪器供电电源用的电源变压器、焊接用的焊接变压器、平滑调压用的自耦变压器、测量仪表用的互感器以及用于传递信号的耦合变压器等。

自耦变压器的一、二次绕组间有电的直接联系,使用时应注意:一次、二次侧不能接反;相线与中线不能接反;调压时必须从零位开始。

电压互感器和电流互感器用来扩大交流电压和电流量程,并防止工作人员触及高压电路。使用互感器时,铁芯和副绕组一端必须可靠接地,电压互感器的副绕组不得短路,电流互感器的副边不得开路。

习 题

1. 变压器有什么作用?
2. 按绕组数量变压器可以分几类?
3. 有一信号源的电动势为 1.5 V,内阻抗为 300 Ω,负载阻抗为 75 Ω。欲使负载获得最大功率,必须在信号源和负载之间接一阻抗匹配变压器,使变压器的输入阻抗等于信号源的内阻抗,如图 4.18 所示。问变压器的变压比以及原、副边的电流各为多少。

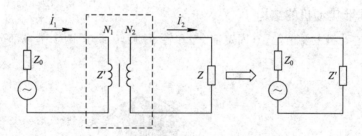

图 4.18 习题 3 图

第5章　异步电动机与电气控制

学习目标

(1) 掌握三相异步电动机的结构及工作原理；

(2) 掌握单相异步电动机的结构及工作原理；

(3) 掌握常用低压电器的工作原理及应用；

(4) 掌握电机基本控制电路的原理、连接及调试。

能力目标

(1) 能根据电机铭牌读取电机的参数；

(2) 能搭接电机常用电气控制电路并进行调试、排故。

5.1　三相异步电动机

5.1.1　三相异步电动机的结构

三相异步电动机主要由定子(固定部分)和转子(旋转部分)两个基本部分组成，其结造如图 5.1 所示。

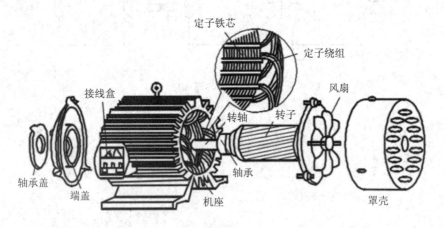

图 5.1　三相异步电动机的结构

1. 定子

定子由定子铁芯、定子绕组和机座三部分组成。

定子铁芯是电动机磁路的一部分，通常由 0.5 mm 厚、两面涂有绝缘漆的硅钢片叠成，硅钢片的内圆冲有均匀分布的槽，如图 5.2 所示，槽内嵌放三相对称绕组。定子绕组是电机的电路部分，它用铜线缠绕而成，三相绕组根据需要可接成星形(Y)和三角形(△)，由接线盒的端子端引出。机座是电动机的支架，一般用铸铁或铸钢制成。

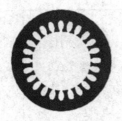

图 5.2 定子铁芯冲片   图 5.3 转子铁芯冲片

2. 转子

转子由转子铁芯、转子绕组和转轴三部分组成。

转子铁芯也是由 0.5 mm 厚、两面涂有绝缘漆的硅钢片叠成，在其外圆冲有均匀分布的槽，如图 5.3 所示。槽内嵌放转子绕组，转子铁芯装在转轴上。

转子绕组有笼型和绕线型两种结构。

笼型转子绕组结构与定子绕组的不同，转子铁芯各槽内都嵌放有铸铝导条(个别电机有用铜导条的)，端部用短路环短接，形成一个短接回路。去掉铁芯，形如笼子，如图 5.4 所示。

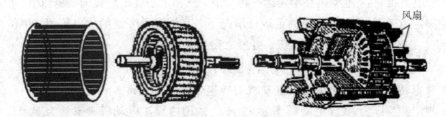

图 5.4 笼型转子

绕线型转子绕组结构与定子绕组的相似，在槽内嵌放三相绕组，通常为星形连接，绕组的三个端线接到装在轴上一端的三个滑环上，再通过一套电刷引出，以便与外电路的可调电阻器相连，用于启动或调速，如图 5.5 所示。

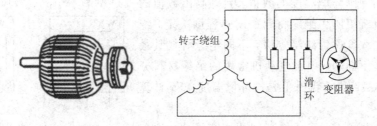

图 5.5 绕线型异步电动机接线

转轴由中碳钢制成，其两端由轴承支撑，用来输出转矩。

5.1.2 三相异步电动机的铭牌和技术数据

铭牌的作用是向使用者简要说明这台设备的一些额定数据和使用方法。看懂铭牌，按照铭牌的规定去使用设备，是正确使用这台设备的先决条件。

如一台三相异步电动机铭牌数据如下：

三相异步电动机		
型号 Y160M‑6	功率 7.5 kW	频率 50 Hz
电压 380 V	电流 17 A	接法 △
转速 970 r/min	绝缘等级 B	工作方式 连续
年 月 编号		××电机厂

说明如下：

(1) 型号。型号是为了便于各部门进行业务联系和简化技术文件中对产品名称、规格、形式等的叙述而引用的一种代号，由汉语拼音字母、国际通用符号和阿拉伯数字三部分组成。具体构成如下：

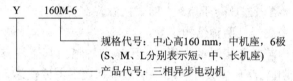

规格代号：中心高160 mm，中机座，6极
(S、M、L分别表示短、中、长机座)
产品代号：三相异步电动机

(2) 额定功率 P_N：电动机在额定状况下运行时，转子轴上输出的机械功率，单位为 kW。

(3) 额定电压 U_N：电动机在额定运行情况下，三相定子绕组应接的线电压值，单位为 V。

(4) 额定电流 I_N：电动机在额定运行情况下，三相定子绕组的线电流值，单位为 A。

三相异步电动机额定功率、电流、电压之间的关系为

$$P_N = \sqrt{3}U_N I_N \cos\varphi_N \eta_N$$

(5) 额定转速 n_N：额定运行时电动机的转速，单位为 r/min。

(6) 额定频率 f_N。我国电网频率为 50 Hz，故国内异步电动机频率均为 50 Hz。

(7) 接法。电动机定子三相绕组有 Y 连接和△连接两种，如图 5.6 所示。Y 系列电动机功率在 4 kW 及以上均采用△连接。

(8) 温升及绝缘等级。温升是指电机运行时绕组温度允许高出周围环境温度的数值。允许高出数值的多少由该电机绕组所用绝缘材料的耐热程度决定，绝缘材料的耐热程度称为绝缘等级，不同绝缘材料其最高允许温升是不同的，中小电动机常用的绝缘材料分为五个等级。最高允许温升值是按环境温度 40℃计算出来的。

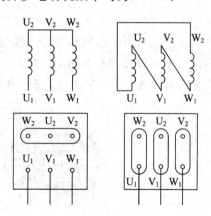

图 5.6 电动机绕组接法

(9) 工作方式。为了适应不同的负载需要，按负载持续时间的不同，国家标准把电动机分成了三种工作方式：连续工作制、短时工作制和断续周期工作制。

除上述铭牌数据外，还可由产品目录或电工手册中查得其他一些技术数据。

5.2　三相异步电动机的运行

5.2.1　旋转磁场

1. 旋转磁场的产生

三相异步电动机的定子绕组嵌放在定子铁芯槽内，按一定规律连接成三相对称结构。三相绕组 AX、BY、CZ 在空间上互差 $120°$，它可以连接成星形，也可以连接成三角形。当三相绕组接至三相对称电源时，三相绕组中便通入三相对称电流 i_A、i_B、i_C：

$$i_A = I_m \sin\omega t$$
$$i_B = I_m \sin(\omega t - 120°)$$
$$i_C = I_m \sin(\omega t + 120°)$$

电流的参考方向和随时间变化的波形见图 5.7。

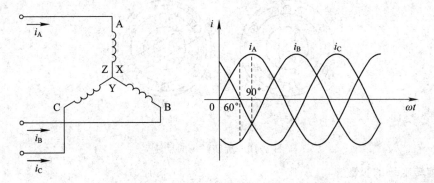

图 5.7　三相对称电流的参考方向和波形图

由分析可知，当定子绕组中通入三相电流后，当三相电流不断地随时间变化时，它们共同产生的合成磁场也随着电流的变化而在空间不断地旋转着，这就是旋转磁，如图 5.8 所示。这个旋转磁场同磁极在空间旋转所产生的作用是一样的。

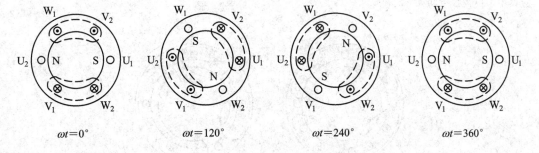

图 5.8　旋转磁场的产生过程

2. 旋转磁场的转向

从旋转磁场可以看出，当 $\omega t = 0°$ 时，A 相的电流 $i_A = 0$，此时旋转磁场的轴线与 A 相绕组的轴线垂直；当 $\omega t = 90°$ 时，A 相的电流 $i_A = +I_m$ 达到最大，这时旋转磁场轴线的方向恰

好与 A 相绕组的轴线一致。三相电流出现正幅值的顺序为 A—B—C,因此旋转磁场的旋转方向与通入绕组的电流相序是一致的,即旋转磁场的转向与三相电流的相序一致,见图5.9。如果将与三相电源相连接的电动机三根导线中的任意两根对调一下,则定子电流的相序随之改变,旋转磁场的旋转方向也发生改变,电动机就会反转,见图5.10。

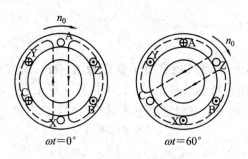

$$\omega t = 0° \qquad \omega t = 60°$$

图5.9 旋转磁场的正转

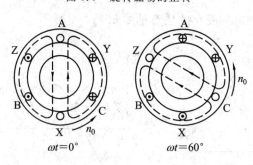

$$\omega t = 0° \qquad \omega t = 60°$$

图5.10 旋转磁场的反转

3. 旋转磁场的极数

三相异步电动机的极数就是旋转磁场的极数。旋转磁场的极数和三相定子绕组的安排有关。在图5.9和图5.10的情况下,每相绕组只有一个线圈,三相绕组的始端之间相差120°,则产生的旋转磁场具有一对极,即 $p=1$。若将定子绕组按5.11所示安排,即每相绕组有两个均匀安排的线圈串联,三相绕组的始端之间只相差60°的空间角,则产生的旋转磁场具有两对极,即 $p=2$。

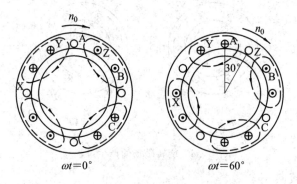

$$\omega t = 0° \qquad \omega t = 60°$$

图5.11 三相电流产生的旋转磁场($p=2$)

同理,如果要产生三对极,即 $p=3$ 的旋转磁场,则每相绕组必须有均匀安排的三个线圈串联,三相绕组的始端之间相差40°的空间角。

4. 旋转磁场的转速

三相异步电动机的转速与旋转磁场的转速有关，而旋转磁场的转速决定于旋转磁场的极数。可以证明在磁极对数 $p=1$ 的情况下，三相定子电流变化一个周期，所产生的合成旋转磁场在空间亦旋转一周。当电源频率为 f 时，对应的旋转磁场转速 $n_0=60f$。当电动机的旋转磁场具有 p 对磁极时，合成旋转磁场的转速为

$$n_0 = \frac{60f}{p}$$

式中 n_0 称为同步转速即旋转磁场的转速，其单位为 r/min（转/分）。

我国电力网电源频率 $f=50\ \text{Hz}$，故当电动机磁极对数 p 分别为 1、2、3、4 时，相应的同步转速 n_0 分别为 3000 r/min、1500 r/min、1000 r/min、750 r/min。

5.2.2　三相异步电动机的工作原理及转差率

1. 三相异步电动机的工作原理

根据安培定律，载流导体与磁场相互作用而产生电磁力 F，其方向由左手定则决定。电磁力对于转子转轴所形成的转矩称为电磁转矩 T，在它的作用下，电动机转子便会转动，其工作原理如图 5.12 所示。

三相定子绕组接至三相电源后，三相绕组内将流过对称的三相电流，并在电动机内产生一个旋转磁场。当 $p=1$ 时，用一对以恒定同步转速 n_0（旋转磁场的转速）按顺时针方向旋转的电磁铁来模拟该旋转磁场，在它的作用下，转子导体逆时针方向切割磁力线而产生感应电动势。感应电动势的方向由右手定则确定。由于转子绕组是短接的，所以在感应电动势的作用下产生感应电流，即转子电流 I_2。即异步电动机的转子电流是由电磁感应产生的，因此这种电动机又称为感应电动机。

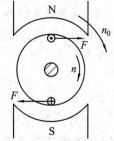

图 5.12　三相异步电动机
转动原理图

由图 5.12 可见，电磁转矩与旋转磁场的转向是一致的，故转子旋转的方向与旋转磁场的方向相同，但电动机转子的转速 n 必须低于旋转磁场转速 n_0。如果转子转速达到 n_0，那么转子与旋转磁场之间就没有相对运动，转子导体将不切割磁通，于是转子导体中不会产生感应电动势和转子电流，也不可能产生电磁转矩，所以电动机转子不可能维持在转速 n_0 状态下运行。可见该电动机只有在转子转速 n 低于同步转速 n_0 时，才能产生电磁转矩并驱动负载稳定运行。这就是异步电动机名称的由来。

2. 转差率

异步电动机的转子转速 n 与旋转磁场的同步转速 n_0 之差是保证异步电动机工作的必要条件。这两个转速之差与同步转速之比称为转差率，用 s 表示，即

$$s = \frac{n_0 - n}{n_0} \times 100\%$$

由于异步电动机的转速 $n<n_0$，且 $n>0$，故转差率在 0 到 1 的范围内，即 $0<s<1$。对于常用的异步电动机，在额定负载时的额定转速很接近同步转速，所以它的额定转差率 s_N 很小，约为 $0.01\sim0.07$，s 有时也用百分数来表示。

5.2.3 三相异步电动机的选择

1）电源的选择

在三相异步电动机中，中小功率电动机大多数采用三相 380 V 电压，也有使用三相 220 V 电压的。在电源频率方面，我国自行生产的电动机采用 50 Hz 的频率，而世界上有些国家采用 60 Hz 的交流电源。虽然频率不同不至于烧毁电动机，但其工作性能大不一样，因此，选择电动机时应根据电源的情况和电动机的铭牌正确选用。

2）防护形式的选择

电机的防护方式主要有开启式、防护式、封闭式和防爆式等四种。一般主要根据使用环境进行选择。

3）功率的选择

电动机的功率要满足所带负载的要求。一般电动机的额定功率要比负载功率大一些，以留有一定余量，但也不宜大太多，否则既浪费设备容量，又降低电动机的功率因数和效率。

4）转速的选择

应该根据生产机械的要求来选择电动机的额定转速，转速不宜选择过低（一般不低于 500 r/min），否则会提高设备成本。如果电动机转速和机械转速不一样，可以用皮带轮或齿轮等变速装置变速。

5.3 单相交流异步电动机

5.3.1 单相交流异步电动机的结构

单相交流异步电动机主要由定子部分、转子部分和启动装置等组成。

1. 定子部分

单相异步电动机的定子包括机座、铁芯、绕组三大部分。

（1）机座。机座采用铸铁、铸铝或钢板制成，其结构型式主要取决于电机的使用场合及冷却方式。单相异步电动机的机座型式一般有开启式、防护式、封闭式等几种。采用封闭式结构机座的电机的内部和外部隔绝，防止外界的浸蚀与污染。电机主要通过机座散热，当散热能力不足时，外部再加风扇冷却。

另外有些专用单相异步电动机可以不用机座，直接把电机与整机装成一体，如电钻、电锤等手提电动工具等。

（2）铁芯。定子铁芯多用铁损小、导磁性能好、厚度一般为 $0.35\sim0.5\text{mm}$ 的硅钢片冲槽叠压而成。定、转子冲片上都均匀冲槽。单相异步电动机定、转子之间气隙比较小，一般在 $0.2\sim0.4$ mm。

（3）绕组。单相异步电动机的定子绕组一般都采用两相绕组的形式，即主绕组和辅助绕组。主、辅绕组的轴线在空间相差 90°电角度，两相绕组的槽数、槽形、匝数可以是相同的，也可以是不同的。一般主绕组占定子总槽数的 2/3，辅助绕组占定子总槽数的 1/3，具体应视各种电机的要求而定。

单相异步电动机中常用的定子绕组型式有单层同心式绕组、单层链式绕组、双层叠绕组和正弦绕组。罩极式电动机的定子多为集中式绕组，罩极极面上的一部分嵌放有短路铜环式的罩极线圈。

2. 转子部分

单相异步电动机的转子主要包括转轴、铁芯、绕组三部分。

（1）转轴。转轴用含碳轴钢车制而成，两端安置用于转动的轴承。单相异步电动机常用的轴承有滚动和滑动两种，一般小容量的电机都采用含油滑动轴承，其结构简单，噪声小。

（2）铁芯。转子铁芯是先用与定子铁芯相同的硅钢片冲制，再将冲有齿槽的转子铁芯叠装后压入转轴。

（3）绕组。单相异步电动机的转子绕组一般有两种型式，即笼型和电枢型。笼型转子绕组是用铝或者铝合金一次铸造而成，它广泛应用于各种单相异步电动机。电枢型转子绕组则采用与直流电机相同的分布式绕组型式，按叠绕或波绕的接法将线圈的首、尾端经换相器连接成一个整体的电枢绕组，电枢式转子绕组主要用于单相异步串励电动机。

3. 启动装置

除电容运转式电动机和罩极式电动机外，一般单相异步电动机在启动结束后辅助绕组都必须脱离电源，以免烧坏。因此，为保证单相异步电动机的正常启动和安全运行，需配有相应的启动装置。

启动装置的类型有很多，主要可分为离心开关和启动继电器两大类。图 5.13 所示为离心开关的结构示意图。离心开关包括旋转部分和固定部分，旋转部分装在转轴上，固定部分装在前端盖内。它利用一个随转轴一起转动的部件——离心块。当电动机转子达到额定转速的 70%～80% 时，离心块的离心力大于弹簧对动触点的压力，使动触点与静触点脱开，从而切断辅助绕组的电源，让电动机的主绕组单独留在电源上正常运行。

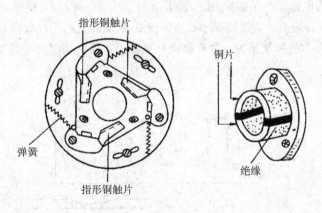

图 5.13　离心开关结构示意图

离心块结构较为复杂，容易发生故障，甚至烧毁辅助绕组，而且开关又整个安装在电机内部，出了问题检修也不方便，故现在的单相异步电动机已较少使用离心开关作为启动装置，转而采用多种多样的启动继电器。启动继电器一般装在电动机机壳上面，维修、检查都很方便。常用的启动继电器有电压型、电流型、差动型三种，下面分别介绍其工作原理。

1）电压型启动继电器启动

电压型启动继电器原理接线如图 5.14 所示，继电器的电压线圈跨接在电动机的辅助绕组上，常闭触点串接在辅助绕组的电路中。接通电源后，主、辅助绕组中都有电流流过，电动机开始启动。由于跨接在辅助绕组上的电压线圈其阻抗比辅助绕组大，故电动机在低速时，流过电压线圈中的电流很小。随着转速升高，辅助绕组中的反电动势逐渐增大，使得电压线圈中的电流也逐渐增大，当达到一定数值时，电压线圈产生的电磁力克服弹簧的拉力使常闭触点断开，切除了辅助绕组与电源的连接。由于启动用辅助绕组内的感应电动势，使电压线圈中仍有电流流过，故保持触点在断开位置，从而保证电动机在正常运行时辅助绕组不会接入电源。

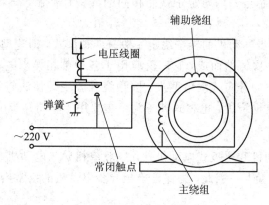

图 5.14　电压型启动继电器原理接线图

2）电流型启动继电器启动

电流型启动继电器原理接线如图 5.15 所示，继电器的电流线圈与电动机主绕组串联，常开触点与电动机辅助绕组串联。电动机未接通电源时，常开触点在弹簧压力的作用下处于断开状态。当电动机启动时，比额定电流大几倍的启动电流流经继电器线圈，使继电器的铁芯产生极大的电磁力，足以克服弹簧压力使常开触点闭合，使辅助绕组的电源接通，电动机启动。随着转速上升，电流减小。当转速达到额定值的 70％～80 ％时，继电器电流线圈产生的电磁力小于弹簧压力，常开触点又被断开，辅助绕组的电源被切断，启动完毕。

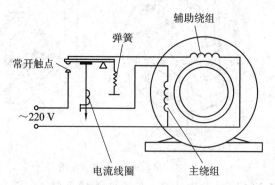

图 5.15　电流型启动继电器原理接线图

3）差动型启动继电器启动

差动型启动继电器原理接线如图 5.16 所示，差动式继电器有电流和电压两个线圈，因而工作更为可靠。电流线圈与电动机的主绕组串联，电压线圈经过常闭触点与电动机的辅助绕组并联。当电动机接通电源时，主绕组和电流线圈中的启动电流很大，使电流线圈产生的电磁力足以保证触点能可靠闭合。启动以后电流逐步减小，电流线圈产生的电磁力也随之减小，于是电压线圈的电磁力使触点断开，切除了辅助绕组的电源。

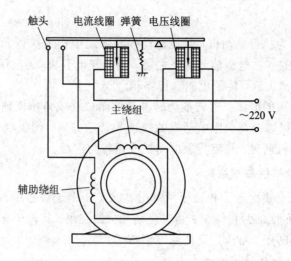

图 5.16　差动型启动继电器原理接线图

5.3.2　单相交流异步电动机的应用

单相异步电动机是用单相交流电源供电的一类驱动用电机，具有结构简单、成本低廉、运行可靠及维修方便等一系列优点。特别是因为它可以直接使用普通民用电源，所以广泛应用于各行各业和日常生活，作为各类工农业生产工具、日用电器、仪器仪表、办公用具和文教卫生设备中的动力源，与人们的工作、学习和生活有着极为密切的关系。

和容量相同的三相异步电机比较，单相异步电动机的体积较大，运行性能也较差，所以单相异步电动机通常只做成小型的，其容量从几瓦到几百瓦。由于只需单相交流 220 V 电源电压，故使用方便，应用广泛，并且有噪声小、对无线电系统干扰小等优点，因而多用在小型动力机械和家用电器等设备上，如电钻、小型鼓风机、医疗器械、风扇、洗衣机、冰箱、冷冻机、空调机、抽油烟机、电影放映机及家用水泵等，是日常现代化设备必不可少的驱动源。

在工业上，单相异步电动机也常用于通风与锅炉设备以及其他伺服机构上。

5.4　常用控制电动机

控制电机是指在自动控制系统中用于传递信息、转换控制信号的电机。

控制电机与前述的驱动电机在电磁过程和遵循的基本电磁规律上没有本质区别。驱动电机是作为动力使用的，主要任务是完成能量的转换，面临的主要问题是如何提高转换的效率；而控制电机在自动控制系统中只起一个元件的作用，其主要任务是完成控制信号的传递和转换，能量转换对控制电机来说是次要的，因此它要求具有较高的精确度和可靠性，能够对信号作出快速反应。此外控制电机还具有输出功率小、质量轻、体积小、动作灵敏、耗电少等优点。

控制电机主要有伺服电动机、步进电动机、力矩电机、开关磁阻电机、直流无刷电机等。其中，伺服电动机和步进电动机在工业上使用广泛。

本节主要介绍伺服电动机和步进电动机。

5.4.1 伺服电动机

伺服电动机又称为执行电动机，它在自动控制系统中作为执行元件，具有服从控制信号的要求而动作的职能。在电压信号到来之前，转子静止不动；而电压信号到来时，转子立即转动；当电压信号消失后，转子也能自行停转。

它的作用是把输入的电压信号转换为转轴上的角位移或角速度输出。只要改变控制电压的大小和方向，就可以改变伺服电动机的转速和转动方向。伺服电动机分为直流伺服电动机和交流伺服电动机两种。交流伺服电动机应用较为广泛。

1. 交流伺服电动机的基本结构

交流伺服电动机主要由定子和转子两部分构成。在定子铁芯中嵌放了两个形式相同、在空间上互差 $90°$ 电角度的两相绕组：励磁绕组和控制绕组。其转子有两种基本形式：笼型转子和非磁性空心杯转子。目前广泛使用笼型转子。

2. 交流伺服电动机的工作原理

图 5.17 所示为交流伺服电动机工作原理图。其中 f_1、f_2 为励磁绕组，两端施加恒定的励磁电压；k_1、k_2 为控制绕组，两端施加控制电压。励磁绕组和控制绕组在空间上互差 $90°$ 电角度，只要励磁电压 u_f 与控制电压 u_k 有一定的相位差（最佳为 $90°$），就能够在电动机的气隙中产生旋转磁场，转子就会转动起来。

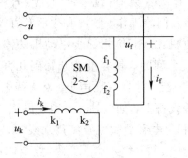

图 5.17　交流伺服电动机工作原理图

当控制绕组上的控制电压为零时，气隙中只有励磁电流 i_f 产生的脉动磁场，电动机无能力启动，转子不转；而当有控制电压输入时，气隙中有旋转磁场产生，电动机启动旋转。当控制电压消失后，为了维护伺服电动机的伺服性，转子应立即停转。实际的伺服电动机的转子电阻通常很大，使它的临界转差率 s_m 大于 1（临界转差率与转子电阻大小成正比），以获得较好的启动、运行和制动特性。

3. 交流伺服电动机的控制方式

交流伺服电动机的控制方式有三种：幅值控制、相位控制和幅-相控制。

1）幅值控制

图 5.18 所示为幅值控制接线原理图。这种控制方式是通过调节电阻器改变控制电压的大小，从而改变电动机的转速。控制电压 u_k 与励磁电压 u_f 之间的相位差始终保持 $90°$ 电角度不变，当控制电压为零时，电动机停转。

2）相位控制

图 5.19 所示为相位控制接线原理图。这种控制方式是保持控制电压的幅值不变，通过调节控制电压的相位，对伺服电动机进行控制。

控制电压与励磁电压之间的相位差 φ 的大小可通过移相器来调节，以使气隙中的旋转磁场椭圆度发生变化，从而达到改变电动机转速的目的。

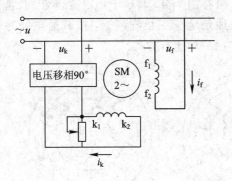
图 5.18　幅值控制

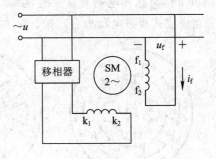
图 5.19　相位控制

3）幅-相控制

图 5.20 所示为幅-相控制接线原理图。这种控制方式是将励磁绕组串联电容器 C 后，接到单相交流电源 u 上，励磁绕组上的电压 $u_f = u - u_C$，控制绕组上的电压 u_k 的相位始终与 u 同相。当调节控制电压 u_k 的幅值，改变电动机转速时，由于转子绕组与励磁绕组之间的耦合作用，励磁绕组中的电流将发生变化，致使励磁绕组电压 u_f 及电容 C 上的电压 u_C 随之变化，所以这是一种幅值与相位复合的控制方式。这种控制方式的实质是利用串联电容器来分相，用电阻器来调幅，它不需要复杂的移相和调幅装置，设备简单，成本低廉，是一种常用的控制方式。

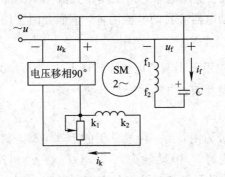
图 5.20　幅-相控制

5.4.2　步进电动机

步进电动机是一种能将电脉冲信号变换为转角或转速的控制电机。其转动的角度与输入电脉冲的个数成正比，而其转速则与输入电脉冲的频率成正比，因此又称为脉冲电动机。步进电动机能快速启动、反转及制动，有较大的调速范围，不受电压、负载及环境条件变化的影响，在数控技术、自动绘图设备、自动记录设备、工业设施的自动控制、家用电器等许多领域都得到了广泛的应用。

交流电动机、直流电动机等都是平滑旋转的,而步进电动机却是一步一步地旋转,即输入一个信号,电动机转过一个角度。步进电动机种类多,按运动方式可分为旋转型和直线型两种。通常使用的旋转型步进电动机又分为反应式、永磁式两种。

由于反应式步进电动机具有惯性小、反应快和速度高等优点,故应用较多,其结构示意图如图 5.21 所示。其中定子和转子铁芯均由硅钢片叠成,定子上有 6 个磁极,不带小齿,每两个相对的磁极上有一相控制绕组;转子只有四个齿,转子上面没有绕组。反应式步进电动机工作时脉冲电信号按一定的顺序轮流加到定子三相绕组上,按其通电顺序的不同,三相反应式步进电动机有三拍、六拍及双三拍三种运行方式。

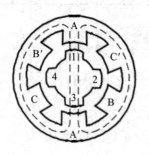

图 5.21 三相反应式步进电动机结构示意图

5.5 低 压 电 器

在工业生产与日常生活等用电领域中,经常用到一些起控制及保护作用的开关及保护器,它们大都属于低压电器。低压电器是指工作在直流 1500 V、交流 1200 V 以下的各种电器,按动作性质可分为手动电器和自动电器两种,下面介绍常用的几种低压电器。

5.5.1 开关电器

开关电器是控制电路中用于不频繁地接通或断开电路的开关,或用于机床电路电源的引入开关。开关电器包括刀开关、组合开关及自动开关等。

1. 刀开关(QS)

刀开关俗称刀闸开关或刀闸,是一种最常用的手动电器,其结构和图形符号如图 5.22 所示,由安装在瓷质底板上的刀片(动触头)、刀座(静触头)和胶木盖构成。刀开关可分为单级、双级和三级几种,并且双级和三级均配有熔断器。

刀开关主要用于不频繁地接通与断开交直流电源电路,通常只作隔离开关用,也可用于小容量三相异步电动机的直接启动。使用刀开关切断电流时,在刀片与刀座分开时会产生电弧,特别是切断较大电流时,电弧持续不易熄灭。因此,选用刀开关时,一定要根据电源的负载情况确定其额定电压和额定电流。

刀开关一般与熔断器串联使用,以便在短路或过载时熔断器熔断而自动切断电路。

刀开关的额定电压通常为 250 V 和 500 V,额定电流在 1500 A 以下。

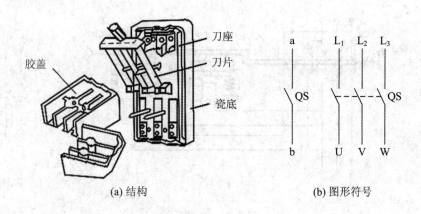

(a) 结构　　　　　　　　　　(b) 图形符号

图 5.22　刀开关

2. 组合开关

组合开关又称转换开关，是一种转动式的闸刀开关，主要用于接通或切断电路，换接电源，控制小型鼠笼式三相异步电动机的启动、停止、正反转和局部照明。组合开关的结构和图形符号如图 5.23 所示。

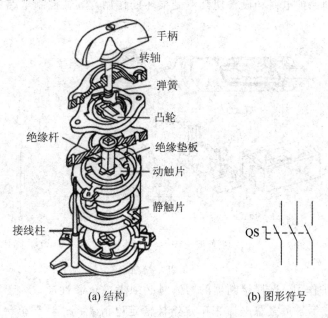

(a) 结构　　　　　　　　　　(b) 图形符号

图 5.23　组合开关

与刀开关相比，组合开关具有体积小、使用方便、通断电路能力强等优点。

3. 自动开关

自动开关又称自动空气开关或自动空气断路器，其主要特点是当发生短路、过载、欠电压等故障时能自动切断电路，起到保护作用。图 5.24 为自动开关的结构原理和图形符号，它主要由触点系统、操作机构和保护元件等三部分组成。

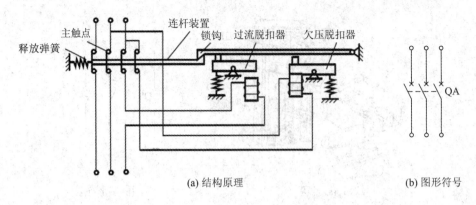

(a) 结构原理　　　　　　　　　　　　　(b) 图形符号

图 5.24　自动开关

5.5.2　熔断器与断路器

1. 熔断器(FU)

熔断器是一种最常见的短路保护器，主要由熔体和外壳组成。熔体一般用电阻率较高的易熔合金制成。熔断器串联在电路中，当电路出现严重过载或短路时，熔体因过热而迅速熔断，从而达到保护电路和设备使其不受损坏的作用。电气控制电路中常用的熔断器如图 5.25 所示。

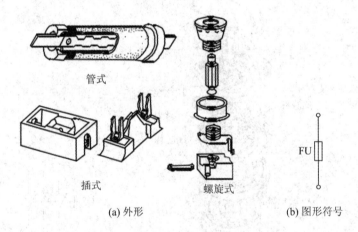

管式

插式　　　　　　　　螺旋式　　　　　　　FU

(a) 外形　　　　　　　　　　　　　(b) 图形符号

图 5.25　熔断器

为了起到保护作用，选择熔断器的熔体时必须考虑负载性质。对于电阻性负载如白炽灯等，可按大于或等于负载总电流来确定熔体额定电流 I_{FUN}；对于单台电动机负载，一般选择 I_{FUN} 为电动机额定电流的 1.5～2.5 倍；对于多台电动机的负载电路，熔体的额定电流应大于或等于 I_{FUN} 容量最大的一台电动机的额定电流的 1.5～2.5 倍，再加上其余电动机的额定电流之和。

2. 断路器(QF)

断路器俗称自动空气开关，用于低压(500 V 以下)交、直流配电系统中，相当于刀开关、熔断器、过电流继电器、欠电压继电器和热继电器的组合，是一种既有手动开关作用又能自动进行欠电压、失电压、过载和短路保护的开关电器。断路器的结构和工作原理如图5.26 所示，主要由触点、脱扣器、灭弧装置和操作机构组成。正常工作时，手柄处于"合"位置，此时主触点保持闭合状态；扳动手柄置于"分"位置时，主触点处于断开状态，空气断路器的"分"和"合"在机械上都是互锁的。

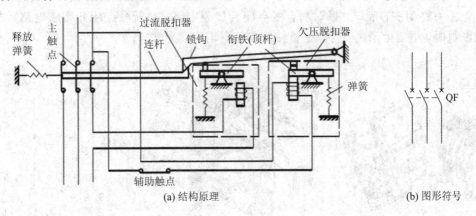

(a) 结构原理　　　　　　　　　　　　　　　(b) 图形符号

图 5.26　断路器

当被保护电路发生短路或产生瞬时过电流时，过流脱扣器的衔铁被吸合，撞击连杆，顶开锁钩，则连杆在弹簧的拉力下断开主电路。

5.5.3　按钮(SB)

按钮是一种手动主令电器，主令电器是自动控制系统中用于接通或断开控制电路(指小电流电路)的电器设备，用以发送控制指令或进行程序控制。主令电器主要有控制按钮、行程开关、接近开关、万能转换开关等。

按钮主要用于远距离操作继电器、接触器接通或断开控制电路，从而控制电动机或其他电气设备运行。

按钮由按钮帽、复位弹簧、接触部件等组成，其外形、结构原理和图形符号如图 5.27 所示。

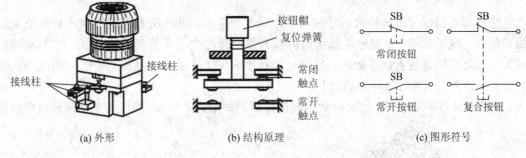

(a) 外形　　　　　　　(b) 结构原理　　　　　　　(c) 图形符号

图 5.27　按钮

按钮帽上有颜色之分，规定红色的按钮帽作停止使用，绿色、黑色等作启动使用。

按钮的触点分为常闭触点(又称动断触点)和常开触点(又称动合触点)两种。常闭触点是按钮未按下时闭合、按下后断开的触点；常开触点是按钮未按下时断开，按下后闭合的触点。

5.5.4　交流接触器(KM)

接触器主要用来远距离接通和分断低压电力线路以及频繁控制交、直流电动机通、断的执行电器。

接触器按电流种类分为交流接触器和直流接触器。常用交流接触器的外形、结构原理

及图形符号如图 5.28 所示。它主要由电磁机构、触点系统和灭弧装置等组成。电磁机构包括吸引线圈、静铁芯和动铁芯,动铁芯与动触点相连接。当吸引线圈两端施加额定电压时,产生电磁力将动铁芯吸下,带动动合触点闭合接通电路,动断触点断开切断电路。当吸引线圈断电时,电磁力消失,复位弹簧使所有触点均复位为常态。

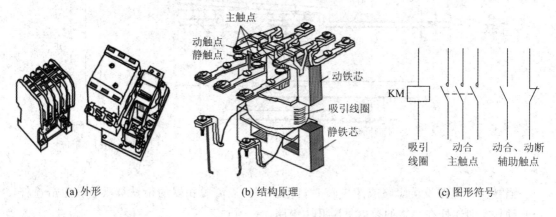

(a) 外形   (b) 结构原理   (c) 图形符号

图 5.28 交流接触器

一般情况下,交流接触器有五对常开触点,两对常闭触点。其中五对常开触点又有主触点(三对)和辅助触点(两对)之分。主触点截面尺寸较大,设有灭弧装置,允许通过较大电流,所以接入主电路中与负载串联;辅助触点截面尺寸较小,不设灭弧装置,允许通过较小电流,通常接入控制电路中与常开按钮并联。

5.5.5 继电器

继电器是一种根据电量(电压、电流)或非电量(转速、时间、温度等)的变化来接通或断开控制电路,实现自动控制或保护电力拖动装置的电器。

1. 中间继电器

中间继电器通常用来传递信号和同时控制多个电路,也可用来直接控制小容量电动机或其他电气执行元件。中间继电器的结构和工作原理与交流接触器基本相同。它与交流接触器的主要区别是触点数目较多,且触点容量小,只允许通过小电流。在选用中间继电器时,主要是考虑电压等级和触点数目。

图 5.29(a)所示是 JZ7 型电磁式中间继电器的外形,图 5.29(b)所示是中间继电器的图

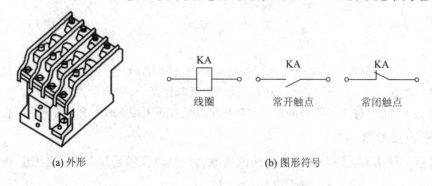

(a) 外形   (b) 图形符号

图 5.29 中间继电器

形符号。

2. 热继电器(FR)

热继电器是一种感受元件受热而动作的电器,常用作电动机的过载、断相和缺相保护。热继电器的结构、工作原理如图 5.30 所示,主要由发热元件、热膨胀系数不同的双金属片、触点和动作机构组成。发热元件绕制在双金属片上,并与被保护设备的电路串联,当电路正常工作时,对应的负载电流流过发热元件,产生的热量不足以使金属片产生明显弯曲变形;当电气设备过载时,发热元件中通过的电流超过了它的额定值,因而热量增大,双金属片弯曲变形,当弯曲到一定程度时,热继电器的触点动作,其结果是使常开触点闭合,常闭触点断开。

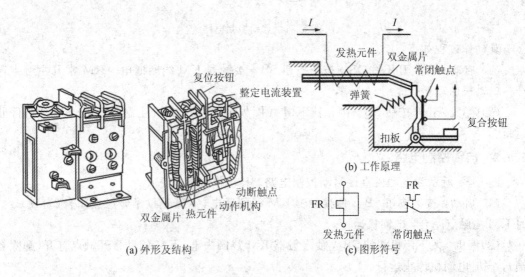

图 5.30 热继电器

因为热继电器的常闭触点和接触器的电磁线圈相串联,所以当热继电器动作后,接触器的线圈断电,其主触点也随之切断了电气设备主电路,起到了过载保护的目的。

待双金属片冷却后,按下复位按钮,使热继电器的常闭触点恢复闭合状态,热继电器重新工作。热继电器动作电流值的大小可通过偏心凸轮进行调整。

由于热惯性,电气设备从过载开始到热继电器动作需要一定的时间,因而这种保护不适用于对电气设备的短路保护。

5.6 基本控制电路

在生产实践中,大量采用的是额定功率小于 7.5 kW 的三相笼型异步电动机;对于此类电动机,一般采用直接启动控制方法。

5.6.1 点动控制电路

图 5.31 所示为带灭弧装置的交流接触器控制电路。主电路由刀开关 QS、熔断器 FU、交流接触器 KM、主触点及电动机定子绕组组成。控制电路由按钮 SB、接触器 KM 线圈组成。

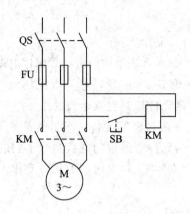

图 5.31　点动控制电路

其动作过程如下：

（1）启动：合上刀开关 QS→按下按钮 SB→接触器 KM 线圈通电→KM 常开主触点闭合→电动机启动运行。

（2）停机：松开按钮 SB→接触器 KM 线圈失电→KM 常开主触点断开→电动机停止运行。

5.6.2　自锁控制电路

图 5.32 所示为电动机直接启动控制电路。其动作过程如下：

（1）启动：按下按钮 SB_1，使接触器 KM 线圈通电，KM 辅助常开触点闭合（自锁），同时 KM 主触点闭合，电动机运行。

（2）停机：按下停机按钮 SB_2，使接触器 KM 线圈失电，KM 辅助常开触点打开（解除自锁），同时电动机停止运行。

与 SB_1 并联的 KM 辅助常开触点的这种作用称为自锁。

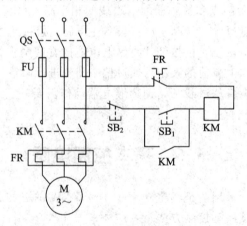

图 5.32　自锁控制电路

5.6.3　正反转控制电路

图 5.33 所示电路可以实现电动机的正反转控制。

在主电路中，当接触器 KM_1 的主触点将三相电源顺序接入电动机的定子三相绕组，而

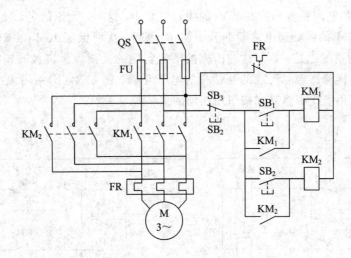

图 5.33 正反转控制电路

接触器 KM_2 的主触点断开时,电动机正向运转;当接触器 KM_2 的主触点闭合而 KM_1 的主触点断开时,电动机反向运转。如果接触器 KM_1 和 KM_2 的主触点同时闭合,将引起电源相间短路,这种情况是不允许发生的。

为了实现主电路的要求,在控制电路中使用了三个按钮 SB_1、SB_2 和 SB_3,用于发出控制指令。SB_1 为正向启动控制按钮,SB_2 为反向启动控制按钮,SB_3 为停机按钮。通过接触器 KM_1、KM_2 实现电动机的正反转控制。动作过程如下:

(1)正向启动过程:按下按钮 SB_1,使接触器 KM_1 线圈通电,KM_1 常开主触点闭合(电机正转),同时 KM_1 辅助常开触点闭合(自锁)。

(2)停止过程:按下按钮 SB_2,使接触器 KM_2 线圈失电,KM_1 常开主触点断开(电机停止转动),同时 KM_1 辅助常开触点断开(解除自锁)。

(3)反向启动过程:按下按钮 SB_2,使接触器 KM_2 线圈失电,KM_2 常开主触点断开(电机反向转动),同时 KM_2 辅助常开触点断开(自锁)。

图 5.33 所示的控制电路在使用时应该特别注意 KM_1 和 KM_2 的线圈不能同时通电,因此不能同时按下 SB_1 和 SB_2,也不能在电动机正转时按下反转启动按钮,或在电动机反转时按下正转启动按钮。如果操作错误,将引起主电路电源短路,给操作带来潜在的危险和很大的不便。在控制电路中引入互锁可以解决这一问题。

5.6.4 互锁控制电路

图 5.34(a)所示为带接触器互锁的正反转控制电路。将接触器 KM_1 的辅助常闭触点串入 KM_2 的线圈回路中,从而保证在 KM_1 的线圈通电时,KM_2 的线圈回路总是断开的,将接触器 KM_2 的辅助常闭触点串入 KM_1 的线圈回路中,从而保证在 KM_2 的线圈通电时 KM_1 的线圈回路总是断开的。这样,接触器的辅助常闭触点 KM_1 和 KM_2 保证了两个接触器的线圈不能同时通电。这种控制方式称为互锁,两个辅助常闭触点称为互锁触点。

上述电路在具体操作时,若电动机处于正转状态,要反转必须先按停止按钮 SB_3,使互锁触点 KM_1 闭合后按下反转启动按钮 SB_2,才能使电动机反转;若电动机处于反转状态,要正转也必须先按下停止按钮 SB_3,使互锁触点 KM_2 闭合后按下正转启动按钮 SB_1,才能使电动机正转。图 5.34(b)中采用了复式按钮,将 SB_1 按钮的常闭触点串接在 KM_2 的线圈

电路中,将 SB_2 的常闭触点串接在 KM_1 的线圈电路中。这样,无论何时,只要按下反转启动按钮,就可在 KM_2 的线圈通电之前断开 KM_1 的线圈,从而保证 KM_1 和 KM_2 不同时通电。从反转到正转的情况也是一样。这种由机械按钮实现的互锁称为机械互锁或按钮互锁。相应地,将上述由接触器触点实现的互锁称为电气互锁。图 5.34(b)中用虚线表示机械联动关系,也可以不用虚线而将复式按钮用相同的文字符号表示。

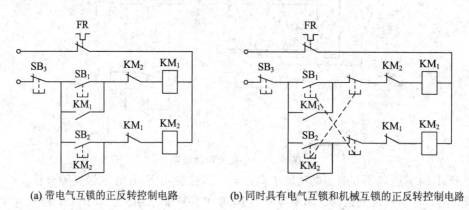

(a) 带电气互锁的正反转控制电路   (b) 同时具有电气互锁和机械互锁的正反转控制电路

图 5.34　互锁控制电路

5.6.5　多地控制电路

有些生产机械由于工作需要,要在两个或两个以上的地点进行控制。如为了便于集中管理,每台设备除就地进行控制外,还需要在中央控制台对设备进行控制,这就需要两地控制。

图 5.32 所示的控制电路只能一地控制,如果要在另一地进行同样的控制,就需在那个地方再装一组启动和停止按钮。利用这组按钮也可控制这一接触器 KM 线圈。这时这两组按钮的接线原则是:启动按钮并联,停止按钮串联,两地控制的控制电路如图 5.35 所示。当按下任一个启动按钮 SB_{st1} 或 SB_{st2} 时都使接触器 KM 线圈通电,接通主电路使电动机转动。同样按下任一个停止按钮 SB_{stp1} 或 SB_{stp2} 都可以控制接触器线圈断电,停止主电路工作。

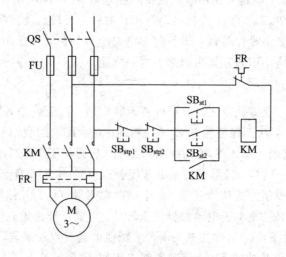

图 5.35　两地控制电路

5.7 行程、时间控制电路

5.7.1 行程开关及行程控制电路

1. 行程开关

行程开关也称位置开关，主要用于将机械位移变为电信号，以实现对机械运动的电气控制。行程开关的结构及工作原理与按钮的相似，图 5.36 所示为直动式行程开关的原理示意图及符号。当机械运动部件撞击触杆时，触杆下移使常闭触点断开，常开触点闭合；当运动部件离开后，在弹簧的作用下，触杆恢复到初始位置，各触点恢复常态。

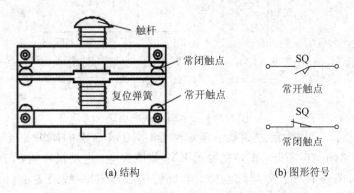

(a) 结构   (b) 图形符号

图 5.36 行程开关

2. 行程控制

行程控制使用的控制电器为行程开关。行程控制分限位控制和自动往返控制两类。

1) 限位控制

具有限位控制的控制电路，是将行程开关 SQ 的常闭触点与接触器 KM 的线圈串联，如图 5.37 所示。当生产机械的运动部件达到预定位置时，压下行程开关的触杆，将常闭触点断开，接触器的线圈断电，使电动机断电而停止运行。

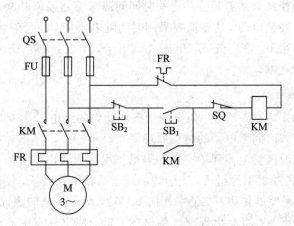

图 5.37 限位控制电路

2）自动往返控制

有些生产机械如刨床、铣床等要求工作台在一定距离内作自动往复循环运动。图5.38所示为自动往返控制电路。

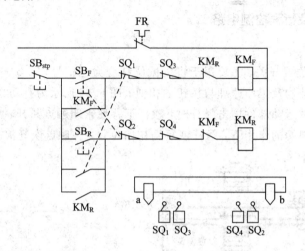

图 5.38　自动往返控制电路

当电动机正转，工作台前进到某一预定位置时，工作台上的撞块 a 压下行程开关 SQ_1 触杆，使 SQ_1 的常闭触点断开，正转接触器 KM_F 线圈失电，电动机停转，与此同时，并连接在反转按钮 SB_R 两端的 SQ_1 常开触点闭合，反转接触器 KM_R 线圈通电（因为此时串接在 KM_R 线圈支路中的 KM_F 常闭触点已复位），电动机反转，工作台自动后退。当撞块离开行程开关 SQ_1 位置时，其触点复位，准备下次动作。当撞块 b 压下行程开关 SQ_2 触杆时，电动机停转后又正转。

工作台后退后又自动前进的过程与前进后又自动后退的过程一样。

若要工作台停止运行，只要按下停止按钮 SB_{stp} 即可。

行程开关 SQ_3 和 SQ_4 仍起极限保护作用。

5.7.2　时间继电器及时间控制

某些生产机械的控制电路需要按一定的时间间隔来接通或断开某些控制电路，如三相异步电动机的 $Y-\triangle$ 换接启动，这就需要采用时间继电器来实现延时控制。

时间继电器种类很多，有空气式、电磁式及电子式。现介绍在交流控制电路中应用最普遍的空气式时间继电器。

1. 空气式时间继电器

吸引线圈得到动作后，要延迟一段时间触头才动作的继电器称为时间继电器。图5.39所示为通电延时空气式时间继电器的结构原理图及符号。

通电延时空气式时间继电器利用空气的阻尼作用达到动作延时的目的，主要由电磁系统、触点、空气室和传动机构等组成。吸引线圈通电后将衔铁吸下，使衔铁与活塞杆之间产生一段距离，在释放弹簧的作用下，活塞杆向下移动，伞形活塞的表面固定有一层橡皮膜，当活塞向下移动时，膜上方将会出现空气稀薄的空间，使空气室中形成负压，活塞又受到下面空气的压力，不能迅速下移，当空气由进气孔进入时，活塞才逐渐下移。移动到最后位置时，杠杆使微动开关动作。延时时间即为从电磁铁吸引线圈通电时刻起到微动开关动作

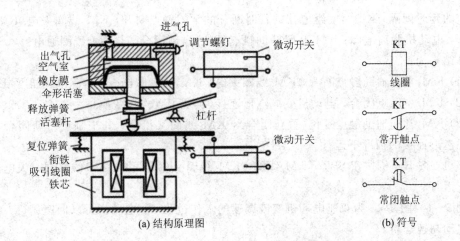

图 5.39 通电延时空气式时间继电器

时为止的这段时间。通过调节螺钉改变进气孔的大小可以调节延时时间。

当吸引线圈断电后，依靠复位弹簧的作用而复原。图 5.39 所示的时间继电器有两对延时触点，一对是延时断开的常闭触点，另一对是延时闭合的常开触点。此外，还有两对瞬动触点。

2. 时间控制

现以笼型电动机的 Y—△启动为例来分析时间控制的原理，如图 5.40 所示。其中启动按钮 SB_{st} 是双联复合按钮，一个动合触点，一个动断触点；KT 是通电延时时间继电器，其中一个是延时断开的动断触点，一个是瞬时闭合的动合触点；KM_2 是 Y 形连接的接触器，KM_3 是△形连接的接触器。合上电源开关 QS，引入电源。

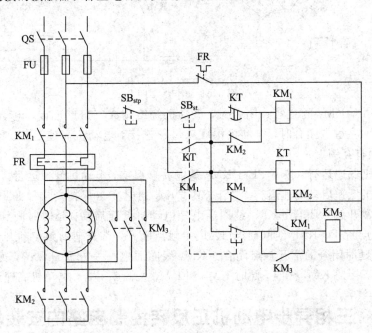

图 5.40 三相笼型异步电动机 Y—△换接启动控制

按下启动按钮 SB_{st}，其常开触点闭合，使 KM_1、KM_2、KT 线圈通电，同时 SB_{st} 的常闭触点断开，保证 KM_3 失电。KM_1、KM_2 主触点闭合，电动机便在 Y 形连接情况下启动。经

过一定的延时间隔,KT 时间继电器的延时断开的常闭触点断开,KM₁ 线圈失电(KM₁ 主触点断开,电动机脱离电源;KM₁ 常闭辅助触点复位(重新闭合)),KM₃ 线圈通电。

其结果为:

(1)KM₃ 常闭辅助触点断开,KM₂ 线圈失电,KM₂ 主触点断开,解除电动机 Y 形连接;

(2)KM₃ 主触点闭合,电动机变成△形连接(实现了 Y—△变换);

(3)KM₂ 常闭辅助触点复位(重新闭合),KM₁ 线圈又得电,其主触点重新闭合,电动机便在△形连接的情况下运行。

停机:按下停机按钮 SB_stp,KM₁ 线圈、KM₂ 线圈、KM₃ 线圈、KT 线圈同时失电,电动机停止运行。

例 5-1 图 5.41 为双速电动机变极调速的工作过程。该电动机可以低速运行,也可以低速启动高速运行。

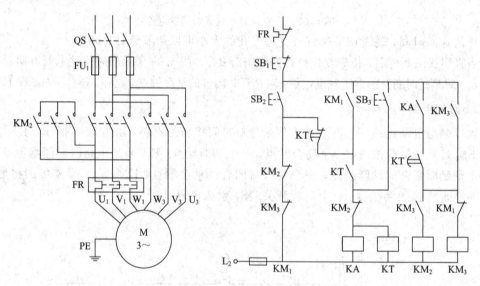

图 5.41 例 5-1 图

在主电路中,KM₁ 的主触点闭合时,电动机绕组构成三角形连接,电动机低速运行;KM₂ 和 KM₃ 的主触点闭合时,电动机构成双星形连接,电动机高速运行。KM₁ 和 KM₂、KM₃ 之间必须有互锁。

(1)电动机低速运行。按下 SB₂,KM₁ 通电并自保持,电动机低速运行。

(2)电动机低速启动高速运行。按下 SB₃,KA 通电变自保持,同时 KT 通电。KT 通电,其瞬动的常开触点闭合→KM₁ 线圈通电→电动机低速启动。延时时间到时,KT 延时断开的常闭触点断开→KM₁ 线圈断电(KM₁ 主触点断开,常开辅助触点断开,常闭辅助触点闭合);KT 延时闭合的常开触点闭合→KM₃ 线圈通电→一方面自保持,另一方面 KM₃ 常开触点闭合,接通 KM₂ 线圈,此时 KM₂ 和 KM₃ 主触点闭合,电动机高速运行。

实训 5 三相异步电动机正反转控制电路的安装与调试

1. 实训目的

(1)掌握三相异步电动机正反转控制电路的工作原理。

（2）掌握三相异步电动机正反转控制电路的接线及接线工艺。

（3）掌握常用电工工具和电工仪表的使用方法。

2. 实训设备

万用表、剥线钳、验电笔、电工刀、三相异步电动机、按钮开关、交流接触器（2 个）、热继电器、导线、配线板、接线端子排、三相四线电源、熔断器，实训装置。

3. 实训内容及步骤

（1）查看元器件、工量具是否符合本次实训要求。

（2）笼型电动机采用△接法：实训线路电源端接三相自耦调压器输出端 U、V、W，供电线电压为 220 V。

（3）在实训装置上根据图 5.42(a)、(b)正反转控制线路原理图连接线路。

（4）接好线路，经指导教师检查后，方可进行通电操作。

① 开启控制屏电源总开关，按启动按钮，调节调压器输出，使输出线电压为 220 V。

② 分别按下 SB_1、SB_2 和 SB_1、SB_3，观察是否符合线路正反转控制功能的要求。

③ 实训完毕，切断实训线路三相交流电源。

（5）用万用电表欧姆挡检查各电器线圈、触点是否完好。

（6）在配线板上根据图 5.42(a)、(b)设计三相笼型异步电动机正反转控制线路安装接线图，如图 5.42(a)、(c)所示。

（7）在配线板上按照设计的安装接线图连接线路。要求元件安装牢固，导线长度适中。

（8）接好线路经指导教师检查后通电，并观察电机运转情况。

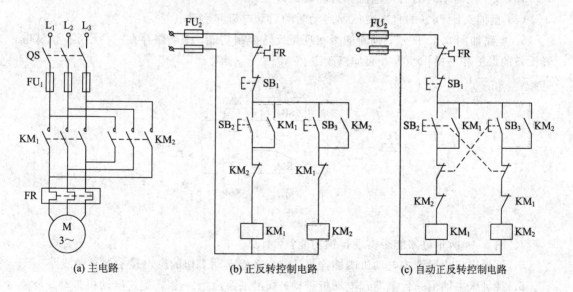

图 5.42 三相笼型异步电动机正反转控制线路原理图

4. 实训报告

根据实训结果，进行总结、分析。

本 章 小 结

现代工业的生产控制，主要控制对象是电动机。

本章主要介绍了常见的驱动电动机和控制电机，介绍了各种常见的低压电器，在此基础上，介绍了几种典型的基本电机控制电路。

通过低压电器实现对电机的控制是最基本的电机控制方式，也是学习其他电机控制方式的基础。

常用低压控制电器有按钮、自动空气断路器、交流接触器、熔断器、热继电器等。

电动机常用电气控制电路有三相异步电动机的直接启动控制、三相异步电动机的正反转控制、三相异步电动机的顺序控制、行程控制电路等。

习 题

1. 有一台四极三相异步电动机，电源电压的频率为 50 Hz，满载时电动机的转差率为 0.02，求电动机的同步转速和转子转速。

2. 有一台三相异步电动机，额定数据如下：$P_N = 22$ kW、$U_N = 380$ V、$\eta_N = 0.89$、$\cos\varphi_N = 0.89$、$n_N = 1470$ r/min、$I_{st}/I_N = 7$、$T_{st}/T_N = 2$。试求：

(1) 额定电流 I_N。

(2) Y—△启动时的启动电流和启动转矩。

(3) 接抽头比 60% 的自耦变压器启动时的启动电流和启动转矩。

3. 电路如图 5.43 所示，判断能否实现正反转控制功能。该电路存在一些不足，试从电气设备的保护和易操作性等方面加以改进。

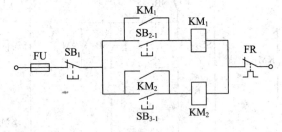

图 5.43 习题 3 图

4. 图 5.44 所示电路能否实现自锁功能？为什么？

5. 试画出三相鼠笼式电动机既能连续工作、又能点动工作的继电接触器控制线路。

6. 某机床主轴由一台鼠笼式电动机带动，润滑油泵由另一台鼠笼式电动机带动。今要求：(1) 主轴必须在油泵开动后才能开动；(2) 主轴能用电气控制实现正反转，并能单独停车；(3) 有短路、零压及过载保护。试绘出控制线路。

7. 根据下列要求，分别绘出控制电路（M1 和 M2 都是三相鼠笼式电动机）：(1) M1 先启动，经过一定延时后 M2 能自行起动，M2 启动后，M1 立即停止；(2) 启动时，M1 启动后 M2 才能启动；停止时，M2 停止后 M1 才能停止。

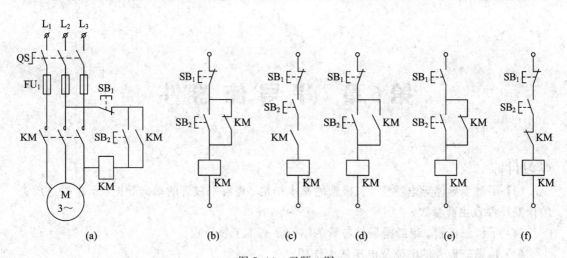

图 5.44　习题 4 图

8. 图 5.45 是电动葫芦(一种小型起重设备)的控制线路,试分析其工作过程。

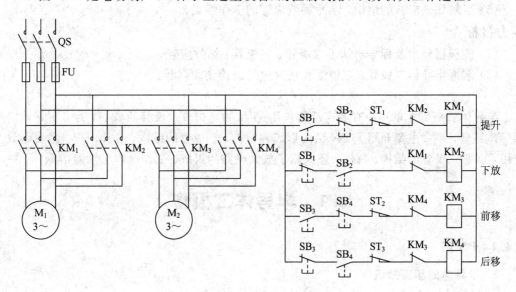

图 5.45　习题 5 图

9. 某机床有多台电机,现需要对其中的冷却电机(以下简称电机 1)和工作电机(以下简称电机 2)采用继电器进行电气模拟控制,控制要求如下:

(1) 电机电气控制电路需要有急停按钮、热继电器和熔断器保护。热继电器只接入电机 2。

(2) 电机 1 启动后,电机 2 才能启动。

(3) 电机 2 停止工作后 8 s,电机 1 自动停止工作。

(4) 电机 2 采用 Y—△启动,星形启动 5 s 后,自动切换到三角形连接运转状态。

(5) 任何时刻,按急停按钮后,电机 1 和电机 2 能立刻停止运转;松开急停按钮,电机 1 和电机 2 还是处于不工作状态。

(6) 任何时刻,按电机 2 的停止按钮,都能使电机 2 立刻停止工作。

试设计满足要求的控制原理图。

第6章 半导体器件

学习目标

（1）了解半导体导电特性、二极管的基本结构；理解二极管的单向导电性，掌握二极管的伏安特性及主要参数；

（2）了解三极管、绝缘栅场效应管的结构及基本工作原理；

（3）熟悉三极管的电流及电压放大作用；

（4）掌握三极管的输入特性、输出特性曲线及主要参数；

（5）了解场效应管的结构，熟悉场效应管的工作特点。

能力目标

（1）能根据外形及标号辨认出二极管、三极管、场效应管；

（2）掌握半导体二极管、三极管和场效应管的检测和判断。

半导体二极管在电路中有着广泛的应用。PN结是构成二极管的核心，为了更好地应用半导体器件，本章主要介绍了PN结的形成和特性，二极管的结构、工作原理、主要参数及应用，以及三极管的结构、特性，还介绍了放大电路的组成、工作原理与性能指标。

6.1 半导体二极管

6.1.1 PN结

1. 半导体的基础知识

为了让大家对半导体二极管有一个初步的感性认识，我们先做一个二极管导电性能演示。图6.1表示的是由二极管、灯泡、限流电阻、开关及电源等组成的简单电路。

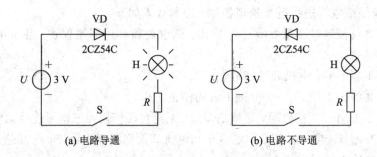

(a) 电路导通　　　　　　　　　(b) 电路不导通

图6.1　半导体二极管导电性能的演示电路

电路演示如下：

按图 6.1(a) 所示，闭合开关 S，灯泡发光，说明电路导通。若二极管管脚调换位置，如图 6.1(b) 所示，闭合开关 S，灯泡不发光，说明此时电路不导通。

由以上演示结果可知，二极管具有单向导电性，产生这一现象的原因与二极管的内部结构有关，而二极管又是由半导体材料构成的，所以我们必须首先了解半导体的性能。

1) 半导体的特性

在自然界，物质按其导电性可分为导体、半导体和绝缘体。有些物质，例如铜、银、金、铝、铁和石墨，其导电能力很强，为导体（前五种是金属导体，最后一种是非金属导体）。另一些物质如橡皮、胶木、瓷制品等不能导电，为绝缘体。还有一些物体，如硅、硒、锗、铟、砷化稼以及很多矿石、化合物、硫化物等，它们的导电本领介于金属导体和绝缘体之间，为半导体。半导体从它被发现以来就得到了越来越广泛的应用。究其原因，是因为它具有与众不同的三大特性。

(1) 热敏特性。当温度升高时，半导体的导电性会得到明显的改善，温度越高，导电能力就越好。利用这一特性可以制造自动控制中使用的热敏电阻和其他热敏元件。

(2) 光敏特性。当光照射到半导体上时，会显著地影响其导电性，光照越强，导电能力越强。利用这一特性可以制造自动控制中常用的光敏传感器、光电控制开关及火灾报警装置。

(3) 掺杂特性。在纯度很高的半导体（又称为本征半导体）中掺入微量的某种杂质元素（杂质原子均匀地分布在半导体原子之间），也会使其导电性显著增加，掺杂的浓度越高，导电性也就越强。利用这一特性可以制造出各种晶体管和集成电路等半导体器件。

2) N 型半导体

在纯净的半导体硅（或锗）中掺入微量五价元素（如磷）后，就可成为 N 型半导体，如图 6.2(a) 所示。由于五价的磷原子同相邻四个硅（或锗）原子组成共价键时，有一个多余的价电子不能构成共价键，这个价电子只受杂质原子核的束缚，因此，在常温下，这个价电子很容易脱离原子核的束缚而成为自由电子。在这种半导体中，自由电子数远大于空穴数，以电子导电为主，故此类半导体亦称电子型半导体。

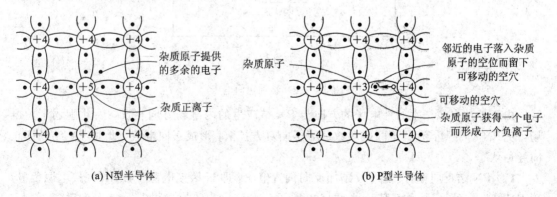

(a) N型半导体　　　　　　　　　　　　　　(b) P型半导体

图 6.2　掺杂质后的半导体

3) P 型半导体

在硅（或锗）的晶体内掺入少量三价元素如硼（或铟）后，即构成 P 型半导体。硼原子只有 3 个价电子，它与周围硅原子组成共价键时，因缺少一个电子，很容易吸引相邻硅原子

上的价电子而产生一个空穴。这个空穴与本征激发产生的空穴都是载流子,具有导电性能,
P 型半导体共价键结构如图 6.2(b)所示。掺入的三价元素杂质越多,空穴的数量越多。在
P 型半导体中,空穴数远远大于自由电子数,空穴为多数载流子(简称"多子"),自由电子为
少数载流子(简称"少子")。以空穴导电为主,故此类半导体又称为空穴型半导体。

2. PN 结及其单向导电特性

1) PN 结的形成

在一块完整的晶片上,通过一定的掺杂工艺,一边形成 P 型半导体,另一边形成 N 型
半导体。在 P 型和 N 型半导体交界面的两侧,由于载流子浓度的差别,N 区的电子必然向
P 区扩散,而 P 区的空穴要向 N 区扩散。P 区一侧因失去空穴而留下不能移动的负离子,N
区一侧则因失去电子而留下不能移动的正离子,这些离子被固定排列在晶格上,不能自由
运动,所以并不参与导电。这样,在交界面两侧形成一个带异性电荷的离子层,称此离子层
空间电荷区,并产生内电场,其方向是从 N 区指向 P 区,内电场的建立阻碍了多数载流子
的扩散运动,随着内电场的加强,多子的扩散运动逐步减弱,直至停止,使交界面形成一个
稳定的特殊的薄层,即 PN 结。因为在空间电荷区内多数载流子已扩散到对方并复合掉了,
或者说消耗尽了,因此空间电荷区又称为耗尽层。

2) PN 结的单向导电特性

在 PN 结两端外加电压,称为给 PN 结以偏置电压。

(1) PN 结正向偏置。给 PN 结加正向偏置电压,即 P 区接电源正极,N 区接电源负极,
此时称 PN 结正向偏置(简称正偏),如图 6.3 所示。

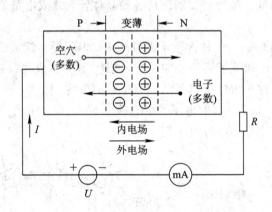

图 6.3　PN 结加正向电压

由于外加电源产生的外电场的方向与 PN 结产生的内电场方向相反,因此削弱了内电
场,使 PN 结变薄,有利于两区多数载流子向对方扩散,形成正向电流,此时 PN 结处于正
向导通状态。

(2) PN 结反向偏置。给 PN 结加反向偏置电压,即 N 区接电源正极,P 区接电源负极,
称 PN 结反向偏置(简称反偏),如图 6.4 所示。

由于外加电场与内电场的方向一致,因而加强了内电场,使 PN 结变厚,阻碍了多子的
扩散运动。在外电场的作用下,只有少数载流子形成的很微弱的电流,称为反向电流。少数
载流子是由于热激发产生的,因而 PN 结的反向电流受温度影响很大。

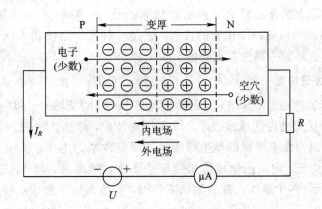

图 6.4　PN 结加反向电压

综上所述，PN 结具有单向导电性，即加正向电压时导通，加反向电压时截止。

6.1.2　半导体二极管的特性、参数及应用

1. 半导体二极管简介

在形成 PN 结的 P 型半导体和 N 型半导体上，分别引出两根金属引线，并用管壳封装，就制成了二极管。二极管的基本构造如图 6.5(a)所示。其中从 P 区引出的线为正极(或阳极)，从 N 区引出的线为负极(或阴极)。二极管的电路符号如图 6.5(b)所示。电路符号中的三角形实际上是一个箭头，箭头背向相连的电极为正极，记为"＋"，箭头指向相连的电极为负极，记为"－"。二极管的文字符号在本书中用"VD"表示。

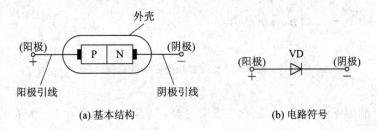

(a) 基本结构　　　　　　　　　　　(b) 电路符号

图 6.5　半导体二极管的基本结构及电路符号

图 6.6 是部分二极管的实物图，生产厂家都在二极管的外壳上用特定的标记来表示正

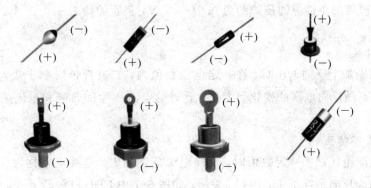

图 6.6　二极管的实物图

负极。最明确的表示方法是在外壳上画有二极管的符号,箭头指向一端为二极管的负极;螺栓式二极管带螺纹的一端是二极管的负极,它是一种工作电流很大的二极管;许多二极管上画有色环,带色环的一端为二极管的负极。

2. 二极管的伏安特性

半导体二极管的核心是 PN 结,它的特性就是 PN 结的特性——单向导电性。二极管的单向导电性常利用伏安特性曲线来表示。所谓伏安特性,是指二极管两端电压和流过二极管电流的关系。若以直角坐标系的横坐标表示二极管两端的电压,纵坐标表示流过二极管的电流,把测得的电压、电流的对应值用描点作图法连接起来,就构成二极管的伏安特性曲线,如图 6.7 所示(图中虚线为锗管的伏安特性,实线为硅管的伏安特性)。

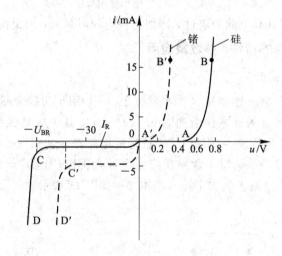

图 6.7 二极管的伏安特性曲线

1)正向特性

二极管两端加正向电压时,就产生正向电流,当正向电压较小时,正向电流极小(几乎为 0),这一部分称为死区,相应的 A(A′)点的电压称为死区电压或门槛电压(也称阈值电压)。硅管的门槛电压约为 0.5 V,锗管的约为 0.1 V,如图 6.7 中 0A(0A′)段。

当正向电压超过门槛电压时,正向电流就会急剧增大,二极管呈现很小电阻而处于导通状态,这时硅管的正向导通压降约为 0.6~0.7 V,锗管的约为 0.2~0.3 V,如图 6.7 中 AB(A′B′)段。

2)反向特性

二极管两端加上反向电压时,在一定电压数值内,二极管相当于非常大的电阻,反向电流很小,且不随反向电压的变化而变化。此时的电流称为反向饱和电流 I_R,如图 6.7 中 0C(0C′)段。

3)反向击穿特性

二极管反向电压加到一定数值时,反向电流急剧增大,这种现象称为反向击穿。此时对应的电压称为反向击穿电压,用 U_{BR} 表示,如图 6.7 中 CD(C′D′)段。

3. 半导体二极管的主要参数

1）最大整流电流 I_F

最大整流电流 I_F 是指二极管长期工作时，允许通过的最大正向平均电流。使用时正向平均电流不能超过此值，否则会烧坏二极管。

2）最大反向工作电压 U_{RM}

最大反向工作电压 U_{RM} 是指二极管正常工作时，所承受的最高反向电压（峰值）。通常手册上给出的最大反向工作电压是击穿电压的一半左右。

3）反向饱和电流 I_R

反向饱和电流 I_R 是指在规定的反向电压和室温下所测得的反向电流值。其值越小，表明管子的单向导电性能越好。

4. 二极管的应用

二极管的应用范围很广，主要是利用它的单向导电性，常用于整流、检波、限幅、元件保护以及在数字电路中用作开关元件等。

1）二极管整流器

将交流电变成脉动直流电的过程称为整流。下面以半波整流电路为例，说明二极管在整流电路中的应用。

图 6.8(a)所示为单相半波整流电路。它由变压器 T 和整流二极管 VD 组成。如果变压器的初级输入正弦电压 u_1，则在次级可得同频的交流电压 u_2，设 $u_2 = \sqrt{2}U_2\sin\omega t$。

当 u_2 为正半周时，A 端电位高于 B 端电位，二极管 VD 因正向偏置而导通，电流流经方向为 A 端→VD→R_L→B 端，自上而下流过 R_L，在 R_L 上得到上正下负的电压 u_o。若忽略二极管正向压降，负载上的电压 $u_o = u_2$。波形如图 6.8(b)所示。

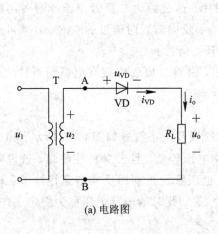

(a) 电路图

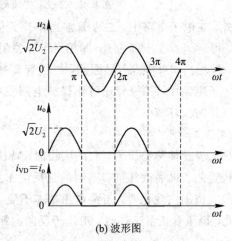

(b) 波形图

图 6.8　单相半波整流电路及波形图

当 u_2 为负半周时，A 端电位低于 B 端电位，二极管 VD 因反向偏置而截止，电路中无电流流过，负载电压 u_o 为 0。

可见，在交流电压 u_2 的整个周期内，负载 R_L 上将得到一个单方向的脉动直流电压（大小变化，方向不变），由于流过负载的电流和加在负载两端的电压只有半个周期的正弦波，故称半波整流。

2）二极管限幅器

当输入电压高于某一个数值时，输出电压保持这个数值不变，这就是限幅电路。

在电子电路中，为了降低信号的幅度以满足电路工作的需要，或者为了保护某些器件不受大的信号电压作用而损坏，往往利用二极管的导通和截止限制信号的幅度，这就是所谓的限幅。图 6.9(a)是由二极管组成的单向限幅电路。其中，u_i 为输入的正弦交流电压，其峰值为 5 V，直流电压 $U=+3$ V，限流电阻 $R=1$ kΩ，u_o 为输出端的电压。其输入、输出端电压波形如图 6.9(b)所示。其工作原理为：交流输入电压 u_i 和直流电压 U 同时作用于二极管 VD 上，当 u_i 的幅值高于 3 V 时，VD 导通，$u_o=3$ V；当 u_i 的幅值小于 3 V 时，VD 截止，$u_o=u_i$。

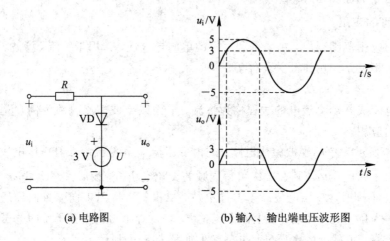

(a) 电路图　　　　　　　　(b) 输入、输出端电压波形图

图 6.9　二极管组成的限幅电路及波形图

另外，在电子电路中，二极管常当作开关使用。这是因为二极管正偏导通时两端的电压很小，可近似看作压降为 0，即相当于开关闭合；反向偏置时流过的电流很小，可近似看作开路，即相当于开关断开。因此，二极管具有开关特性。

在电子电路中，二极管还可作保护电路使用，常将二极管串接在电源与器件之间，防止电源反接时损坏器件。

3）稳压二极管

稳压二极管简称稳压管，它的实物图、特性曲线及电路符号如图 6.10 所示。稳压管和普通二极管的正向特性相同，不同的是反向击穿电压较低，且击穿特性陡峭，这说明反向电流在较大范围内变化时，击穿电压基本不变。稳压管正是利用反向击穿特性来实现稳压的，因此，稳压管正常工作时，工作于反向击穿状态，此时的击穿电压称为稳定工作电压，用 U_Z 表示。

稳压二极管的主要参数如下：

(1) 稳定工作电压 U_Z。稳定工作电压 U_Z 即反向击穿电压。由于击穿电压与制造工艺、环境温度及工作电流有关，因此在手册中只能给出某一型号稳压管的稳压范围，例如，2CW21A 型稳压管的稳定工作电压 U_Z 为 4～5.5 V，2CW55A 的稳定工作电压 U_Z 为 6.2～7.5 V。但是，对于某一只具体的稳压管，U_Z 是确定的值。

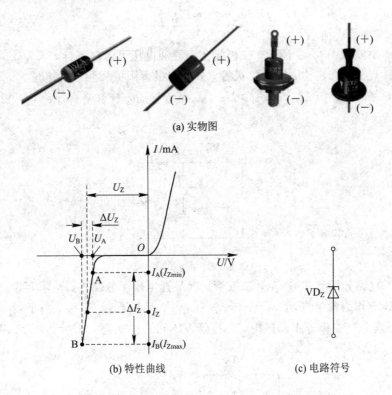

(a) 实物图

(b) 特性曲线 　　　　　　(c) 电路符号

图 6.10　稳压二极管的实物图、特性曲线及电路符号

（2）稳定工作电流 I_Z。稳定工作电流 I_Z 是指稳压管工作至稳压状态时流过的电流。当稳压管稳定工作电流小于最小稳定电流 I_{Zmin} 时，没有稳压作用；当稳压管稳定工作电流大于最大稳定电流 I_{Zmax} 时，管子因过流而损坏。

（3）最大耗散功率 P_{ZM} 和最大工作电流 I_{Zmax}。P_{ZM} 和 I_{Zmax} 是为了保证管子不被热击穿而规定的极限参数，由管子允许的最高结温决定，$P_{ZM} = I_{Zmax}U_Z$。

（4）动态电阻 r_Z。动态电阻 r_Z 是指稳压范围内电压变化量与相应的电流变化量之比，即 $r_Z = \Delta U_Z / \Delta I_Z$。$r_Z$ 的值很小，约为几欧到几十欧。r_Z 越小越好，即反向击穿特性越陡越好，也就是说，r_Z 越小，稳压性能越好。

（5）电压温度系数 α。α 指稳压管温度变化 1℃时，所引起的稳定电压变化的百分比。一般情况下，稳定电压大于 7 V 的稳压管，α 为正值；稳定电压小于 4 V 的稳压管，α 为负值；稳定电压在 4～7 V 的稳压管，其 α 较小，即稳定电压值受温度的影响较小，性能比较稳定。

使用稳压管组成稳压电路时，需要注意几个问题。首先，应保证稳压管正常工作在反向击穿区；其次，稳压管应与负载并联；再次，必须限制流过稳压管的稳定电流 I_Z，通常接限流电阻，使其不超过规定值。

二极管还有其他的应用，比如发光二极管和光电二极管，发光二极管在使用时，必须在电路中加接保护电阻。

例 6 - 1　试求图 6.11 所示电路中的电流。二极管为硅管，其中 $U_s = 5$ V，$R = 1$ kΩ。

解　所示电路中二极管处于导通状态，因此：

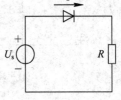

图 6.11　例 6.1 图

$$I = \frac{U_s - 0.7}{R} = \frac{5 - 0.7}{1 \times 10^3} = 4.3 \text{ mA}$$

例 6 - 2 电路如图 6.12 所示，二极管正向导通电压可忽略不计，求 U_{AB}。

解 取 B 点作为参考点，断开二极管，分析二极管阳极和阴极的电位。

$U_{阳} = -6$ V，$U_{阴} = -12$ V，$U_{阳} > U_{阴}$，二极管导通，若忽略管压降，二极管可看作短路，$U_{AB} = -6$ V。

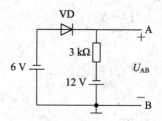

图 6.12 例 6 - 2 图

例 6 - 3 电路如图 6.13 所示，二极管正向导通电压可忽略不计，求 U_{AB}。

解 取 B 点作为参考点，$U_{1阳} = -6$ V，$U_{2阳} = 0$ V，$U_{1阴} = U_{2阴}$，由于 $U_{2阳}$ 电压高，因此 VD_2 导通。若忽略二极管正向压降，二极管 VD_2 可看作短路，$U_{AB} = 0$ V，VD_1 截止。

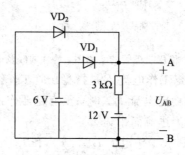

图 6.13 例 6 - 3 图

例 6 - 4 电路如图 6.14(a) 所示，已知 $u_i = 5\sin\omega t$ (V)，二极管导通电压 $U_D = 0.7$ V。试画出 u_i 与 u_o 的波形，并标出幅值。

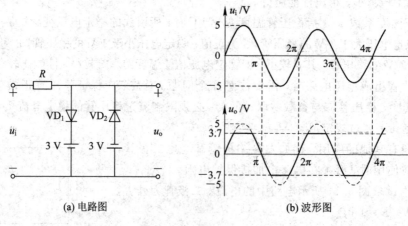

(a) 电路图   (b) 波形图

图 6.14 例 6 - 4 图

解　$u_i > 3.7$ V 时，VD_1 导通、VD_2 截止，$u_o = 3.7$ V。

$u_i < -3.7$ V 时，VD_2 导通、VD_1 截止，$u_o = -3.7$ V。

-3.7 V $< u_i < 3.7$ V 时，VD_1、VD_2 均截止，$u_o = u_i$。

电压波形如图 6.14(b)所示。

例 6-5　电路（与门）如图 6.15 所示，VD_1 和 VD_2 为理想二极管，当输入电压分别为 0 V 和 3 V 时，求输出电压 u_o 的值。

解　输出电压值如表 6-1 所示。

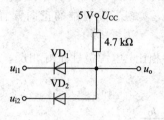

图 6.15　例 6-5 图

表 6-1　输出电压值

U_{i1}	U_{i2}	二极管工作状态		U_o
		VD_1	VD_2	
0 V	0 V	导通	导通	0 V
0 V	3 V	导通	截止	0 V
3 V	0 V	截止	导通	0 V
3 V	3 V	导通	导通	3 V

6.2　半导体三极管

6.2.1　三极管的结构和分类

半导体三极管又称晶体管或三极管，它由两个 PN 结组成，从中引出三个电极，然后用管壳封装而成。三极管的类型很多，按材料分，可分为硅管和锗管；按类型分，可分为平面型和合金型；按工作频率分，可分为高频管和低频管；按内部结构分，可分为 NPN 型和 PNP 型。

无论是 NPN 型管还是 PNP 型管，它们内部均含有三个区：发射区、基区、集电区，其结构示意图如图 6.16(a)、(b)所示。这三个区的作用分别是：发射区是用来发射载流子的，基区是用来控制载流子的传输的，集电区是用来收集载流子的。从三个区各引出一个金属电极，分别称为发射极(e)、基极(b)和集电极(c)；同时在三个区的两个交界处分别形成两

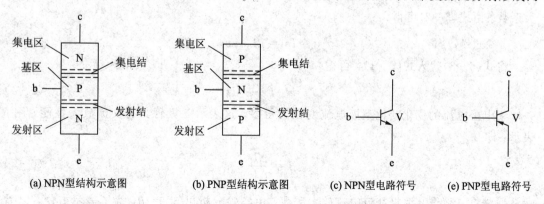

(a) NPN型结构示意图　　(b) PNP型结构示意图　　(c) NPN型电路符号　　(e) PNP型电路符号

图 6.16　三极管的结构示意图与电路符号

个 PN 结,发射区与基区之间形成的 PN 结称为发射结,集电区与基区之间形成的 PN 结称为集电结。三极管的电路符号如图 6.16(c)、(d)所示,符号中的箭头方向表示发射结正向偏置时的电流方向。

6.2.2 三极管的电流分配与放大作用

三极管实现放大作用的外部条件是发射结正向偏置,集电结反向偏置。图 6.17(a)是为 NPN 管提供偏置的电路,U_{BB} 通过 R_b 给发射结提供正向偏置电压($U_B > U_E$),使之形成发射极电流 I_E 和基极电流 I_B;U_{CC} 通过 R_c 给集电结提供反向偏置电压($U_C > U_E$),使之形成集电极电流 I_C。这样,三个电极之间的电压关系为:$U_C > U_B > U_E$,实现了发射结的正向偏置,集电结的反向偏置。

图 6.17(b)为 PNP 管的偏置电路,和 NPN 管的偏置电路相比,电源极性正好相反。为保证三极管实现放大作用,则必须满足 $U_C < U_B < U_E$。

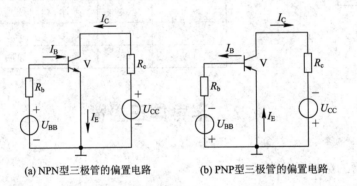

(a) NPN型三极管的偏置电路   (b) PNP型三极管的偏置电路

图 6.17　三极管具有放大作用的外部条件

由实验可得到 I_E、I_C、I_B 间的关系:

$$I_E = I_C + I_B \tag{6-1}$$

由实验可得到 I_C、I_B 间的关系:

$$\bar{\beta} = \frac{I_C}{I_B} \tag{6-2}$$

式中的 I_C 与 I_B 的比值表示其直流放大性能,用 $\bar{\beta}$ 表示。我们通常将 $\bar{\beta}$ 称作共射极直流电流放大系数。由式(6-2)可得

$$I_C = \bar{\beta} I_B \tag{6-3}$$

将式(6-3)代入式(6-1),可得

$$I_E = (1 + \bar{\beta}) I_B \tag{6-4}$$

集电极电流的变化要比基极电流变化大得多,这表示三极管具有交流放大性能,用 β 表示,即

$$\beta = \frac{\Delta I_C}{\Delta I_B} \tag{6-5}$$

通常将 β 称作共射极交流电流放大系数。由实验分析可知 $\beta = \bar{\beta}$,为了表示方便,以后不加区分,统一用 β 表示。

6.2.3 三极管的特性曲线

三极管的特性曲线是指各电极间电压和电流之间的关系曲线。它能直观、全面地反映三极管各极电流与电压之间的关系。

1. 输入特性曲线

三极管的输入特性曲线如图 6.18(a)所示(图中以硅管为例),该曲线是指当集电极与发射极之间电压 u_{CE} 一定时,输入回路中的基极电流 I_B 与基－射电压 u_{BE} 之间的关系曲线,用函数式可表示为

$$i_B = f(u_{BE})\big|_{u_{CE}=常数}$$

由图 6.18(a)可见,输入特性曲线与二极管正向特性曲线形状一样,也有一段死区,只有当 u_{BE} 大于死区电压时,输入回路才有 i_B 电流产生。常温下硅管的死区电压约为 0.5 V,锗管约为 0.1 V。另外,当发射结完全导通时,三极管也具有恒压特性。常温下,硅管的导通电压为 0.6~0.7 V,锗管的导通电压为 0.2~0.3 V。

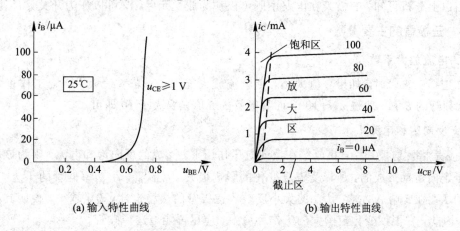

(a) 输入特性曲线　　　　　　　　(b) 输出特性曲线

图 6.18　三极管的特性曲线

2. 输出特性曲线

输出特性曲线如图 6.18(b)所示,该曲线是指当 i_B 一定时,输出回路中的 i_C 与 u_{CE} 之间的关系曲线,用函数式可表示为

$$i_C = f(u_{CE})\big|_{i_B=常数}$$

在实验中,给定不同的 i_B 值,可对应地测得不同的曲线,这样不断地改变 i_B,便可得到一组输出特性曲线,即图 6.18(b)中的一组曲线。根据输出特性曲线的形状,可将其划分成三个区域:放大区、饱和区、截止区。

1) 放大区

将 $i_B > 0$、$u_{CE} > 1$ V 的曲线比较平坦的区域称为放大区。此时,三极管的发射结正向偏置,集电结反向偏置。根据曲线特征,可总结放大区有如下重要特性:

(1) 受控特性:i_C 随着 i_B 的变化而变化,即 $i_C = \beta i_B$;

(2) 恒流特性:当输入回路中有一个恒定的 i_B 时,输出回路便对应一个不受 u_{CE} 影响的恒定的 i_C;

(3) 各曲线间的间隔大小可体现 β 值的大小。

2）饱和区

将 $u_{CE} \leqslant u_{BE}$ 时的区域称为饱和区。此时，发射结和集电结均处于正向偏置，三极管失去了基极电流对集电极电流的控制作用，这时，i_C 由外电路决定，而与 i_B 无关。将此时所对应的 u_{CE} 值称为饱和压降，用 U_{CES} 表示。一般情况下，小功率管的 U_{CES} 小于 0.4 V（硅管约为 0.3 V，锗管约为 0.1 V），大功率管的 U_{CES} 约为 1～3 V。在理想条件下，$U_{CES} \approx 0$，三极管 c-e 之间相当于短路状态，类似于开关闭合。

3）截止区

一般将 $i_B = 0$ 以下的区域称为截止区。$i_B = 0$，$i_C = I_{CEO}$，此时，发射结零偏或反偏，集电结反偏，即 $u_{BE} \leqslant 0$，$u_{CB} > 0$。这时，$u_{CB} = U_{CC}$，三极管的 c-e 之间相当于开路状态，类似于开关断开。

在实际分析中，常把以上三种不同的工作区域又称为三种工作状态，即放大状态、饱和状态及截止状态。

由以上分析可知，三极管在电路中既可以作为放大元件，又可以作为开关元件使用。

6.2.4 三极管的主要参数

1. 电流放大系数

在选择三极管时，如果 β 值太小，则电流放大能力差；若 β 值太大，则工作稳定性变差。低频管的 β 值一般选 20～100，而高频管的 β 值只要大于 10 即可。

2. 反向饱和电流 I_{CBO}

I_{CBO} 是指发射极开路，集电结在反向电压作用下，形成的反向饱和电流。因为该电流是由少子定向运动形成的，所以受温度变化的影响很大。常温下，小功率硅管的 $I_{CBO} < 1 \ \mu A$，锗管的 I_{CBO} 在 10 μA 左右。I_{CBO} 的大小反映了三极管的热稳定性，I_{CBO} 越小，说明其稳定性越好。因此，在温度变化范围大的工作环境中，应尽可能地选择硅管。

3. 穿透电流 I_{CEO}

I_{CEO} 是指基极开路，集电极-发射极间加上一定数值的反偏电压时，流过集电极和发射极之间的电流。它与 I_{CBO} 的关系为

$$I_{CEO} = (1 + \beta) I_{CBO}$$

穿透电流 I_{CEO} 的大小是衡量三极管质量的重要参数，硅管的 I_{CEO} 比锗管的小。

4. 集电极最大允许电流 I_{CM}

当集电极电流太大时，三极管的电流放大系数 β 值下降。我们把 i_C 增大到使 i_C 值下降到正常值的 2/3 时所对应的集电极电流，称为集电极最大允许电流 I_{CM}。为了保证三极管的正常工作，在实际使用中，流过集电极的电流 i_C 必须满足 $i_C < I_{CM}$。

5. 集电极-发射极间的击穿电压 $U_{(BR)CEO}$

$U_{(BR)CEO}$ 是指当基极开路时，集电极与发射极之间的反向击穿电压。当温度上升时，击穿电压 $U_{(BR)CEO}$ 要下降，故在实际使用中，必须满足 $u_{CE} < U_{(BR)CEO}$。

6. 集电极最大耗散功率 P_{CM}

集电极最大耗散功率是指三极管正常工作时最大允许消耗的功率。三极管消耗的功率

$P_C = U_{CE}I_C$ 转化为热能损耗于管内，并主要表现为温度升高。当三极管消耗的功率超过 P_{CM} 时，其发热量将使管子性能变差，甚至烧坏管子。因此，在使用三极管时，P_C 必须小于 P_{CM} 才能保证管子正常工作。

6.3 场 效 应 管

MOS 场效应管是由金属（Metal）、氧化物（Oxide）和半导体（Semiconductor）组成的，故称为 MOS 管。它利用输入电压产生的电场效应来控制输出电流，是一种电压控制型器件。MOS 管工作时只有一种载流子（多数载流子）参与导电，故也叫单极型半导体三极管。它具有很高的输入电阻，能满足高内阻信号源对放大电路的要求，是较理想的前置输入级器件。它还具有热稳定性好、功耗低、噪声低、制造工艺简单、便于集成等优点，因而得到了广泛的应用。

6.3.1 绝缘栅型场效应管的结构

场效应管有结型场效应管和绝缘栅型场效应管，根据导电沟道又可分为 N 沟道、P 沟道两种类型。绝缘栅型场效应管可分为增强型和耗尽型两大类。本节简单介绍增强型绝缘栅场效应管。N 沟道增强型绝缘栅效应管（NMOS 管）的结构如图 6.19(a) 所示，由于导电沟道有 N 沟道和 P 沟道之分，故增强型场效应管又分为 NMOS 和 PMOS 两类，它们的符号分别如图 6.19(b)、(c) 所示，区别在于衬底箭头的指向不同。

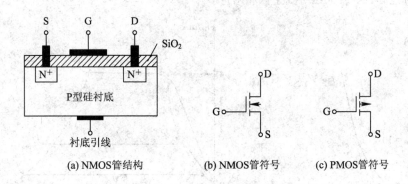

(a) NMOS管结构   (b) NMOS管符号   (c) PMOS管符号

图 6.19 增强型 MOS 管

6.3.2 场效应管的原理和特性

1. 工作原理

如图 6.20 所示，在栅、源之间加正向电压 u_{GS}，漏、源之间加正向电压 u_{DS}。当 $u_{GS}=0$ 时，D、S 两极间为两个反向串联的 PN 结，故漏极电流 $i_D=0$。当 $u_{GS}>0$ 时，产生一个由栅极指向衬底的电场，P 型衬底中的电子被电场力吸引而到达表层，形成 N 型导电沟道。形成导电沟道所需的最小 u_{GS} 称为开启电压，用 $U_{GS(th)}$ 表示。导电沟道形成后，正向电压 u_{DS} 产生漏极电流 i_D。此时，改变 u_{GS} 可以改变沟道的宽度（即改变沟道电阻的大小），因而有效地控制漏极电流 i_D，这就是 MOS 管栅极电压 u_{GS} 的控制作用。由于 N 型导电沟道里只有多数载流子（自由电子）参与导电，故场效应管又称为单极型器件。

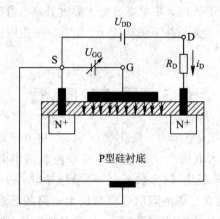

图 6.20   NMOS 管工作原理

2. 特性曲线

转移特性曲线是指在 u_{DS} 一定时,输入电压 u_{GS} 对输出电流 i_D 的控制特性曲线,如图 6.21(a)所示。转移特性曲线反映了 u_{GS} 对 i_D 的控制作用,说明场效应管是一种电压控制型器件。

输出特性曲线是指在 u_{GS} 一定时,漏极电流 i_D 与漏-源电压 u_{DS} 之间的关系曲线。如图 6.21(b)所示,输出特性曲线是一组曲线。显然,场效应管的可变电阻区、恒流区、夹断区与晶体管的饱和区、放大区、截止区相对应。

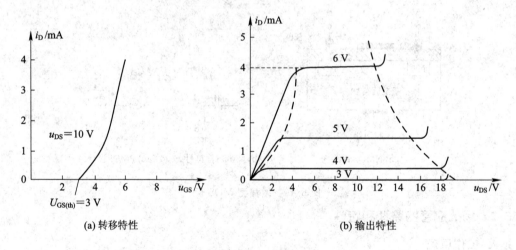

(a) 转移特性   (b) 输出特性

图 6.21   增强型 NMOS 管特性曲线

6.3.3   场效应管的主要参数及使用注意事项

1. 主要参数

开启电压 $U_{GS(th)}$:指当 u_{DS} 为常数时,使增强型管子形成沟道并开始导通时的最小 u_{GS} 值。

夹断电压 $U_{GS(off)}$:指当 u_{DS} 为常数时,使耗尽型(或结型)管的 i_D 几乎为零或等于某个微弱电流时的最小 u_{GS} 值。

直流输入电阻 R_{GS}:指栅源电压 u_{GS} 与对应的栅极电流 i_G 的比值,其值极大。

饱和漏电流 I_{DSS}：指当 $u_{GS}=0$，且 u_{DS} 为某一固定值时，通过耗尽型（或结型）管的最大漏极电流。

栅源击穿电压 $U_{(BR)GS}$：使 MOS 管栅极的 SiO_2 层击穿的电压。

低频跨导 g_m：当 u_{DS} 为常数时，漏极电流 i_D 变化量与栅源电压 u_{GS} 变化量的比值（又称为互导）。它是衡量场效应管放大能力的重要参数。

2. 场效应管使用注意事项

使用场效应管除了要根据管子的性能参数来选择外，还要注意以下两点。

（1）MOS 管的输入电阻极大，极间电容很小，栅极所感应的静电电荷不易释放，可能会形成很高电压将绝缘层击穿，造成管子的永久性损坏。因此，保存时各极需短接，使用时栅极不能开路，在电路设计中，要保持栅极与源极之间有直流通路。焊接管子时要注意防止静电损坏。

（2）MOS 场效应管中，有些产品将衬底引出（四脚），用户可以根据需要正确连接。此时，漏极与源极可互换使用。对于三个引脚的 MOS 管，其内部已将衬底与源极短路，故漏极与源极不能互换使用。

实训 6　半导体三极管特性参数的测试

1. 实训目的

（1）熟悉三极管的外形及管脚的识别方法；

（2）练习查阅半导体器件手册，熟悉三极管的类别、型号及主要性能参数；

（3）掌握用万用表判别三极管的管脚、管型与质量的方法。

2. 实训设备

万用表 1 只（指针式）、半导体器件手册、不同规格和类型的三极管。

3. 实训内容及步骤

1）用万用表检测三极管的管脚和管型

三极管的结构可以看成是两个背靠背的 PN 结，如图 6.22 所示。对 NPN 管来说，基极是两个 PN 结的公共阳极；对 PNP 管来说，基极是两个 PN 结的公共阴极。

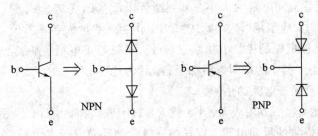

图 6.22　晶体三极管结构示意图

（1）判断三极管的管型和基极。

将万用表的功能开关拨至"$R\times1k$"挡；假设三极管中的任一电极为基极，并将黑（红）表笔始终接在假设的基极上；再用红（黑）表笔分别接触另外两个电极；轮流测试，直到测

出的两个电阻值都很小时为止，则假设的基极是正确的。这时，若黑表笔接基极，则该管为NPN 型；若红表笔接基极，则为 PNP 型。

（2）采用实验室提供的三极管，用万用表判别三极管的集电极和发射极。其测试步骤如下：

① 假定基极之外的两个管脚中的其中一个为集电极，在假定的集电极与基极之间接一电阻。图 6.23（a）中是用左手的大拇指做电阻，此时，集电极与基极不能碰在一起。

② 对于 NPN 型管，用黑表笔接假定的集电极，红表笔接发射极，红、黑表笔均不要碰基极，如图 6.23（b）所示。读出电阻值并记录于表 6-2 中。

表 6 - 2　判别三极管的发射极和集电极

管 型	红表笔	黑表笔	电阻值	假定的结论	合格否
NPN 型	假定的发射极"e"	假定的集电极"c"			
	假定的集电极"c"	假定的发射极"e"			
PNP 型	假定的发射极"e"	假定的集电极"c"			
	假定的集电极"c"	假定的发射极"e"			

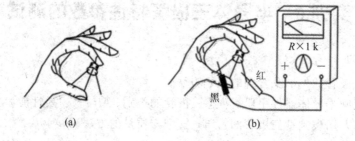

(a)　　　　　　　　(b)

图 6.23　三极管的管脚及管型的测试

③ 将另外一只管脚假定为集电极，将假定的集电极与基极顶在大拇指上，用黑表笔接假定的集电极，红表笔接发射极，红、黑表笔均不要碰基极，读出电阻值并记录；比较两次测试的电阻值，阻值小的那次假定是正确的，黑表笔接的是集电极，红表笔接的是发射极。

2）用万用表粗测晶体三极管的性能

（1）晶体三极管极间电阻的测量。

通过测量三极管极间电阻的大小，可判断管子质量的优劣。测量时，要注意量程的选择。测量小功率管时，应当用"$R \times 1k$"或"$R \times 100$"挡。测量大功率管时，则要用"$R \times 10$"或"$R \times 1$"挡。对于质量良好的中、小功率三极管，基极与集电极、基极与发射极正向电阻一般为几百欧到几千欧，其余的极间电阻都很高，约为几百千欧。硅管要比锗管的极间电阻高。

（2）晶体三极管穿透电流的估测。

如图 6.24 所示，选用万用表 $R \times 1k$（或 $R \times 100$）欧姆挡，用红、黑表笔分别搭接在集电极和发射极上测三极管的反向电阻。较好的三极管的反向电阻应大于 $50\ k\Omega$，阻值越大，说明穿透电流越小，三极管性能也就越好。若测量的限值为 0，说明三极管被击穿或引脚短路。

（3）电流放大系数 β 值的估测。

估测电流放大系数 β 值时，将万用表拨到"$R \times 1k$"挡。对于 NPN 型管，红表笔接发射极，黑表笔接集电极，测出两极之间电阻，记下阻值，然后在基极与集电极之间接入一个

100 kΩ 的电阻，如图 6.25 所示，此时的阻值比不接电阻时要小。两次测得的电阻值相差越大，则说明 β 值越大，放大能力越好；若差值很小，说明管子的放大能力很小。对于 PNP 三极管，测量时只要将红、黑表笔对调即可，其他方法完全一样。

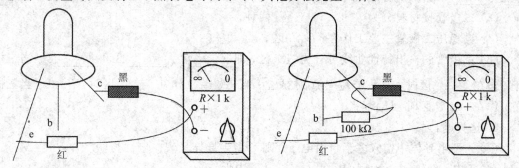

图 6.24　万用表测量穿透电流　　　　图 6.25　万用表测量电流放大系数

（4）稳定性能。

在测试穿透电流的同时，用手捏住管壳，三极管将受人体温度的影响，所测的反向电阻将减小。若万用表指针变化不大，说明三极管的稳定性较好；若万用表指针迅速右偏，说明三极管稳定性差。

采用实验室提供的三极管，用万用表检测其质量性能，并将实验数据填入表 6-3 中。

表 6-3　三极管质量性能的检测

型号	b、e 间正向电阻/kΩ	b、c 间正向电阻/kΩ	c、e 间电阻/kΩ	合格否

4. 实训报告

根据实训结果，进行总结、分析。

本 章 小 结

PN 结具有单向导电特性，它是构成各种半导体器件的基本单元，把一个 PN 结封装起来引出金属电极便构成了二极管。

二极管可用于整流、限幅、保护、开关等电路中。

半导体三极管是由三层不同性质的半导体组合而成的，其特点是具有电流放大作用。三极管实现放大作用的条件是：发射结正向偏置，集电结反向偏置。三极管的输出特性曲线可划分为三个工作区域：放大区、饱和区、截止区。在放大区，三极管具有基极电流控制集电极电流的特性，在饱和区和截止区具有开关特性。

根据三极管的结构特点，可用万用表判断三极管的类型、管脚及三极管质量的好坏。

习　　　题

1. 填空题：

（1）PN 结加正向电压，是指电源的正极接_____区，电源的负极接_____区，这种接

法叫_____。

(2) 二极管的伏安特性可简单理解为_____导通和_____截止。导通后，硅管的管压降约为_____，锗管的管压降约为_____。

(3) 二极管按材料分为_____和_____两种。

(4) 硅稳压二极管主要工作在_____区。

(5) 三极管的输出特性曲线可分为三个区，即_____区、_____区和_____区。当三极管工作在_____区时，关系式 $I_C = \bar{\beta} I_B$ 才成立；当三极管工作在_____区时，$I_C = 0$；当三极管工作在_____区时，$U_{CE} \approx 0$。

2. 选择题：

(1) P 型半导体中空穴多于自由电子，则 P 型半导体呈现的电性为（　　）。

A. 正电　　　　　　B. 负电　　　　　　C. 中性

(2) 如果二极管的正、反向电阻都很小，则该二极管（　　）。

A. 正常　　　　　　B. 已被击穿　　　　C. 内部断路

(3) 三极管是一种（　　）的半导体器件。

A. 电压控制　　　　B. 电流控制　　　　C. 既是电压控制又是电流控制

(4) 在三极管的输出特性曲线中，每一条曲线与（　　）对应。

A. 输入电压　　　　B. 基极电压　　　　C. 基极电流

3. 限幅电路如图 6.26 所示，$u_i = 2\sin\omega t$，VD_1、VD_2 均为硅管，导通电压为 0.7 V。试根据输入电压波形画出输出电压波形（必须考虑二极管的导通电压）。

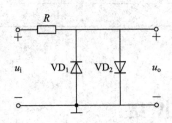 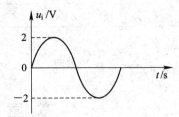

图 6.26　习题 3 图

4. 电路如图 6.27(a)、(b)、(c)、(d)所示，判断二极管是否导通，并求输出电压 u_o。（忽略二极管正向导通电压）。

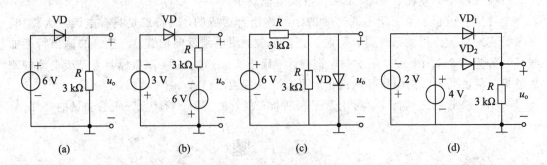

图 6.27　习题 4 图

5. 分别测得两个放大电路中三极管的各电极电位如图 6.28 所示，判断：

(1) 三极管的管脚，并在各电极上注明 e、b、c；

(2) 是 NPN 管还是 PNP 管，是硅管还是锗管。

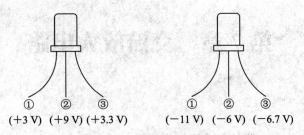

图 6.28　习题 5 图

6. 在两个放大电路中，测得三极管各极电流分别如图 6.29(a)、(b)所示。求另一个电极的电流，并在图中标出其实际方向及各电极 e、b、c。试分别判断它们是 NPN 管还是PNP 管。

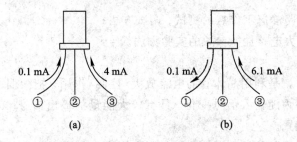

图 6.29　习题 6 图

7. 试根据三极管各电极的实测对地电压数据，判断图 6.30 中各三极管的工作区域（放大区、饱和区、截止区）。

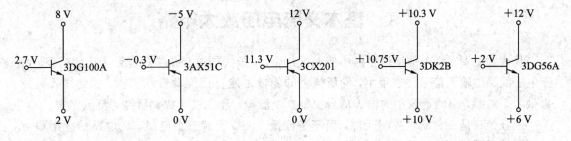

图 6.30　习题 7 图

第 7 章　交流放大电路

学习目标

(1) 掌握共射极放大电路的组成和工作原理；

(2) 掌握共射极放大电路的结构特点及工作状态的分析；

(3) 掌握两种偏置电路的静态工作点估算方法；

(4) 掌握共射极放大电路的性能特点及其参数的估算方法。

能力目标

(1) 掌握放大电路静态工作点的测试、调试方法；

(2) 掌握估算放大电路性能参数的实验方法。

放大电路实质上就是利用晶体管的电流放大（控制）作用，把微弱的输入信号放大，使直流电源的能量转换为随输入信号变化、具有较大能量的输出信号。因此，放大电路实质上是一种能量控制装置。

放大电路是电子设备的核心电路。放大电路如何实现输入信号的不失真放大，电路的结构、参数的设置对放大电路的性能有何影响，以及如何估算一个放大电路的性能指标，这些都是本章所要探讨的。

7.1　基本交流电压放大电路

从表面上看，放大是将信号由小变大，实质上，放大的过程是实现能量转换的过程。由于电子线路中输入信号往往很小，它所提供的能量不能直接推动负载工作，因此需要另外提供一个能源，由能量较小的输入信号控制这个能源，经三极管放大后推动负载工作。

三极管只是一种能量控制元件，而不是能源。三极管有三个电极，在电路的应用中可以有三种不同的连接方法（或称三种组态），即分别以发射极、集电极、基极作为输入回路和输出回路的公共端，从而构成共发射极、共集电极和共基极三种接法的放大电路，如图7.1 所示（以 NPN 管为例）。

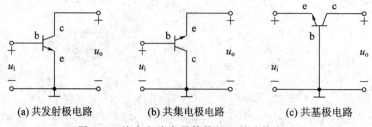

(a) 共发射极电路　　　(b) 共集电极电路　　　(c) 共基极电路

图 7.1　放大电路中晶体管的三种连接方法

三种接法的共同点是输入信号都能改变发射结压降，从而以基极电流的变化控制集电极电流，实现晶体管的电流放大（控制）作用。因此，在构成放大电路时，集电极不能作为输入端，基极不能作为输出端。

1. 电路结构组成及各元件的作用

基本共射极放大电路（以 NPN 型硅管为例）的组成如图 7.2 所示。图中的接地符号"一"（直流电源的负极）是电路中的 0 电位。输入信号 u_i、基极、发射极形成输入回路；负载 R_L（输出信号 u_o）、集电极、发射极形成输出回路。发射极是输入、输出回路的公共端，即共射极放大电路。

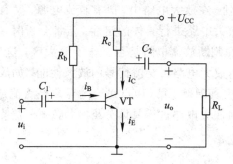

图 7.2　基本共射极放大电路

其中，三极管 VT 是放大电路的核心，起电流放大作用；R_b 是基极偏置电阻，为三极管提供适当的静态基极电流；R_c 是集电极负载电阻，将集电极的电流变化转换为集电极的电压变化；C_1 和 C_2 是耦合电容，起"隔直通交"作用，既为交流信号提供通路，同时隔离放大电路与信号源和负载之间的直流通路，使电路的工作状态稳定；R_L 为外接负载，是放大电路的驱动对象，可以是各种直接实现能量转换的部件（如扬声器等），也可以是后级放大电路的输入电阻。

显然，只要设置合适的电路参数，使直流电源 U_{CC} 通过 R_b、R_c 为三极管 VT 提供"发射结正偏、集电结反偏"的偏置电压，就能保证三极管工作在放大状态。

2. 电压、电流正方向的规定

为了便于分析，我们规定：电压的正方向都以输入、输出回路的公共端为负，其他各点均为正；电流方向以三极管各电极电流的实际方向为正方向（见图 7.2）。

（1）直流分量，如图 7.3（a）所示，用大写字母和大写字母的下标表示。如 I_B 表示基极的直流电流。

（2）交流分量，如图 7.3（b）所示，用小写字母和小写字母的下标表示。如 i_b 表示基极的交流电流。

（3）总变化量，如图 7.3（c）所示，直流分量和交流分量之和，即交流叠加在直流上，用小写字母和大写字母的下标表示。如 i_B 表示基极电流总的瞬时值，其数值为 $i_B = I_B + i_b$。

（4）交流有效值，用大写字母和小写字母的下标表示。如 I_b 表示基极的正弦交流电流的有效值。

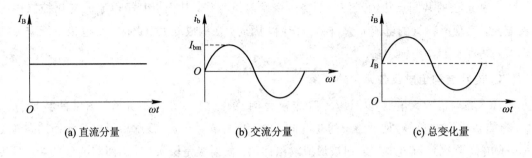

(a) 直流分量　　　　(b) 交流分量　　　　(c) 总变化量

图 7.3　三极管基极的电流波形

由图 7.2 可清楚地看到，在放大电路中，既有直流电源，又有交流信号源，因此电路中交、直流并存。在对一个放大电路进行具体的定性、定量分析时，(1) 要求出电路各处的直流电压和电流的数值，以便判断放大电路是否工作于放大区，这也是放大电路放大交流信号的前提和基础。(2) 分析放大电路对交流信号的放大性能，如放大电路的放大倍数、输入电阻、输出电阻及电路的失真问题。第(1)点讨论的对象是直流成分，第(2)点讨论的对象则是交流成分。因此，在对放大电路进行具体分析时，必须分清直流通路和交流通路。

3. 直流通路和交流通路

1) 直流通路

所谓直流通路，是指当输入信号 $u_i=0$ 时，在直流电源 U_{CC} 的作用下，直流电流所流过的路径。在画直流通路时，电路中的电容开路、电感短路。图 7.2 所对应的直流通路如图 7.4(a)所示。

2) 交流通路

所谓交流通路，是指在信号源 u_i 的作用下，只有交流电流所流过的路径。画交流通路时，放大电路中的耦合电容短路；由于直流电源 U_{CC} 的内阻很小，对交流变化量几乎不起作用，因此可看作短路。图 7.2 所对应的交流通路如图 7.4(b)所示。

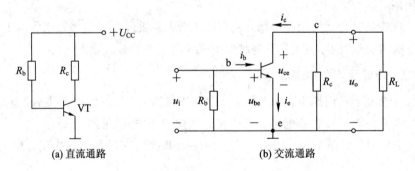

(a) 直流通路　　　　(b) 交流通路

图 7.4　基本共射极放大电路的交、直流通路

综上，可以归纳出组成基本放大电路时必须遵循的三条原则：

(1) 必须保证电路具有合适的直流工作状态。

(2) 必须保证输入交流信号能顺利地加在发射结上。

(3) 必须保证交流信号经放大后能顺利地传输给负载。

7.2　基本交流电压放大电路分析

7.2.1　静态分析

1. 静态工作点

输入信号为 0(即 $u_i = 0$)时，放大电路中只有直流电量的工作状态称为静态。静态时，电路中的各个电压、电流均为稳定值。根据直流信号在电路中流通的路径，可画出放大电路的直流通路，如图 7.5(a)所示。

静态分析的目的是通过直流通路分析放大电路中三极管的工作状态。为了使放大电路能够正常工作，三极管必须处于放大状态。因此，要求三极管各极的直流电压、直流电流，必须具有合适的静态工作参数 I_B、U_{BE}、I_C、U_{CE}。如图 7.5(a)所示，当电路中的 U_{CC}、R_c、R_b 确定以后，I_B、I_C、U_{BE}、U_{CE} 也就随之确定了。对应于这四个数值，可在三极管的输入特性曲线和输出特性曲线上各确定一个固定不动的点"Q"，如图 7.5(b)所示，这个"Q"点就称为放大电路的静态工作点，简称工作点。为了便于说明此时的电压、电流值是对应于工作点"Q"的静态参数，把它们分别记作 I_{BQ}、U_{BEQ}、I_{CQ}、U_{CEQ}。

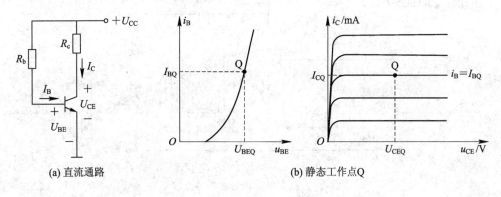

(a) 直流通路　　　　　　　(b) 静态工作点Q

图 7.5　基本放大电路的静态工作点

2. 静态工作点的估算

根据图 7.5，有

$$I_{BQ} = \frac{U_{CC} - U_{BEQ}}{R_b} \tag{7-1}$$

式中，U_{BEQ} 为发射结正向压降，一般硅管取值为 0.7 V，锗管取值为 0.3 V。

若 $U_{CC} \gg U_{BEQ}$，则有

$$I_{BQ} \approx \frac{U_{CC}}{R_b}$$

$$I_{CQ} = \beta I_{BQ} \tag{7-2}$$

$$U_{CEQ} = U_{CC} - I_{CQ} R_c \tag{7-3}$$

注意：式(7-2)成立的条件是三极管必须工作于放大区。实际中，如果 U_{CEQ} 值小于 1 V，则认为三极管已处于饱和状态，此时，电流 I_{CQ} 不再受 I_{BQ} 的控制，称这时的 I_{CQ} 为饱和电流，用 I_{CS} 表示。此时的集-射极电压为饱和压降 U_{CES}，则

$$I_{CS} = \frac{U_{CC} - U_{CES}}{R_c} \approx \frac{U_{CC}}{R_c} \qquad (7-4)$$

式(7-4)说明 I_{CS} 基本上只与 U_{CC} 及 R_c 有关，与 β 及 I_{BQ} 无关。

三极管在临界饱和状态时，其电流受控关系仍然成立，此时的基极电流称为基极临界饱和电流，用 I_{BS} 表示，即

$$I_{BS} = \frac{I_{CS}}{\beta} \approx \frac{U_{CC}}{\beta R_c}$$

如果 $I_{BQ} < I_{BS}$，则表明三极管工作于放大状态，否则为饱和状态。

7.2.2 动态分析

电路输入交流信号(即 $u_i \neq 0$)时的工作状态称为动态。当放大电路加入交流信号 u_i 时，电路中各电极的电压、电流都是由直流量和交流量叠加而成的。其波形如图 7.6 所示。

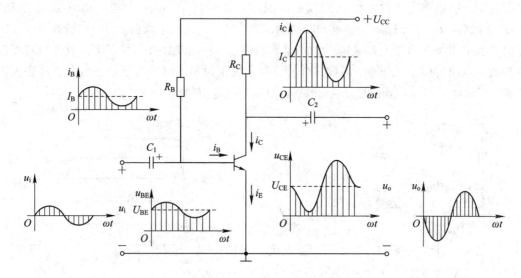

图 7.6 放大电路动态时的各点波形

u_i 通过输入耦合电容 C_1 叠加在静态的 U_{BEQ} 上，使发射结正向压降随输入信号而变，其瞬时值为 $u_{BE} = U_{BEQ} + u_i$。

u_{BE} 的变化引起基极电流的变化，基极电流的瞬时值为

$$i_B = I_{BQ} + i_b$$

由于晶体管处于放大状态，因而集电极电流的瞬时值为

$$i_C = \beta i_B = I_{CQ} + i_c$$

管压降(c、e 极之间的电压) u_{CE} 的瞬时值为

$$u_{CE} = U_{CC} - i_c R_c = U_{CC} - R_c(I_{CQ} + i_c) = U_{CC} - I_{CQ}R_c - i_c R_c = U_{CEQ} - i_c R_c$$

显然，此时电路中各电量的瞬时值由交、直流叠加而成。图 7.6 所示各信号波形中的虚线表示静态的直流分量，阴影区域的包络线(实线)则描述了电量的瞬时值。

可见，管压降 u_{CE} 中的交流分量 u_{ce} 通过输出耦合电容 C_2 成为放大电路的输出信号 u_o，即有

$$u_o = u_{ce} = -i_c R_c$$

上式表明，只要选取适当的 R_c，就可使 u_o 的幅度远大于 u_i，从而实现电压放大。

综上所述，可以得出共射极放大电路动态时的几个重要结论：

（1）在没有信号输入时，放大电路工作于静态状况下，三极管各电极有着恒定的静态电流值 I_{BQ}、I_{CQ} 和静态电压值 U_{BEQ}、U_{CEQ}（如图 7.6 中的虚线所示）。

（2）当加入变化的输入信号后，放大电路工作于动态状况下，三极管各电极的电流、电压瞬时值是在静态电流、电压的基础上，叠加了随输入信号 u_i 变化的交流分量 i_b、i_c。其值的方向（或极性）在小信号情况下是不变的（即保持原来直流量的方向），大小随着 u_i 的变化而变化。

（3）输出电压 u_o 和输出电流 i_c 的变化规律与输入电压 u_i 和输入电流 i_b 一致，且 u_o 比 u_i 幅度大得多，这就完成了对交流信号的不失真放大。

（4）输出电压信号与输入信号频率相同，相位相反（相位差为 180°），即共射极放大电路对输入信号具有"反相"作用，故共射极放大电路又称为反相器。

7.2.3 放大电路的波形失真现象

1. 演示电路

演示电路如图 7.7 所示。

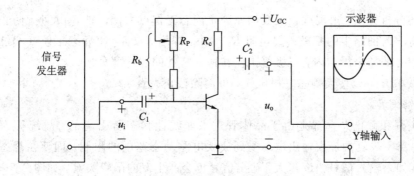

图 7.7 演示电路

2. 演示过程

通过信号发生器产生一频率为 1000 Hz 的正弦波信号 u_i，输入放大电路，调整 u_i 的幅值和电位器 R_P，通过示波器在输出端可观察到最大不失真输出信号的波形，如图 7.8(a) 所示。

调节 R_P，使 R_b 减小，通过示波器在输出端可观察到图 7.8(b)所示的饱和失真（底部失真）信号。

调节 R_P，使 R_b 增大，通过示波器在输出端可观察到图 7.8(c)所示的截止失真（顶部失真）信号。

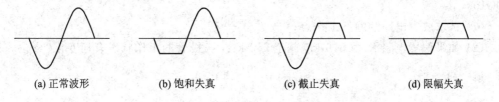

(a) 正常波形　　　(b) 饱和失真　　　(c) 截止失真　　　(d) 限幅失真

图 7.8 放大电路的输出波形

1) 饱和失真(底部失真)

当基极偏置电阻过小(静态工作点过高)时,在输入信号的正半周,容易使得晶体管的 $U_{CE}<U_{BE}$(集电结正偏)而进入饱和状态,集电极电流不能随基极电流相应变化,其正半周的顶部被削去,导致输出信号负半周的底部失真,如图 7.8(b)所示。这种现象是由于晶体管进入饱和状态所引起的,称为饱和失真。

由上述分析可知,出现饱和失真的原因是静态工作点偏高,即 I_{BQ} 太大,从而引起 I_{CQ} 太大。只要将输入回路中的基极偏置电阻 R_b 增大,降低 I_{BQ}、I_{CQ},从而使静态工作点 Q 下降,进入三极管放大区的中间位置,便可解决饱和失真的问题。此过程也可通过演示电路验证。另外,还可以通过调节 R_c 的大小来改善饱和失真。

适当增大 R_b,以减小静态基极电流,可消除饱和失真。

2) 截止失真(顶部失真)

当基极偏置电阻过大(静态工作点过低)时,在输入信号的负半周,晶体管则因发射结反偏而进入截止状态,使基极电流、集电极电流负半周的底部被削去,导致输出信号正半周的顶部失真,如图 7.8(c)所示。这种现象是由于晶体管进入截止状态引起的,称为截止失真。

由上述分析可知,出现截止失真的原因是静态工作点太低,即 I_{BQ} 太小。防止截止失真的办法是将输入回路中的基极偏置电阻 R_b 减小,即增大 I_{BQ},使静态工作点 Q 上移,以保证在输入信号的整个周期内,三极管工作在输入特性的线性部分。

适当减小 R_b,以增大静态基极电流,可消除截止失真。

3) 限幅失真

饱和失真和截止失真都是由于晶体管进入非线性状态所引起的,故统称为非线性失真。放大电路不失真的最大输出电压受到放大电路动态范围的限制。即使在静态工作点比较合适时,如果输入信号幅度过大,输出信号也会产生双向限幅失真,如图 7.8(d)所示。

适当减小输入信号的幅度,可以消除限幅失真。

7.3　分压式偏置放大电路

静态工作点的稳定性主要由电路的结构即直流偏置方式决定。

7.3.1　固定偏置式电路

图 7.2 所示的基本共射极放大电路称为固定偏置式共射极电路。其直流通路如图 7.4(a)所示,静态工作点的估算方法参见式(7-1)~式(7-3)。

例 7-1　在图 7.2 中,已知 $U_{CC}=20$ V,$R_c=6.8$ kΩ,$R_b=510$ kΩ,三极管为 3DG100,$\beta=45$。

(1) 试求放大电路的静态工作点;

(2) 如果偏置电阻 R_b 由 510 kΩ 减至 240 kΩ,三极管的工作状态有何变化?

解　(1)
$$I_{BQ}\approx\frac{U_{CC}}{R_b}=\frac{20}{510}\approx40\ \mu A$$

$$I_{BS}=\frac{I_{CS}}{\beta}\approx\frac{U_{CC}}{\beta R_c}\approx65\ \mu A$$

因为 $I_{BQ} < I_{BS}$，所以电路中的三极管处于放大区，有

$$I_{CQ} = \beta I_{BQ} = 45 \times 0.04 = 1.8 \text{ mA}$$

$$U_{CEQ} = U_{CC} - I_{CQ} R_c = 20 - 1.8 \times 6.8 = 7.8 \text{ V}$$

(2) 当 R_b 由 510 kΩ 减至 240 kΩ 时，有

$$I_{BQ} \approx \frac{U_{CC}}{R_b} = \frac{20}{240} \approx 80 \ \mu\text{A} > I_{BS}$$

因为 $I_{BQ} > I_{BS}$，所以三极管已进入饱和状态，此时有

$$U_{CEQ} = U_{CES} = 0.3 \text{ V}$$

$$I_{CQ} = I_{CS} \approx \frac{U_{CC}}{R_c} = \frac{20}{6.8} = 2.9 \text{ mA}$$

固定偏置式电路结构简单，但静态工作点不稳定。例如当 I_{BQ} 固定时，温度升高，β 值增大，I_{CQ} 增大，U_{CEQ} 减小，使 Q 点发生变化。

7.3.2　分压式偏置电路

1. 电路组成

如图 7.9 所示，与固定偏置式电路不同的是，基极直流偏置电位 U_B 是由 R_{b1} 和 R_{b2} 对 U_{CC} 分压取得的，故这种电路称为分压式偏置电路；同时，电路中又增加了发射极电阻 R_e，用来稳定电路的静态工作点。该电路主要的特点是具有稳定的基极电位。

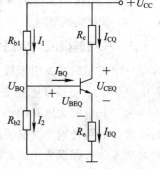

2. 静态工作点的估算

当三极管工作在放大区时，I_B 很小，当满足 $I_1 \gg I_B$ 时，U_{BQ} 基本固定不变，则有

$$U_{BQ} \approx \frac{R_{b2}}{R_{b1} + R_{b2}} U_{CC}$$

$$I_{EQ} = \frac{U_{BQ} - U_{BEQ}}{R_e}$$

$$I_{CQ} \approx I_{EQ}$$

图 7.9　分压式偏置电路

$$I_{BQ} = \frac{I_{CQ}}{\beta}$$

$$U_{CEQ} \approx U_{CC} - I_{CQ}(R_c + R_e)$$

3. Q 点的稳定

当温度 T 上升（或 β 值增大）使 $I_{CQ}(I_{EQ})$ 增大时，发射极电阻 R_e 上的压降 U_{EQ}（$U_{EQ} = I_{EQ} \times R_e$）也将增大，因基极电位 U_{BQ} 保持恒定，故 U_{EQ} 的增大使 U_{BEQ}（$U_{BEQ} = U_{BQ} - U_{EQ}$）减小，引起 I_{BQ} 减小，使 I_{CQ} 相应减小，I_{CQ} 稳定了，从而稳定了静态工作点。故分压式偏置电路通常又称为静态工作点稳定电路。

例 7 - 2　图 7.9 的放大电路中，已知三极管的参数为 $\beta = 50$，$R_{b1} = 50$ kΩ，$R_{b2} = 20$ kΩ，$U_{BEQ} = 0.7$ V，$R_c = 5$ kΩ，$R_e = 2.7$ kΩ，$U_{CC} = +12$ V。

(1) 试求放大电路的静态工作点；

(2) 如果三极管的 β 值增大 1 倍，那么放大电路的 Q 点将发生什么变化？

解 （1）

$$U_{BQ}=\frac{R_{b2}}{R_{b1}+R_{b2}}U_{CC}=\frac{20}{20+50}\times12=3.4\text{ V}$$

$$U_{EQ}=U_{BQ}-U_{BEQ}=3.4-0.7=2.7\text{ V}$$

$$I_{CQ}\approx I_{EQ}=\frac{U_{EQ}}{R_e}=\frac{2.7}{2.7}=1\text{ mA}$$

$$I_{BQ}=\frac{I_{CQ}}{\beta}=\frac{1}{50}=0.02\text{ mA}$$

$$U_{CEQ}\approx U_{CC}-I_{CQ}(R_c+R_e)=12-1\times(5+2.7)=4.3\text{ V}$$

由于 $U_{CEQ}>1$ V，因此三极管工作在放大状态。

（2）在这种电路中，β 值增大 1 倍，U_{BQ}、U_{EQ}、I_{CQ}、I_{EQ} 和 U_{CEQ} 均可认为基本不变，电路仍然可以正常工作，这正是分压式工作点稳定电路的优点。但此时 I_{BQ} 将减小，即

$$I_{BQ}=\frac{I_{CQ}}{\beta}=\frac{1}{100}=0.01\text{ mA}$$

4. 分压式偏置电路的特点

（1）估算静态工作点的顺序：先分析基极的直流电位 U_{BQ}，再分析集电极直流电流 I_{CQ}，最后分析集电极与发射极之间的直流电压 $U_{CEQ}(I_{BQ})$。

（2）集电极电流仅由偏置电阻决定，与三极管参数无关，因而静态工作点稳定。

（3）基极电流随 β 值而变，对静态工作点无影响。

7.3.3　共发射极放大电路性能指标的估算

一个实用的共发射极放大电路（简称共射极电路）如图 7.10(a) 所示。在 R_e 两端并联发射极电容 C_e，使得发射极交流接地，避免了交流信号在 R_e 上的损耗（衰减）。

为了分析放大电路的动态工作情况，估算放大电路的性能指标，首先按交流信号在电路中流通的路径画出交流通路，如图 7.10(b) 所示。其中，放大电路中的耦合电容、旁路电容对交流信号都视为短路；直流电源内阻很小（相当于一个极大的电容），对交流信号也视为短路。

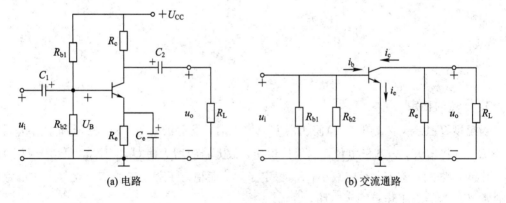

(a) 电路　　　　　　　(b) 交流通路

图 7.10　共发射极放大电路

1. 三极管的微变等效电路

如图 7.5 所示，在三极管的输入特性曲线上，如果选择了合适的静态工作点 Q，而且输入的是很小（微变）的信号，则可将 Q 点附近的一小段曲线视为直线，三极管 b、e 极之间

就可用一个等效电阻 r_{be} 来表示，即三极管的输入电阻为

$$r_{be} = \frac{u_{be}}{i_b}$$

在输出特性曲线上，Q 点附近是一组与横轴平行的直线，三极管的 c、e 极之间可等效为一个受控电流源，输出电流 $i_c = \beta i_b$。因三极管的输出电阻 r_{ce} 极大（恒流特性），故可将其看作理想电流源。

由此可见，非线性的三极管在一定条件下可等效为一个线性的电路模型，如图 7.11 所示。其中的输入电阻 r_{be} 是一个动态电阻（其值随 I_{EQ} 而变），计算 r_{be} 时，可以用 I_{CQ} 代替 I_{EQ}。三极管工作在小电流（如 $I_{CQ} = 1 \sim 2$ mA）时，r_{be} 约为 1 kΩ。其中，

$$r_{be} = 300 + \frac{(1+\beta)26(mV)}{I_{EQ}(mV)}$$

或

$$r_{be} = 300 + \frac{26(mV)}{I_{BQ}(mV)}$$

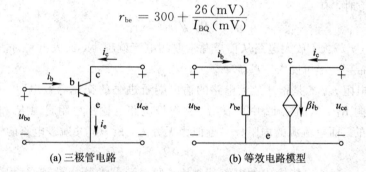

(a) 三极管电路　　**(b) 等效电路模型**

图 7.11　三极管微变等效电路模型

把图 7.10(b) 所示交流通路中的三极管用微变等效电路替换，可得到放大电路的微变等效电路，如图 7.12 所示。其中，$R_b = R_{b1} /\!/ R_{b2}$。

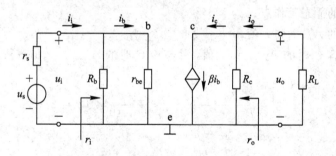

图 7.12　共发射极放大电路的微变等效电路

2. 共发射极放大电路基本动态参数的估算

（1）电压放大倍数 A_u。A_u 反映了放大电路对电压信号的放大能力，定义为电路的输出电压 u_o 与输入电压 u_i 之比，即

$$A_u = \frac{u_o}{u_i}$$

按图 7.12 所示的参考方向，可得 $u_o = -i_o R_L' = -i_b \beta R_L'$，$u_i = i_b r_{be}$，其中 $R_L' = R_C /\!/ R_L$，称为交流等效负载，所以

$$A_u = \frac{u_o}{u_i} = \frac{-i_b \beta R_L'}{i_b r_{be}} = -\frac{\beta R_L'}{r_{be}} \qquad (7-5)$$

式中，"－"表示输出信号与输入信号的相位相反。

若电路输出端不接负载，即 $R_L = \infty$，则 $R_L' = R_c /\!/ R_L = R_c$，故空载电压放大倍数为

$$A_u = -\frac{\beta R_c}{r_{be}} \qquad (7-6)$$

显然，放大电路接上负载后，电压放大倍数减小了。若忽略 R_b 的分流影响，则 $i_i \approx i_b$，$i_o \approx i_c$，故共射极电路的电流放大倍数 $A_i = \frac{i_o}{i_i} = \beta$。

（2）输入电阻 r_i。r_i 是指从放大电路的输入端看进去的交流等效电阻。注意，r_i 与信号源无关，不包括信号源内阻 r_s。

从图 7.12 可看出，共射极电路的输入电阻为 $r_i = R_b /\!/ r_{be}$。其中，$R_b = R_{b1} /\!/ R_{b2}$。

当 $R_b \gg r_{be}$ 时，有

$$r_i = R_b /\!/ r_{be} \approx r_{be} \qquad (7-7)$$

分析可知，r_i 越大，放大电路从信号源索取的电流就越小，放大电路对信号源的影响也就越小。通常希望 r_i 尽可能大一些。

（3）输出电阻 r_o。r_o 是指从放大电路的输出端看进去的交流等效电阻，r_o 与负载无关，不包括负载电阻 R_L。从图 7.12 中可看出，共射极电路的输出电阻是由 R_c 和电流源并联的电阻共同决定的，而电流源的内阻(r_{ce})近似为无穷大，所以，共射极电路的输出电阻为

$$r_o \approx R_c \qquad (7-8)$$

分析可知，r_o 越小，能输出的电流就越大，驱动负载的能力就越强。因而希望 r_o 尽量小些。

例 7 – 3　放大电路如图 7.10(a)所示，其中硅三极管的 $\beta = 50$，电阻 $R_{b1} = 50\ \text{k}\Omega$，$R_{b2} = 10\ \text{k}\Omega$，$R_c = 6\ \text{k}\Omega$，$R_e = 1.3\ \text{k}\Omega$，$R_L = 6\ \text{k}\Omega$，电源 $U_{CC} = 12\ \text{V}$。试求：

（1）该电路的静态工作点；

（2）该电路的 A_u、r_i 和 r_o 值；

（3）不接电容 C_e 时的 A_u、r_i 和 r_o 值，并与接 C_e 时的 A_u、r_i、r_o 值进行比较。

解　（1）

$$U_{BQ} = \frac{R_{b2}}{R_{b1} + R_{b2}} U_{CC} = \frac{10}{50+10} \times 12 = 2\ \text{V}$$

$$U_{EQ} = U_{BQ} - U_{BEQ} = 2 - 0.7 = 1.3\ \text{V}$$

$$I_{CQ} \approx I_{EQ} = \frac{U_{BQ} - U_{BEQ}}{R_e} = \frac{1.3}{1.3} = 1\ \text{mA}$$

$$U_{CEQ} \approx U_{CC} - I_{CQ}(R_c + R_E) = 12 - 1 \times (6 + 1.3) = 4.7\ \text{V}$$

$$I_{BQ} = \frac{I_{CQ}}{\beta} = \frac{1}{50} = 0.02\ \text{mA}$$

$$r_{be} = 300 + (1+\beta)\frac{26}{I_{EQ}} = 300 + 51 \times \frac{26}{1} = 1626\ \Omega \approx 1.6\ \text{k}\Omega$$

（2）

$$A_u = \frac{-\beta R_L'}{r_{be}} = -\frac{50 \times (6 /\!/ 6)}{1.6} \approx -93.8$$

$$r_i = R_{b1} \mathbin{/\!/} R_{b2} \mathbin{/\!/} r_{be} = 50 \mathbin{/\!/} 10 \mathbin{/\!/} 1.6 \approx 1.2 \text{ k}\Omega$$
$$r_o = R_c = 6 \text{ k}\Omega$$

（3）不接电容 C_e 时，电路图 7.10(a)所对应的微变等效电路如图 7.13 所示。根据电路图可得

$$A_u = \frac{-\beta R_L^{'}}{r_{be} + (1+\beta)R_e} = \frac{-50 \times (6 \mathbin{/\!/} 6)}{1.6 + 51 \times 1.3} \approx -2.2$$
$$r_i = R_{b1} \mathbin{/\!/} R_{b2} \mathbin{/\!/} [r_{be} + (1+\beta)R_e]$$
$$= 50 \mathbin{/\!/} 10 \mathbin{/\!/} [1.6 + 51 \times 1.3]$$
$$= 7.4 \text{ k}\Omega$$
$$r_o = R_c = 6 \text{ k}\Omega$$

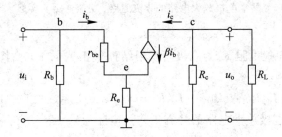

图 7.13 不接 C_e 时的微变等效电路

在实际工作中，共发射极放大电路电源电压的波动、元器件的老化以及温度都会对稳定静态工作点有影响，特别是温度升高对静态工作点稳定的影响最大。当温度升高时，三极管的 β 值将增大，穿透电流 I_{CEO} 增大，U_{BE} 减小，从而使三极管的特性曲线上移。温度升高最终导致三极管的集电极电流 i_C 增大，U_{CE} 减小。因此为了稳定静态工作点，在实际使用时要采用分压式偏置电路。

7.3.4 共集电极放大电路

共集电极放大电路如图 7.14 所示。由图 7.14 可知，输入电压加在基极与集电极之间，而输出电压从发射极与集电极之间取出，集电极成为输入、输出信号的公共端，所以称为共集电极放大电路。又由于它们的负载位于发射极上，被放大的信号从发射极输出，因此又称作射极输出器。

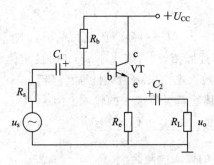

图 7.14 共集电极放大电路

图 7.15(a)、(b)分别是图 7.14 的直流通路和交流通路。下面我们将对共集电极放大电路进行静态分析和动态分析。

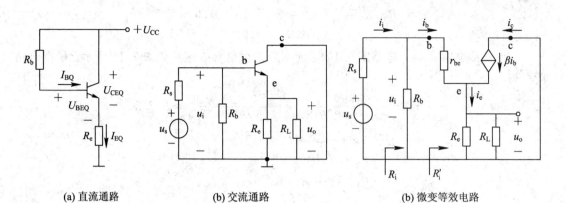

(a) 直流通路   (b) 交流通路   (b) 微变等效电路

图 7.15　共集电极放大电路的直流通路、交流通路、微变等效电路

1. 静态分析

直流电源 U_{CC} 经偏置电阻 R_b 为三极管发射结提供正偏电压，由图 7.15(a) 可列出输入回路的直流方程为

$$U_{CC} = I_{BQ}R_b + U_{BEQ} + I_{EQ}R_e = I_{BQ}R_b + U_{BEQ} + (1+\beta)I_{BQ}R_e$$

由此可求得共集电极放大电路的静态工作点电流为

$$I_{BQ} = \frac{U_{CC} - U_{BEQ}}{R_b + (1+\beta)R_e}$$

$$I_{CQ} = \beta I_{BQ} \approx I_{EQ}$$

由图 7.15(a) 所示集电极回路可得

$$U_{CEQ} = U_{CC} - I_{EQ}R_e$$

2. 动态分析

根据图 7.15(b) 所示交流通路可画出放大电路的微变等效电路，如图 7.15(c) 所示。由图可求得其集电极放大电路的主要性能指标：

$$u_i = i_b r_{be} + i_e(R_e \mathbin{/\mkern-5mu/} R_L) = i_b r_{be} + (1+\beta)i_b R_L'$$

$$u_o = i_e(R_e \mathbin{/\mkern-5mu/} R_L) = (1+\beta)i_b R_L'$$

因此电压放大倍数为

$$A_u = \frac{u_o}{u_i} = \frac{(1+\beta)R_L'}{r_{be} + (1+\beta)R_L'}$$

其中，$R_L' = R_L \mathbin{/\mkern-5mu/} R_e$，一般有 $r_{be} \ll (1+\beta)R_L'$，因此，$A_u = 1$，这说明共集电极放大电路的输出电压与输入电压不仅大小近似相等（u_o 略小于 u_i），而且相位相同，即输出电压有跟随输入电压的特点，故共集电极放大电路又称为"射极跟随器"。

由图 7.15(c) 可得从晶体管基极看进去的输入电阻为

$$R_i' = \frac{u_i}{i_b} = \frac{i_b r_{be} + (1+\beta)i_b R_L'}{i_b} = r_{be} + (1+\beta)R_L'$$

因此共集电极放大电路的输入电阻为

$$R_i = \frac{u_i}{i_i} = R_b \mathbin{/\mkern-5mu/} R_i' = R_b \mathbin{/\mkern-5mu/} \left[r_{be} + (1+\beta)R_L'\right]$$

计算放大电路输出电阻 R_o 的等效电路如图 7.16 所示。图中 u 为由输出端断开 R_L 接入

的交流电源,由它产生的电流为

$$i = i_{R_e} - i_b - \beta i_b = \frac{u}{R_e} + (1+\beta)\frac{u}{r_{be} + R_s'}$$

式中,$R_s' = R_s \mathbin{/\!/} R_b$。

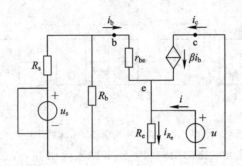

图 7.16 求共集电极放大电路输出电阻的等效电路

由此可得共集电极放大电路的输出电阻为

$$R_o = \frac{u}{i} = \frac{1}{\dfrac{1}{R_e} + \dfrac{1}{(r_{be} + R_s')/(1+\beta)}} = R_e \mathbin{/\!/} \frac{r_{be} + R_s'}{1+\beta}$$

3. 共集电极放大电路的特点

(1) 输出电压与输入电压同相,输出电压略小于输入电压;

(2) 输入电阻大;

(3) 输出电阻小。

4. 共集电极放大电路的应用

共集电极放大电路的三个特点决定了它在电路中的广泛应用。

(1) 用于高输入电阻的输入级。由于它的输入电阻高,通过信号源吸取的电流小,对信号源影响小,因此,在放大电路中多将其用作高输入电阻的输入级。

(2) 用于低输出电阻的输出级。放大电路的输出电阻越小,带负载能力越强。当放大电路接入负载或负载变化时,对放大电路影响就小,这样可以保持输出电压的稳定。射极输出器输出电阻小,正好适用于多级放大电路的输出级。

(3) 用于两级共发射极放大电路之间的隔离级。在共发射极放大电路的级间耦合中,往往存在着前级输出电阻大、后级输入电阻小这种阻抗不匹配的现象,这将造成耦合中的信号损失,使放大倍数下降。利用射极输出器输入电阻大、输出电阻小的特点,将它接入上述两级放大电路之间,就可在隔离前级的同时起到阻抗匹配的作用。

7.4 多级放大电路

前面所分析的信号放大电路都是由一个晶体管组成的单级放大电路,它们的放大倍数是有限的。在实际应用中,如通信系统、自动控制系统、检测装置中,所输入的信号是极微弱的,需将其放大到几千倍甚至更大,才能驱动执行机构如扬声器、伺服电机和测量仪表等的正常工作。

7.4.1 多级放大电路的组成

一个多级放大电路可分为输入级、中间级和输出级三部分，如图 7.17 中的虚线框所示。其中的中间级主要是进行电压放大的，通常由若干级共射极电路组成，以获得足够高的电压信号。

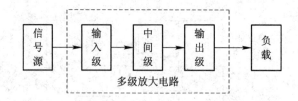

图 7.17 多级放大电路的结构框图

输入级是多级信号放大电路的第一级，要求输入电阻高，它的任务是从信号源获取更多的信号；中间级是进行信号放大，提供足够大的电压放大倍数；输出级要求输出电阻很小，有很强的带负载的能力。

放大电路级与级之间的连接称为"耦合"，耦合方式主要有三种：阻容耦合、变压器耦合和直接耦合等。

（1）阻容耦合：级与级之间通过电容连接。其特点是各级电路的静态工作点相互独立，互不影响，便于电路设计、调试；但不能放大直流与变化缓慢的信号，不适用于集成电路。两级阻容耦合放大电路如图 7.18 所示。

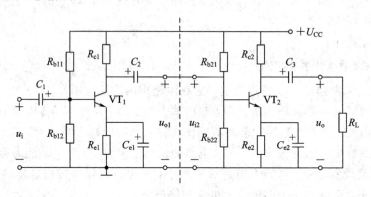

图 7.18 两级阻容耦合放大电路

（2）直接耦合：级与级之间直接用导线连接起来。其特点是既可以放大交流信号，也可以放大直流和变化非常缓慢的信号；电路简单，便于集成（集成电路中的耦合方式）；但存在各级静态工作点相互牵制及零点漂移等问题。直接耦合放大电路如图 7.19 所示。

（3）变压器耦合：级与级之间通过变压器连接。其特点是各级电路的静态工作点相互独立，互不影响；容易实现阻抗变换，可获得较大的输出功率；但不能传送直流和变化缓慢的信号，频率特性差、体积大、成本高，不适用于集成电路。变压器耦合放大电路如图 7.20

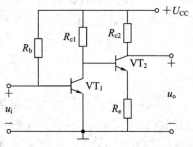

图 7.19 直接耦合放大电路

所示。

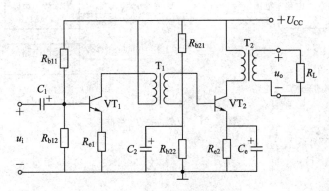

图 7.20　变压器耦合放大电路

7.4.2　多级放大电路的性能指标估算

在多级放大电路中，提高每级电路的输入电阻以及降低每级电路的输出电阻，对提高整个多级放大电路的放大能力有重要的作用。

1. 电压放大倍数

多级放大电路将输入信号依次逐级放大，总的电压放大倍数是各级电压放大倍数的乘积，即 n 级放大电路总的电压放大倍数为

$$A_u = A_{u1} A_{u2} A_{u3} \cdots A_{un} \tag{7-9}$$

注意：计算时，将后一级电路的输入电阻作为前一级电路的负载，前一级的输出电压是后一级的输入电压。

2. 输入电阻与输出电阻

多级放大电路的输入电阻即输入级的输入电阻，输出电阻就是输出级的输出电阻，即

$$r_i = r_{i1} \tag{7-10}$$

$$r_o = r_{on} \tag{7-11}$$

7.5　放大电路中的负反馈

7.5.1　反馈的基本概念

凡是将放大电路输出信号 X_o（电压或电流）的一部分或全部通过某种电路（反馈电路）引回到输入端，就称为反馈。若引回的反馈信号削弱输入信号而使放大电路的放大倍数降低，则称这种反馈为负反馈；若反馈信号增强输入信号，则为正反馈。

图 7.21(a)、(b)分别为无负反馈的基本放大电路和带有负反馈的放大电路的框图。

7.5.2　反馈放大电路的一般表达式

由图 7-21(b)可知，净输入为

$$\dot{X}_{id} = \dot{X}_i - \dot{X}_f \tag{7-12}$$

基本放大电路的开环增益为

$$\dot{A} = \frac{\dot{X}_o}{\dot{X}_{id}} \tag{7-13}$$

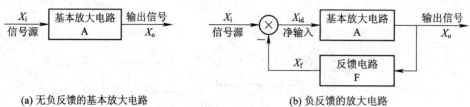

(a) 无负反馈的基本放大电路　　　　(b) 负反馈的放大电路

图 7.21　反馈放大电路框图

反馈网络的反馈系数为

$$\dot{F} = \frac{\dot{X}_f}{\dot{X}_o} \tag{7-14}$$

负反馈放大电路的闭环放大倍数(或称闭环增益)为

$$\dot{A}_f = \frac{\dot{X}_o}{\dot{X}_i} \tag{7-15}$$

将式(7-12)~式(7-14)代入式(7-15),可得出负反馈放大电路增益的一般表达式为

$$\dot{A}_f = \frac{\dot{X}_o}{\dot{X}_i} = \frac{\dot{X}_o}{\dot{X}_{id} + \dot{X}_f} = \frac{\dot{X}_o}{\dot{X}_o/\dot{A} + \dot{F}\dot{X}_o} = \frac{\dot{A}}{1 + \dot{A}\dot{F}} \tag{7-16}$$

式(7-16)即负反馈放大器放大倍数(即闭环放大倍数)的一般表达式,又称为基本关系式,它反映了闭环放大倍数与开环放大倍数及反馈系数之间的关系。

必须说明的是,对于不同的反馈类型,式(7-16)中各量具有不同的含义和量纲,电压、电流、电阻、电导,也可以无量纲。

7.5.3　反馈类型的判别方法

1. 有无反馈的判别

判断有无反馈,就是判断有无反馈通道,检查电路中是否存在反馈元件。反馈元件是指在电路中把输出信号回送到输入端的元件。反馈元件可以是一个或若干个,比如,可以是一根连接导线,也可以是由一系列运放、电阻、电容和电感组成的网络,但它们的共同点是一端直接或间接地接于输入端,另一端直接或间接地接于输出端。

2. 正、负反馈的判断

用瞬时极性法,首先在放大器输入端设输入信号的极性为"+"或"-",再依次按相关点的相位变化推出各点对地交流瞬时极性,最后根据反馈回输入端(或输入回路)的反馈信号瞬时极性看其效果,使净输入信号减少的是负反馈,否则是正反馈。

例 7-4　用瞬时极性法判别图 7.22 反馈电路的反馈极性。

解　对于图 7.22(a)所示电路,电压瞬时极性为正,则输出电压瞬时极性为正(运放相位关系决定);通过反馈电路 R_1 将输出电压反送到反相端,形成反馈电压,用 u_f 表示,且瞬时极性为正;由于 $u_{id} = u_i - u_f$,会使正极性的净输入量 u_{id} 减小,因此,此电路为负反馈。

对于图 7.22(b)所示电路,假定 u_i 为正,则反相端电压瞬时极性为正,则输出电压瞬时极性为负;通过反馈电路 R_1 将输出电压反送到同相端,形成反馈电压,用 u_f 表示,且瞬时极性为负;运放的净输入信号 $u_{id} = u_i - u_f$ 的负极性会使净输入量 u_{id} 增大,因此,此电路为正反馈。

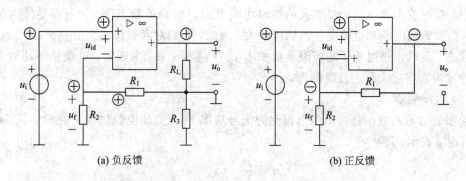

(a) 负反馈　　　　　　　　　　　　　(b) 正反馈

图 7.22　运放构成的反馈放大电路

3. 直流反馈与交流反馈

按照反馈信号的成分来划分，有直流反馈与交流反馈。放大电路中存在着直流分量和交流分量，反馈信号也是如此。若反馈的信号仅有交流成分，则称为交流反馈，仅对输入回路中的交流成分有影响；若反馈的信号仅有直流成分，则称为直流反馈，仅对输入回路中的直流成分有影响，例如，静态工作点稳定电路就是直流反馈。若反馈信号中既有交流量，又有直流量，则反馈对电路的交流性能和直流性能都有影响。

图 7.23 中，图(a)中反馈信号的交流成分被 C_e 旁路掉，在 R_e 上产生的反馈信号只有直流成分，因此是直流反馈；图(b)中直流反馈信号被 C 隔离，仅通交流，不通直流，因而为交流反馈。若将图(a)中电容 C_e 去掉，即 R_e 不再并联旁路电容，则 R_e 两端的压降既有直流成分，又有交流成分，因而是交直流反馈。

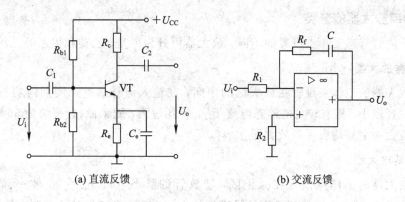

(a) 直流反馈　　　　　　　　　　　　(b) 交流反馈

图 7.23　直流反馈和交流反馈

7.6　互补对称功率放大电路

7.6.1　功率放大器的特点及要求

功率放大电路与电压放大器的区别是，电压放大器一般是多级放大器的前级，它主要对小信号进行电压放大，主要技术指标为电压放大倍数、输入阻抗及输出阻抗等；功率放大电路则是多级放大器的最后一级，它要带动一定负载，如扬声器、电动机、仪表、继电器等，所以，功率放大电路要求获得一定的不失真输出功率，具有一些独特性。

（1）功率放大器应给出足够大的输出功率 P_o，以推动负载工作。为获得足够大的输出功率，功放管的电压和电流变化范围应很大。为此，它们常常工作在大信号状态，接近极限工作状态，要以不超过管子的极限参数如 I_{CM}、$U_{(BR)CEO}$、P_{CM} 为限度。这就使得功放管的安全工作成为功率放大器的重要问题。

（2）效率要高。

功率放大器的效率是指负载上得到的信号功率 P_o 与直流电源供给电路的直流功率 P_E 之比，用 η 表示，即

$$\eta = \frac{P_o}{P_E} \times 100\%$$

功率放大器要求高效率地工作，一方面是为了提高输出功率，另一方面是为了降低管耗。直流电源供给的功率除了一部分变成有用的信号功率以外，剩余部分变成晶体管的管耗 P_C（$P_C = P_E - P_o$），管耗过大将使功率管发热损坏。所以，对于功率放大器，提高效率也是一个重要问题。

（3）非线性失真要小。

为提高输出功率，功率放大器采用的三极管均应工作在大信号状态下。由于三极管是非线性器件，在大信号工作状态下，极易超出管子特性曲线的线性范围而进入非线性区，造成输出波形的非线性失真。功率放大器比小信号的电压放大器的非线性失真问题严重。

在实际应用中，有些设备对失真问题要求很严，因此采取措施减小失真，是功率放大器的又一个重要问题。

7.6.2 功率放大器的分类

根据功放管静态工作点设置的不同，放大器可分为甲类、乙类和甲乙类三种。

1. 甲类放大器

甲类放大器的工作点设置在放大区的中间，在输入信号的整个周期内功放管均导通，输出信号失真较小，但有较大的静态电流 I_{CQ}，管耗过大，效率低（理想值为 50%）。前面所介绍的电压放大电路均属甲类放大器。

2. 乙类放大器

乙类放大器的工作点设置在截止区，功放管的静态电流 $I_{CQ} = 0$，效率高（理想值为 78.5%），但只能对半个周期的输入信号进行放大，两管推挽工作时还存在交越失真。

3. 甲乙类放大器

甲乙类放大器的工作点设在放大区，但接近截止区，功放管静态时处于微导通状态，I_{CQ} 很小。两管推挽工作可消除交越失真，效率也较高，目前应用较广泛。

7.6.3 互补对称功率放大器

1. 电路组成及工作原理

双电源互补对称功率放大器（OCL 电路）如图 7.24 所示。VT_1 为 NPN 型管，VT_2 为 PNP 型管，两管参数对称，均接成射极输出器形式，它们分别工作在输入信号的正半周和负半周。由于正、负电源对称，静态时输出端电压 $u_o = 0$。

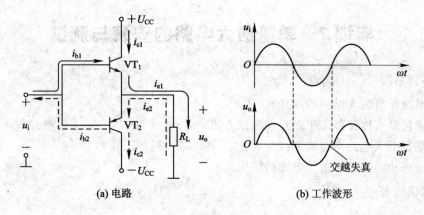

(a) 电路　　　　　　　　　　　　(b) 工作波形

图 7.24　双电源乙类互补对称功率放大器

当输入信号为正半周时，$u_i > 0$，功放管 VT_1 导通，VT_2 截止，VT_1 管的集电极电流 i_{c1} 经 $+U_{CC}$ 自上而下流过负载（如图中实线箭头所示），在 R_L 上形成正半周输出电压，$u_o > 0$。

当输入信号为负半周时，$u_i < 0$，功放管 VT_2 导通，VT_1 截止，VT_2 管的集电极电流 i_{c2} 经 $-U_{CC}$ 自下而上流过负载（如图中虚线箭头所示），在 R_L 上形成负半周输出电压，$u_o < 0$。

显然，在输入信号 u_i 的一个周期内，VT_1、VT_2 轮流导通，i_{c1} 和 i_{c2} 流过负载的方向相反，从而形成完整的输出波形。两个功放管交替工作，分别放大正、负半周的输入信号，相当于一个"推"、一个"挽"，互相补充，故这类电路又称为互补对称推挽电路。

2. 交越失真及其消除

输出波形在正、负半周的交界处发生了失真，如图 7.24(b) 所示。这是由于功放管的发射结存在一段死区，当输入信号还不足以克服死区电压时，功放管 VT_1、VT_2 不能有效导通，致使此时的输出电压 $u_o = 0$，因而在对应于输入信号正、负半周的交界处，输出波形产生失真，这种失真称为交越失真。

克服交越失真的方法是给两个功放管偏置适当的静态电流，如图 7.25 所示电路，利用 R_2、VD_1、VD_2 的直流压降作为 VT_1、VT_2 的静态偏置电压，两管在静态（$u_i = 0$）时均处于微导通状态，工作在甲乙类状态，使得在输入信号的整个周期内总有管子有效导通，维持输出信号的连续性，从而消除了交越失真。

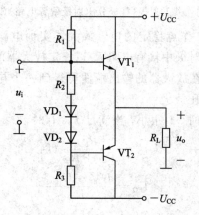

图 7.25　甲乙类互补对称功率放大器

实训 7　单管放大电路的安装与测试

1. 实训目的

（1）掌握单管放大电路的原理；

（2）掌握放大电路静态工作点的测试方法；

（3）掌握放大电路增益的测试方法。

（4）进一步熟悉直流稳压电源的使用。

2. 实训设备

（1）交、直流电源；

（2）电阻；

（3）电容；

（4）三极管；

（5）数字万用表；

（6）晶体管毫伏表或者示波器。

3. 实训内容及步骤

由 NPN 型三极管构成的共发射极（基极分压射极偏置电路）放大电路如图 7.26 所示。

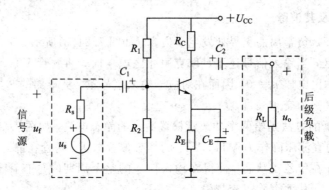

图 7.26　共发射极（基极分压射极偏置电路）放大电路

图 7.26 为电阻分压式工作点稳定的单管放大器实训电路。它的偏置电路采用由 R_1、R_2 组成的分压电路，并在发射极中接有电阻 R_E 以稳定放大器的静态工作点。当在放大器的输入端加入输入信号 u_i 后，在放大器的输出端便可得到一个与 u_i 相位相反、幅值被放大了的输出信号 u_o，从而实现电压放大。

当三极管工作在放大区时，I_B 很小，当满足 $I_i \gg I_B$ 时，U_{BQ} 基本固定不变，则有

$$U_{BQ} \approx \frac{R_{b2}}{R_{b1} + R_{b2}} U_{CC}$$

$$I_{EQ} = \frac{U_{BQ} - U_{BEQ}}{R_e}$$

$$I_{CQ} \approx I_{EQ}$$

$$I_{BQ} = \frac{I_{CQ}}{\beta}$$

$$U_{CEQ} \approx U_{CC} - I_{CQ}(R_c + R_e)$$

一般 Q 点设置在交流负载线的中间位置是最为理想的；实际工作中，也经常取 $U_{CE} = 0.5U_{CC}$。

按照图 7.26 所示共发射极放大电路接线，三极管型号为 1008：NPN 型，$R_1 = 30$ kΩ，$R_2 = 10$ kΩ，$R_C = 2$ kΩ，$R_E = 1$ kΩ，$C_1 = C_2 = C_E = 100$ μF。

1）静态工作点调整与测试

一般用数字万用表对直流电压进行测量。测量静态工作点时测出三极管各引脚对地的电压。

令 $U_{CC} = 12$ V，调节相关偏置电阻，使放大器处于正常工作状态，获得最佳工作点。用万用表测量 U_E、U_B、U_C，计算 U_{BE}、I_{EQ}、U_{CE}，将数据记入表 7-1 中。

表 7-1　静态工作点的测量与计算

测　　量			计　　算		
U_E	U_B	U_C	U_{BE}	I_{EQ}	U_{CE}

2）放大倍数的测试

用三极管毫伏表或者示波器直接测量输出电压、输入电压，再由 $A_u = \frac{u_o}{u_i}$ 计算得到。

用函数发生器输出一个正弦波信号作为放大器的输入信号，设置信号频率 $f = 1$ kHz，$u_i = 5$ mV，测量 u_o，计算放大器的电压放大倍数（增益）A_u。将数据填入表 7-2 中，用坐标纸定量描绘输入、输出波形。

表 7-2　交流电压放大倍数的测试

测试条件	工作状态	输出电压（u_o）	放大倍数（A_u）	输出波形
$f = 1$ kHz $u_i = 5$ mV	正常			

4. 实训报告

根据实训结果，进行总结分析。

本 章 小 结

放大电路的组成包括核心元件三极管（VT）、直流偏置电源（U_{CC}）、偏置电阻（R_b、R_c）、耦合电容（C_1、C_2）等。放大电路正常工作时具有交、直流并存的特点，即电路中的各种电流和电压信号既有直流分量，又有交流分量。在分析计算时，通过画交、直流通路，将交、直流分开，静态工作点通过直流通路分析估算，交流性能参数通过交流通路分析估算。

通过估算的静态工作点参数可判断三极管的工作区域。以 NPN 管为例，当 U_{CEQ} 值大于 1 V 时，认为三极管工作于放大区；当 U_{CEQ} 值小于 1 V 时，则认为三极管工作于饱和区。

根据输出波形的失真现象,可判断产生失真的原因:

(1) I_{BQ} 太大→I_{CQ} 太大→产生饱和失真(底部失真);

(2) I_{BQ} 太小→I_{CQ} 太小→产生截止失真(顶部失真)。

通过调节 R_b,可对各种失真加以改善:增大 R_b,可改善饱和失真;减小 R_b,可改善截止失真。

放大电路在具有了合适的静态工作点后,在输入小信号的前提下,可通过放大电路的微变等效电路来分析估算 A_u、r_i、r_o 的值。

多级放大电路常见的三种耦合方式有阻容耦合、直接耦合、变压器耦合。多级放大电路的电压放大倍数 A_u 等于各级放大倍数的乘积,输入电阻 r_i 为第一级的输入电阻,输出电阻 r_o 为末级的输出电阻。估算时应注意耦合后级与级之间的相互影响。

习　题

1. 判断题:

(1) 交流放大电路工作时,电路中同时存在直流分量和交流分量。直流分量表示静态工作点,交流分量表示信号的变化情况。　　　　　　　　　　　　　　　　　　　(　　)

(2) 三极管出现饱和失真是由于静态电流 I_{CQ} 选得偏低引起的。　　　　　(　　)

(3) 晶体三极管放大电路接有负载 R_L 后,电压放大倍数将比空载时提高。　(　　)

2. 选择题:

(1) 为了增大电路的动态范围,其静态工作点应选择(　　)。

A. 截止点

B. 饱和点

C. 交流负载线的中点

D. 直流负载线的中点

(2) 放大电路的交流通路是指(　　)。

A. 电压回路

B. 电流通过的路径

C. 交流信号流通的路径

(3) 共发射极放大电路的输入信号加在三极管的(　　)之间。

A. 基极和发射极

B. 基极和集电极

C. 发射极和集电极

3. 试画出图 7.27 电路中的直流通路和交流通路,并将电路进行简化。

4. 根据图 7.28 所示电路中的直流通路,计算其静态工作点,并判断三极管的工作情况。(所需参数如图中标注,其中 NPN 型为硅管,PNP 型为锗管)

5. 放大电路如图 7.29(a)所示,当输入交流信号时,出现图 7.29(b)所示的输出波形,试判断是何种失真,如何才能使其不失真?

6. 放大电路如图 7.30(a)所示,当输出波形如图 7.30(b)所示时,试判断是何种失真,产生该种失真的原因是什么?如何消除?

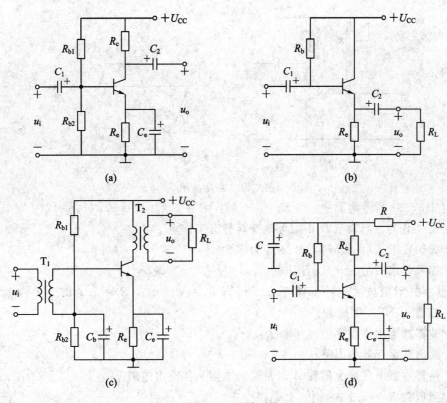

图 7.27 习题 3 图

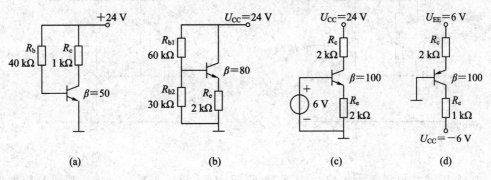

图 7.28 习题 4 图

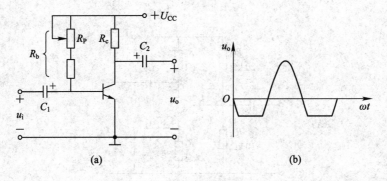

图 7.29 习题 5 图

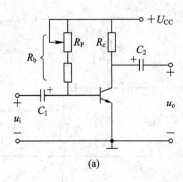

(a)

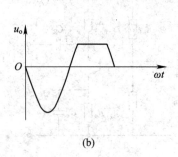

(b)

图 7.30 习题 6 图

7. 在图 7.31 所示电路中，当 $R_b=400$ kΩ，$R_c=5$ kΩ，$\beta=60$，$U_{CC}=12$ V 时，确定该电路的静态工作点。当调节 R_b 时，可改变其静态工作点。

(1) 如果要求 $I_{CQ}=2$ mA，则 R_b 应为多大？

(2) 如果要求 $U_{CEQ}=6$ V，则 R_b 应为多大？

8. 基本共射极放大电路如图 7.32 所示，$R_b=400$ kΩ，$R_c=5.1$ kΩ，$\beta=40$，$U_{CC}=12$ V，三极管为 NPN 型硅管。

(1) 估算静态工作点 I_{BQ}、I_{CQ} 和 U_{CEQ}；

(2) 画出其微变等效电路；

(3) 估算空载电压放大倍数 A_u' 以及输入电阻 r_i 和输出电阻 r_o；

(4) 当负载 $R_L=5.1$ kΩ 时，A_u 是多少？

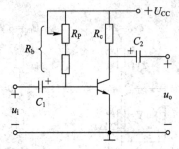

图 7.31 习题 7 图

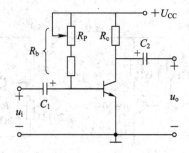

图 7.32 习题 8 图

9. 分压式共射极放大电路如图 7.33 所示，$U_{CEQ}=0.7$ V，$\beta=50$，其他参数如图中标注。

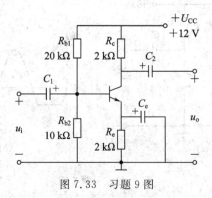

图 7.33 习题 9 图

(1) 估算静态工作点 I_{BQ}、I_{CQ} 和 U_{CEQ};

(2) 画出其微变等效电路;

(3) 估算空载电压放大倍数 A'_u 以及输入电阻 r_i 和输出电阻 r_o;

(4) 当负载 $R_L=2$ kΩ 时，A_u 是多少?

10. 放大电路如图 7.34 所示，$\beta=50$，其他参数如图所示。

(1) 估算静态工作点 I_{BQ}、I_{CQ} 和 U_{CEQ};

(2) 画出其微变等效电路;

(3) 估算电压放大倍数 A_u 以及输入电阻 r_i 和输出电阻 r_o。

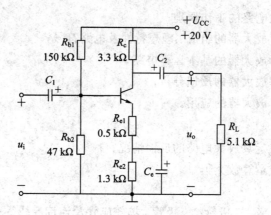

图 7.34 习题 10 图

11. 两级放大电路如图 7.35 所示，$\beta_1=\beta_2=50$，$U_{BE1}=U_{BE2}=0.6$ V，其他参数如图中标注。

(1) 求各级电路的静态工作点;

(2) 画出放大电路的微变等效电路;

(3) 估算电路总的电压放大倍数 A_u;

(4) 计算电路总的输入电阻 r_i 和总的输出电阻 r_o。

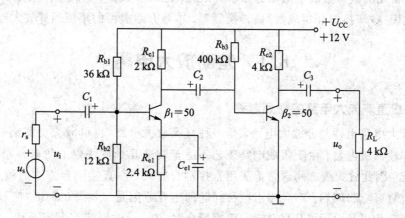

图 7.35 习题 11 图

第8章　集成运算放大器

学习目标

(1) 理解差动放大电路的工作原理；

(2) 理解集成运算放大器的组成、理想特性及电路符号；

(3) 掌握集成运算放大器的基本运算电路；

(4) 掌握集成运算放大器的反馈分析；

(5) 掌握集成运算放大器的应用。

能力目标

(1) 能够分析集成运算放大电路的反馈情况；

(2) 能够运用集成运算放大器。

由电阻、电容、电感、二极管、三极管、场效应管及连接导线等在结构上彼此独立的元器件组成的电路称为分立元件电路。集成电路是利用半导体制造工艺，把上述器件组成的电路及内部连线都制作在同一硅片上，并封装而构成具有特定功能的电子电路。它具有体积小、重量轻、耗电省、可靠性高等特点，广泛应用于各种电子电器、电子设备的设计和制造中。

集成电路按集成度可分为小规模、中规模、大规模和超大规模集成电路；按导电类型可分为双极型、单极型和两者兼容的集成电路；按功能可分为模拟集成电路和数字集成电路两大类。常用的模拟集成电路品种很多，有集成运算放大器、集成功率放大器、集成稳压电压、集成模/数转换器和集成数/模转换器等。本章介绍典型的集成运算放大器。

8.1　差动放大电路

8.1.1　多级直流放大电路的零点漂移

差动放大电路也称差分放大电路，是一种直流放大电路(也可放大交流信号)，在集成运放中用作输入级电路。由于集成电路工艺不适于制造几十皮法以上的电容器，至于电感器就更困难，因此放大级之间通常都采用直接耦合方式，而直接耦合方式的最大缺点就是零点漂移(简称零漂)问题。产生零点漂移问题的主要原因是三极管(或场效应管)参数受温度影响发生变化以及电源电压的波动。阻容耦合时，输入/输出端有电容隔直，各级的静态偏置漂移限制在本级以内不会逐级放大。直接耦合时，前级的漂移被后级放大，因此严重干扰正常信号，级数越多，漂移越严重，甚至使放大器不能工作。在电路结构上，采用差分放大电路是目前应用最广泛的能有效抑制零漂的方法。

8.1.2　电路工作原理

图 8.1 所示是基本的差动放大电路。该电路采用两个对称的共射极电路，具有两个输入端；由于两个三极管 VT_1、VT_2 的特性完全一样（称为差分对管），外接电阻也完全对称相等，输入信号从两管的基极输入，输出信号则从两管的集电极之间输出；采用正负电源供电。

1. 静态分析

静态时，$u_{i1} = u_{i2} = 0$，电路直流通路如图 8.2 所示。由于电路完全对称，$I_{C1} = I_{C2}$，所以有 $R_{C1} I_{C1} = R_{C2} I_{C2}$，输出电压 $U_O = U_{C1} - U_{C2} = 0$，即静态时，差动放大电路具有零输入、零输出的特点。

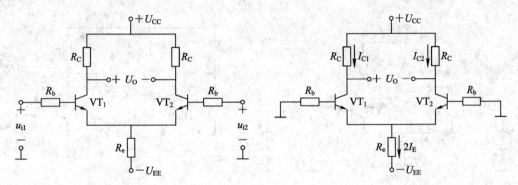

图 8.1　差动放大电路　　　　　　图 8.2　差动放大电路的直流通路

2. 输入信号类型及其电压放大倍数

1）共模信号

一对大小相等、极性相同的输入信号称为共模信号，常用 U_{ic} 表示。

2）差模信号

大小相等、极性相反的输入信号称为差模信号，常用 U_{id} 表示。

对差动放大电路来说，有用的或需要放大的信号是差模信号，无用的或需要抑制的信号是共模信号；在共模输入情况下，因电路对称，两管的集电极电位变化相同，因而输出电压 U_O 为 0。这和输入信号为 0 时的输出结果是一样的，说明差分放大器对共模信号没有放大作用，或者说对共模信号有抑制能力。若将晶体管的温度作用折合到放大器输入端，由于电路对称、参数相同，就相当于在两管输入端加上了大小相等、极性相同的共模信号，因此差分放大器对零漂的抑制作用就是抑制共模信号。

3）任意信号

除了差模信号和共模信号两种输入信号外，还有更一般的输入信号，即两个输入信号电压既非共模也非差模，而是任意大小和极性的信号，一般称这种输入方式为比较输入或不对称输入。分析时，可以把不对称输入信号看成共模信号与差模信号的叠加，即将不对称输入信号分解为一个差模信号和一个共模信号，然后再处理。

3. 差动放大电路的动态分析

1）差模输入信号的动态分析

如图 8.3(a)所示为双端输出差动放大电路，其中负载接在两管集电极之间，由于差模输入时两端电压反向变化，负载中点电压相当于交流接地，差模交流通路如图 8.3(b)所示，因为流过 R_e 的电流 $I_{E1} = -I_{E2}$，故差模信号在电阻值 R_e 上产生的电压降等效为零。

差模电压放大倍数为

$$A_{ud} = \frac{u_{od}}{u_{id}} = \frac{u_{o1} - u_{o2}}{u_{i1} - u_{i2}} = \frac{2u_{o1}}{2u_{i1}} = A_{u1} = -\frac{\beta R'_L}{R_b + r_{be}} \qquad (8-1)$$

式中，$R'_L = R_C /\!/ (R_L/2)$。

输入电阻为

$$R_i = 2(R_b + r_{be}) \qquad (8-2)$$

输出电阻为

$$R_o = 2R_C \qquad (8-3)$$

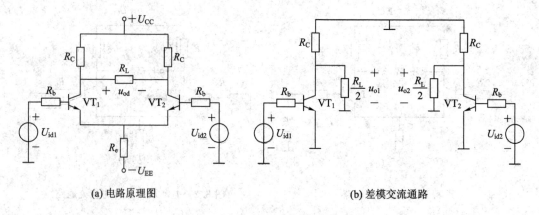

(a) 电路原理图　　　　　　　　　　　(b) 差模交流通路

图 8.3　双端输出差动放大电路

2）共模输入信号的动态分析

图 8.3(a)所示电路的共模交流通路如图 8.4 所示。如果电路完全对称，在输入共模信号时，总有 $\Delta u_{C1} = \Delta u_{C2}$，$R_L$ 中没有电流流过，可视为开路，故

$$A_{uc} = \frac{u_{oc}}{u_{ic}} = 0 \qquad (8-4)$$

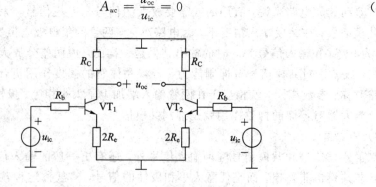

图 8.4　共模交流通路

例 8-1　在图 8.5 所示电路中，设 $R_{b1} = 20$ kΩ，$R_{b2} = 25$ kΩ，其余完全对称，$I_{b1} = I_{b2} = 1.5$ μA，若差模放大倍数 $A_{ud} = 100$，共模放大倍数 $A_{uc} = 0$，求输出电压 U_o。

解　各管偏流在输入端电阻上的压降形成输入电压。

$$U_1 = I_{b1} \times R_{b1} = 1.5 \text{ μA} \times 20 \text{ kΩ} = 30 \text{ mV}$$

$$U_2 = I_{b2} \times R_{b2} = 1.5~\mu A \times 25~k\Omega = 37.5~mV$$

$$\Delta u_{id} = U_2 - U_1 = 7.5~mV$$

$$U_o = A_{ud}\Delta U_{id} = 100 \times 7.5~mV = 0.75~V$$

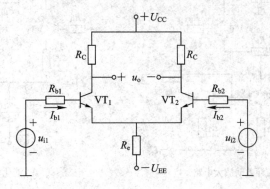

图 8.5 例 8.1 电路

4. 共模抑制比(K_{CMR})

差模信号是有用信号,而共模信号是无用信号或者干扰噪声等有害信号。因此,在差动放大器的输出电压中,总希望差模输出电压越大越好,而共模输出电压越小越好。为了衡量一个差分放大器放大差模信号、抑制共模信号的能力,引入共模抑制比 K_{CMR},其定义为

$$K_{CMR} = \left| \frac{A_{ud}}{A_{uc}} \right| \tag{8-5}$$

有时也用分贝(dB)来表示,即

$$K_{CMR}(dB) = 20lg \left| \frac{A_{ud}}{A_{uc}} \right| \tag{8-6}$$

式(8-6)说明共模抑制比越大,差分放大器放大差模信号的能力越强,抑制共模信号的能力也越强。显然,它越大越好,在电路完全对称的情况下,$K_{CMR} \to 0$,因此要使 K_{CMR} 增大,关键是提高两管电路的对称性。共模抑制比是差动放大电路的一项十分重要的技术指标。

5. 具有电流源的差动放大电路

除了提高电路的对称性外,共射极电阻 R_{EE} 对差模信号无电流反馈作用,对共模信号有 $2I_{R_e}$ 电流反馈作用,因此增大 R_{EE},能有效提高差动放大电路的共模抑制比,但是 R_{EE} 的增大是有限制的。因为 R_{EE} 越大,补偿 R_{EE} 直流压降的负电压 U_{EE} 也越大,这是不合适的。

另外,集成工艺电路也不宜制作太大的电阻。如果用恒流源来代替 R_{EE},就能比较圆满地解决这个问题。因为恒流源的静态电阻不大,动态电阻很大,所以既不影响工作点的值,又能提高共模抑制比。图 8.6(a) 为恒流源差动放大电路,图 8.6(b) 为它的简化电路。由 VT_3、VT_4 组成的比例电流源替代共射极电阻 R_{EE},极大地提高了差动放大电路的共模抑制比。图中 R_P 为调零电阻,在实际电路中,VT_1、VT_2 电路不可能完全对称,当输入为零时,输出不为 0,可调节 R_P,使其输出为 0。当 R_P 调到中点时,对 VT_1、VT_2 相当于各接了 $R_P/2$ 的射极电阻。

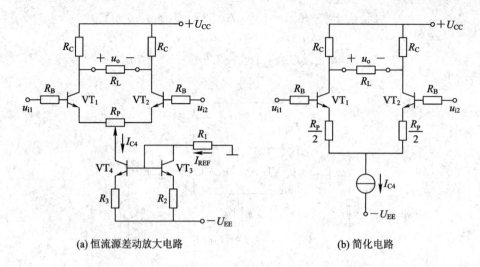

(a) 恒流源差动放大电路　　　　　　　　(b) 简化电路

图 8.6　具有电流源的差动放大电路

6. 差动放大器的几种接法

　　差动放大器有两个输入端、两个输出端。根据不同需要,差动放大器输入信号时,可以是双端输入也可以是单端输入;输出信号时,可以是双端输出,也可以是单端输出。由上述对任意输入信号的分解,我们完全可以把单端输入差动放大电路作为双端输入等同处理,因而双端输入差动放大电路的分析方法和计算公式完全适用于单端输入差动放大电路,即差动放大电路的四种形式其性能与输入方式无关,只与输出方式有关。这里就不再赘述。

8.2　集成运算放大器简介

　　集成运算放大器简称集成运放,是模拟集成电路中运用最广的集成电路。它实质上是一个用集成工艺制成的具有很高电压放大倍数的直接耦合多级放大器。由于早期的运算放大器主要用于各种数学运算,所以至今保留这个名称。随着电子技术的飞速发展,集成运放的各项性能不断提高,因而应用领域日益扩大,已远远超过数学运算领域,在模拟运算、信号处理、测量技术、自动控制方面获得了广泛应用。

　　集成运放通常有三种外形,即双列直插式、扁平式和圆壳式,如图 8.7 所示。

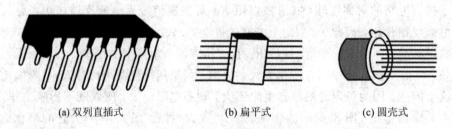

(a) 双列直插式　　　　　　　(b) 扁平式　　　　　　　(c) 圆壳式

图 8.7　集成运放外形

8.2.1　集成运放的基本概念

　　集成运放通常由输入级、中间级、输出级和偏置级(偏置电路)组成,如图 8.8(a)所示。

　　(1) 输入级是决定整个集成运放性能的最关键一级,要求其输入电阻高、静态电流小、差模放大倍数高，为了减小零点漂移和抑制共模干扰信号，输入级都采用具有恒流源的差动放大电路。

（2）中间级通常由一至二级有源负载放大电路构成，主要任务是提供足够大的电压放大倍数，所以要求中间级本身具有较高的电压增益；为了减小前级的影响，还应具有较高的输入电阻；同时，中间级还要向输出级提供较大的驱动电流。

（3）输出级一般由准互补对称电路构成，其与负载相连接，主要作用是给负载提供足够的电流，同时还具有较低的输出电阻和较高的输入电阻，起到将放大级和负载隔离的作用。

（4）偏置电路的作用是为上述电路提供稳定和合适的偏置电流，决定各级的静态工作点，它一般由各种恒流源电路构成。

国家标准规定的集成运放的符号如图 8.8(b) 所示。图中 ▷ 表示信号传输方向，∞ 表示集成运放为理想化器件。左侧"−"为反相输入端，当信号由此端与地之间输入时，输出信号与输入信号相位相反，信号的这种输入方式称为反相输入。左侧"+"端为同相输入端，当信号由此端与地之间输入时，输出信号与输入信号相位相同，信号的这种输入方式称为同相输入。右侧"+"为输出端，信号由此端与地之间输出。

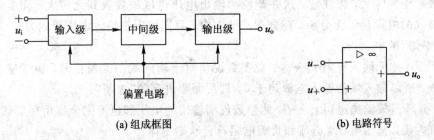

(a) 组成框图　　　　　　　　　　　　(b) 电路符号

图 8.8　集成运放的组成框图及符号

从外部功能来看，集成运放可以简单地等效为一个高性能的电压放大器，相当于一个独立的器件。所以，我们在将其应用于实际电路的过程中，只需掌握其外部特性，不必考虑芯片内部的复杂结构。

8.2.2　集成运算放大器的主要参数

集成运算放大器的性能可用一些参数来表示。为了合理选用集成运算放大器，必须了解各主要参数的意义。

（1）开环差模电压放大倍数 A_{ud}：集成运放在没有外接反馈电路时的差模电压放大倍数常用分贝(dB)表示，A_{ud} 越大，所构成运放的运算精度越高，一般为 $100 \sim 140$ dB。

（2）共模抑制比 K_{CMR}：该指标在前面已有叙述，这里不再赘述。

（3）输入失调电压 U_{IO}：实际的集成运放中，当输入电压为零时，存在一定的输出电压，把它折算到输入端就是失调电压。它在数值上等于输出电压为 0 时，输入端间应施加的直流补偿电压。U_{IO} 越小越好，一般为几毫伏。

（4）差模输入电阻 r_{id}：集成运放两输入端间对差模信号的动态电阻，其阻值越大越好，一般为几十千欧至几兆欧。

（5）差模输出电阻 r_{od}：集成运放开环时，输出端的对地电阻，其阻值越小越好，一般为几十欧至几百欧。

　　为了合理选用集成运放，必须了解各主要参数的意义。除以上介绍的几个主要参数外，还有温漂、最大输出电压、功耗等参数，具体意义请读者参阅手册。

　　随着新型集成运放的不断出现，性能指标越来越接近理想的。在近似分析中，常把集成运放的参数理想化，即认为开环差模电压放大倍数 A_{ud}、共模抑制比 K_{CMR}、差模输入电阻 r_{id} 趋于无穷大，而差模输出电阻 r_{od}、输入失调电压 U_{IO}、输入失调电流 I_{IO} 及它们的温漂均趋于无穷小。这种近似分析所引起的误差并不严重，而且这样使得分析过程大大简化。后面对集成运算的分析都视为理想的集成运放。

　　另外，还有最大差模和共模输入电压（U_{idmax} 和 U_{icmax}）、输入失调电流 I_{IO}、输入偏置电流 I_{IB}、最大输出电压 U_{om}、转换速率 S_R 等参数，这些参数及相关要求，在相关的手册都有说明，在使用过程中请自行查阅。

8.2.3　理想集成运放及其传输特性

1. 理想集成运放

把具有理想参数的集成运算放大器称为理想集成运放。它的主要特点如下：

（1）开环差模电压放大倍数 $A_{ud} \to \infty$。此参数说明理想集成运算放大器对于差模信号的放大倍数趋于无穷大，但注意，这并非说明输出电压可以被放大到无穷大，而是说明电压输入端输入的电压趋于无穷小，在合理的范围内，我们可以把输入电压看成为 0，即后面要讲到的"虚短"的概念。

（2）开环差模输入电阻 $r_{id} \to \infty$。此参数说明对于输入端的差模信号，由于输入电阻趋于无穷大，所以输入端的输入电流趋于 0，即后面要讲到的"虚断"。

（3）开环差模输出电阻 $r_{od} \to 0$。此参数说明输出的电压和电流完全作用在负载上，运放本身没有内阻，输出电压、电流和负载电阻符合欧姆定律。

（4）共模抑制比 $K_{CMR} \to \infty$，即没有温度漂移。此参数说明理想集成运算放大器对共模信号的放大倍数趋于 0，即同相输入端和反相输入端输入信号的相同部分，无论是 0 V、2 V 还是 10 V，输出端对此都无放大作用。共模信号不影响输出。

（5）开环带宽 $f_H \to \infty$。此参数说明理想集成运算放大器对信号的频率适应性很好，任何频率的信号都可以正常放大，即无频率选择性的问题。

　　此外，其他的性能也认为是理想化的。

　　尽管理想运放实际上并不存在，但由于集成运放制造工艺的不断改进，其各项性能指标不断提高，故一般在分析集成运放的应用电路时，对于实际的集成运放理想化所造成的误差极小，在工程估算、分析中是允许的。

2. 集成运放的传输特性

集成运放的输出电压 u_o 与输入电压 u_i 之间的 $u_o = f(u_i)$ 称为集成运放的电压传输特性，传输特性曲线分为线性区和非线性区（即饱和区）两部分。典型集成运放的传输特性曲线如图 8.9 所示。

其中曲线上升部分的斜率即为运放的开环电压放大倍数 A_{ud}。在虚线所包括的输入信号范围内，运放的输出电压通常可表示为

$$u_o = A_{ud}(u_+ - u_-) = A_{ud} u_{id} \qquad (8-7)$$

u_o 与 u_{id} 成线性放大关系，称此时的运放工作在线性区，由于 A_{ud} 很大，开环的线性范围

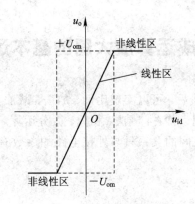

图 8.9　集成运放的传输特性曲线

很小,即使输入电压很小,由于外部干扰等原因,需要引入深度负反馈才能在线性区内稳定工作。

虚线框以外所对应的输入信号区域,输出电压仅为 $+U_{om}$ 或 $-U_{om}$(近似为正、负电源的电压值),且不随输入信号而改变,即 u_o 与 u_i 为非线性关系,称此时的运放工作在非线性区。

8.2.4　理想化集成运放的特点

1. 集成运放工作在线性区的特点

(1) 集成运放的两个输入端的电压近似相等,理想化时可以认为 $u_+ = u_- = 0$,即运放的两个输入端为等电位,可视为短路,称为"虚短"。

(2) 集成运放两个输入端的输入电流近似为 0,理想化时可以认为 $i_+ = i_- = 0$,无电流输入运放,即运放的两个输入端相当于断路,称为"虚断"。

"虚短"与"虚断"是集成运放线性应用时的两个非常重要的概念(结论),运用这两个概念,将大大简化运放应用电路的分析,因此必须对其给予足够的重视和充分的理解。在后续的电路分析中,如无特别说明,均将集成运放视为理想的。

在实际应用电路中,要输入几乎为 0 的信号是不现实的,所以,实现运放工作在线性区的必要条件是在电路中引入深度负反馈(见后述内容)。

2. 集成运放工作在非线性区的特点

(1) 输出电压只有正向饱和电压 $+U_{om}$ 和负向饱和电压 $-U_{om}$ 两种状态。

当同相电压大于反相电压,即 $u_+ > u_-$ 时,$u_o = +U_{om}$;

当反相电压大于同相电压,即 $u_+ < u_-$ 时,$u_o = -U_{om}$。

(2) 由于集成运放的输入电阻极大(理想时 $r_{id} = \infty$),故输入端电流 $i_+ = i_- \approx 0$,即运放的两个输入端仍然是"虚断"。

由于集成运放的开环电压放大倍数极大(理想时 $A_{ud} = \infty$),极小的输入信号即可使输出信号为 $+U_{om}$ 或 $-U_{om}$,所以,集成运放工作在非线性区的必要条件是处于开环或引入正反馈(见后述内容)。

综上所述,在分析具体的集成运放应用电路时,首先应判断集成运放工作在线性区还是非线性区,再运用线性区和非线性区的特点分析电路的工作原理。

8.3 集成运算放大器的基本运算电路

集成运放引入深度负反馈后，可以实现比例、加法、减法、积分、微分、对数、指数等多种基本运算。这里介绍比例、加法、减法、积分、微分运算，通过这一部分的分析可以看到，其输出电压与输入电压之间的关系只与外接电路的参数有关，而与集成运放本身的参数无关。

8.3.1 比例运算电路

能使输出信号与输入信号之间满足一定比例关系的电路称为比例运算电路。

1. 反相比例运算电路

反相比例运算电路如图 8.10 所示。输入信号 u_i 经过电阻 R_1 输入集成运放的反相端，输出信号 u_o 经反馈电阻 R_f 送回反相端，电路引入深度负反馈，运放工作在线性区；为了保证运放处于平衡对称的工作状态，同相端通过平衡电阻 R_2 接地，且 $R_2 = R_1 /\!/ R_f$。

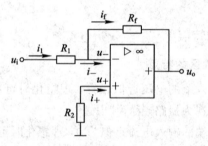

图 8.10 反相比例运算电路

根据"虚短""虚断"的概念，则有 $u_+ = u_-$，$i_+ = i_-$。平衡电阻 R_2 无电流通过，同相端为地电位（$u_+ = 0$），故反相端也为地电位（$u_- = 0$），相当于一个"接地"端，称之为"虚地"（"虚假"接地）。"虚地"是"虚短"的特例，是反相比例运算电路的重要特征。由图 8.10 所示电压、电流方向，可得

$$u_o = -i_f R_f \tag{8-8}$$

$$i_f = i_1 = \frac{u_i - u_-}{R_1} = \frac{u_i}{R_f} \tag{8-9}$$

$$u_o = -\frac{R_f}{R_1} u_i \tag{8-10}$$

式(8-10)表明，输出电压 u_o 与输入电压 u_i 为反相比例关系，比例系数仅由 R_f 和 R_1 的比值确定，与集成运放的参数无关。式中的负号表示 u_o 与 u_i 反相。显然，反相比例运算电路实际上是一个反相放大器，其闭环电压放大倍数（即比例系数）为

$$A_{uf} = -\frac{R_f}{R_1} \tag{8-11}$$

式(8-11)表明，集成运放组成的反相放大器具有稳定的放大能力（与负载无关），只要选取适当的比例系数，即可获得所需的电压放大倍数。这个显著的特点为应用电路的设计和选择提供了极大的便利。

当 $R_1 = R_f$ 时，有

$$u_o = -u_i \qquad (8-12)$$

即输入电压与输出电压大小相等、相位相反，此时的电路称为反相器。

由于反相端为"虚地"，故电路的输入电阻为

$$r_{id} \approx R_1 \qquad (8-13)$$

而输出电压与负载无关（相当于一个稳压源），电路的输出电阻为

$$r_{od} \approx 0 \qquad (8-14)$$

例 8-2　设计一个比例运算电路，要求比例系数为 -50，设 $R_1 = 10\ \text{k}\Omega$，确定反馈电阻阻值。

解　已知 $R_1 = 10\ \text{k}\Omega$ 且 $A_{uf} = -50 < 0$，故确定其为反相比例运算电路。

又因为

$$A_{uf} = -\frac{R_f}{R_1} = -50$$

则

$$R_f = 50R_1 = 50 \times 10\ \text{k}\Omega = 500\ \text{k}\Omega$$

取平衡电阻 $R_P = R_1 /\!/ R_f = 10 /\!/ 500\ \text{k}\Omega \approx 8.33\ \text{k}\Omega$。

根据参数，画出电路图，如图 8.11 所示。

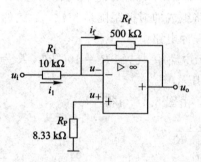

图 8.11　例题 8.2 电路

2. 同相比例运算电路

同相比例运算电路如图 8.12 所示。

输入信号 u_i 经过电阻 R_2 输入到集成运放的同相端，输出信号 u_o 经反馈电阻 R_f 接回反相端，电路引入深度负反馈，运放工作在线性区；R_2 为平衡电阻，$R_2 = R_1 /\!/ R_f$。同理分析，有

$$u_+ = u_- = u_i, \quad i_+ = i_- = 0, \quad i_1 = i_f$$

$$u_o = -i_1(R_f + R_1)$$

$$i_1 = -\frac{u_-}{R_1} = -\frac{u_i}{R_1}$$

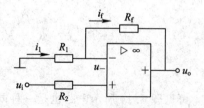

图 8.12　同相比例运算电路

$$u_o = \left(1 + \frac{R_f}{R_1}\right)u_i \qquad (8-15)$$

式 (8-15) 表明，输出电压 u_o 与输入电压 u_i 为同相比例运算关系，比例系数仅由 R_f 和

R_1 的比值确定,与集成运放的参数无关。该电路也称为同相放大器。电压放大倍数为

$$A_{uf} = 1 + \frac{R_f}{R_1} \tag{8-16}$$

由于运放的输入电阻极大,故电路的输入电阻为

$$r_{id} \approx \infty \tag{8-17}$$

由于输出电压与负载无关(相当于一个稳压源),故电路的输出电阻为

$$r_{od} \approx 0 \tag{8-18}$$

当 $R_1 = \infty$ 时,由图 8.12 可得的电路如图 8.13(a) 所示。

当 $R_1 = \infty$ 且 $R_f = R_2 = 0$ 时,可得电路如图 8.13(b) 所示。

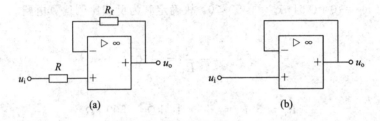

图 8.13 电压跟随器

从式(8-15)可看出,有 $u_o = u_i$,即输出电压与输入电压大小相等,相位相同,该电路称为电压跟随器。与单管电路组成的射极跟随器相比,运放的电压跟随器具有更高的跟随精度,因而广泛应用于各种缓冲电路中。

例 8-3 在图 8.14 所示电路中,已知 $R_1 = 100$ kΩ,$R_f = 200$ kΩ,$R_2 = 100$ kΩ,$R_3 = 200$ kΩ,$u_i = 1$ V,求输出电压 u_o。

解 根据"虚断"的概念,由图 8.14 可得

$$u_- = \frac{R_1}{R_1 + R_f} u_o$$

$$u_+ = \frac{R_3}{R_2 + R_3} u_i$$

又根据"虚短"的概念,有

$$u_+ = u_-$$

所以

图 8.14 例 8.3 电路

$$\frac{R_1}{R_1 + R_f} u_o = \frac{R_3}{R_2 + R_3} u_i$$

$$u_o = \left(1 + \frac{R_f}{R_1}\right) \frac{R_3}{R_2 + R_3} u_i$$

可见图 8.14 所示电路也是一种同相比例运算电路,代入数据得

$$u_o = \left(1 + \frac{200}{100}\right) \times \frac{200}{100 + 200} \times 1 = 2 \text{ V}$$

8.3.2 加法运算电路

在反相比例运算电路中增加若干个输入端,则可构成反相加法运算电路。图 8.15 所示为两个输入端的反相加法运算电路,其中的 R_3 为平衡电阻,$R_3 = R_1 // R_2 // R_f$。

同理，根据"虚断"及"虚地"的概念，有

$$u_o = -i_f R_f, \quad i_f = i_1 + i_2$$

$$i_1 = \frac{u_{i1}}{R_1}, \quad i_2 = \frac{u_{i2}}{R_2}$$

$$u_o = -\left(\frac{R_f}{R_1} u_{i1} + \frac{R_f}{R_2} u_{i2}\right) \tag{8-19}$$

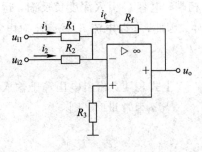

显然，加法运算的实质是输入电流的相加（叠加）。

当 $R_1 = R_2 = R_f$ 时，有

$$u_o = -(u_{i1} + u_{i2}) \tag{8-20}$$

图 8.15　反相加法运算电路

8.3.3　减法运算电路

减法运算电路如图 8.16 所示。

根据"虚短"及"虚断"的概念，由图 8.16 可得

$$i_1 = i_f = \frac{u_{i1} - u_o}{R_1 + R_f}$$

$$u_- = u_{i1} - i_1 R_1 = u_{i1} - \frac{u_{i1} - u_o}{R_1 + R_f} R_1$$

$$u_+ = \frac{R_3}{R_2 + R_3} u_{i2}$$

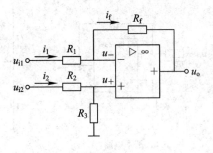

图 8.16　减法运算电路

由于 $u_+ = u_-$，整理以上各式，可得

$$u_o = \left(1 + \frac{R_f}{R_1}\right) \frac{R_3}{R_2 + R_3} u_{i2} - \frac{R_f}{R_1} u_{i1} \tag{8-21}$$

当 $R_1 = R_2$，$R_f = R_3$ 时，式(8-21)变为

$$u_o = \frac{R_f}{R_1}(u_{i2} - u_{i1}) \tag{8-22}$$

当 $R_1 = R_2 = R_f = R_3$ 时，式(8-21)变为

$$u_o = u_{i2} - u_{i1} \tag{8-23}$$

式(8-22)、式(8-23)表明，减法运算电路的输出电压仅由两个输入电压之差决定，故减法电路也称为差动放大电路，即两输入端的电压不相等（有"差"）时有输出信号（则"动"），所放大（处理）的是两个输入信号的差值，其输入信号通常也称为差动输入。

减法运算电路最显著的特点是具有良好的抗干扰能力，当输入信号因干扰信号的影响而波动时，只要两端输入信号的差值不变，电路仍然能保持稳定的输出。因而其常被用于多级放大电路的输入级。

例 8 - 4　在图 8.13 中，$u_{i1} = 1.6$ V，$u_{i2} = 1.2$ V，$R_1 = R_2 = 10$ kΩ，$R_3 = R_f = 100$ kΩ，求电压放大倍数及输出电压。

解　由题已知，电路的外电阻匹配满足式(8-22)，故

$$A_{uf} = \frac{u_o}{u_{i2} - u_{i1}} = \frac{R_f}{R_1} = \frac{100 \text{ kΩ}}{10 \text{ kΩ}} = 10$$

输出电压为

$$u_o = A_{uf}(u_{i2} - u_{i1}) = 10 \times (1.2 - 1.6) = -4 \text{ V}$$

8.3.4　积分运算电路

图 8.17(a)所示为反相积分运算的基本电路。输入信号 u_i 经输入电阻 R 加到运放的反

相端，电容 C 引入深度负反馈，运放工作在线性区。根据"虚地"及"虚断"的概念，有 $i_R \approx i_C$，因此，u_i 以电流 $i_C = u_i/R$ 对电容 C 进行充电。假设电容 C 的初始电压为 0，则有

$$u_o = -\frac{1}{C}\int i_C \mathrm{d}t = -\frac{1}{C}\int \frac{u_i}{R}\mathrm{d}t \qquad (8-24)$$

上式表明，输出电压等于输入电压对时间的积分，且相位相反。

当 u_i 为常量时，则

$$u_o = -\frac{u_i}{RC}t \qquad (8-25)$$

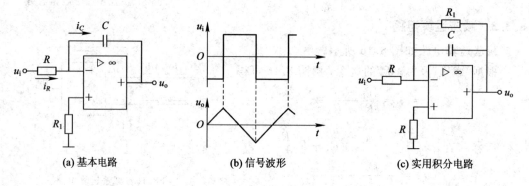

(a) 基本电路   (b) 信号波形   (c) 实用积分电路

图 8.17 积分运算电路

例 8 - 5 在图 8.17(a)中，已知 $R = 20\ \mathrm{k}\Omega$，$C = 1\ \mu\mathrm{F}$，u_i 为一正向阶跃电压，则

$$u_i = \begin{cases} 0\ \mathrm{V} & t < 0 \\ 1\ \mathrm{V} & t \geqslant 0 \end{cases}$$

运放的最大输出电压 $U_{om} = \pm 15\ \mathrm{V}$，求 $t \geqslant 0$ 范围内 u_o 与 u_i 的运算关系，并画出波形。

解 根据式(8 - 25)，

$$u_o = -\frac{u_i}{RC}t = \frac{1}{20 \times 10^3 \times 1 \times 10^{-6}}t = -50t$$

当 $u_o = U_{om} = -15\ \mathrm{V}$ 时，

$$t = \frac{-15}{-50}\ \mathrm{s} = 0.3\ \mathrm{s}$$

其波形如图 8.18 所示。

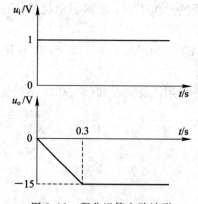

图 8.18 积分运算电路波形

式(8-25)表明，由集成运放构成的积分电路在充电过程(即积分过程)中，输出电压与时间呈线性关系，输出电压的高低反映了时间的长短。简单的 RC 积分电路所能实现的是电容两端电压随时间按指数规律增长，只在很小范围内可以近似为线性关系。从这点来讲，集成运放构成的积分电路实现了较理想的积分运算。

在实际电路中，积分电路常用于延时、定时和各种波形变换等。积分电路的波形变换作用如图 8.17(b)所示，其将输入的矩形波变成三角波输出。积分电路还可将输入的三角波转换为正弦波。在自动控制系统中，常利用积分电路以延缓过渡过程的冲击。

为了克服积分电路存在的积分漂移(指积分电路在输入信号为 0 时仍产生缓慢变化的输出电压的现象)，实用电路通常都在积分电容 C 上并联一个大电阻 R_1，如图 8.17(c)所示。

8.3.5　微分运算电路

将反相积分电路中的 R 和 C 互换，就可得到反相微分运算电路，如图 8.19(a)所示。根据"虚地"及"虚断"的概念并分析，可得

$$i_C = i_R = C \frac{\mathrm{d}u_i}{\mathrm{d}t}$$

$$u_o = -i_R R = -RC \frac{\mathrm{d}u_i}{\mathrm{d}t} \tag{8-26}$$

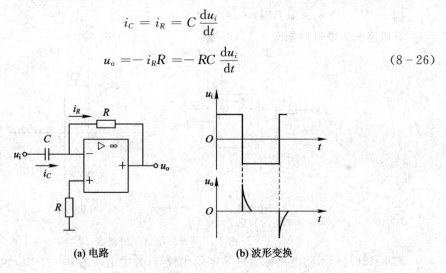

(a) 电路　　　　　　　　　(b) 波形变换

图 8.19　微分运算电路

式(8-26)表明，输出电压正比于输入电压的微分，且相位相反。

微分电路的波形变换作用如图 8.19(b)所示，当输入信号突变时，电路输出为尖脉冲电压；输入信号不变(稳态)时，电路无输出。微分电路对突变信号反应灵敏，常在自动控制系统中被用作加速环节，如图 8.20 所示的 PID 调节器。

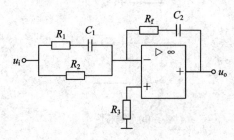

图 8.20　PID 调节器

8.4 集成运算放大器的非线性应用

集成运放工作在非线性区时，处于开环或正反馈状态。此时运放两个输入端的电压不一定相等(不存在虚短)，但仍然存在虚断。电压比较器是集成运放典型的非线性应用。

电压比较器简称比较器，其将输入电压(被测信号，通常是连续的模拟量)与另一标准的电压信号(参考电压)进行比较，输出的是以高、低电平为特征的数字信号，即"1"或"0"。它常用作模拟电路与数字电路的接口。在自动控制及自动测量系统中，比较器可以用于越限报警、模/数转换及各种非正弦波的产生和变换。

8.4.1 单门限电压比较器

反相输入的单门限比较电路如图8.21(a)所示。集成运放处于开环状态，工作在非线性区，反相端的输入信号 u_i 与同相端的参考电压 U_R 比较，根据运放非线性工作的特性，可得

当 $u_i > U_R$ (即 $u_- > u_+$)时， $u_o = -U_{om}$ ；

当 $u_i < U_R$ (即 $u_- < u_+$)时， $u_o = +U_{om}$ 。

其电路的传输特性如图8.21(b)所示。

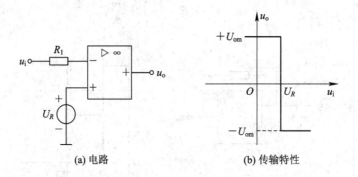

(a) 电路   (b) 传输特性

图 8.21 单门限电压比较器

图8.22(a)所示的电路称为过零电压比较器(参考电压为0)，当输入电压过0时，输出电压就发生跳变，传输特性如图8.22(b)所示。过零电压比较器可将正弦波转换为正、负极性的矩形波，如图8.22(c)所示。

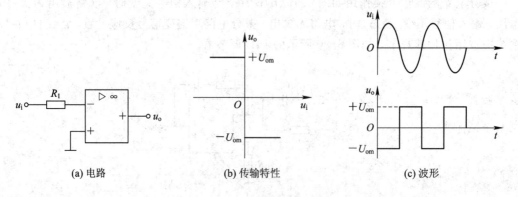

(a) 电路   (b) 传输特性   (c) 波形

图 8.22 过零电压比较器

单门限比较器(又称为简单比较器)结构简单, 灵敏度高, 但抗干扰能力差, 当输入信号在参考电压附近受到干扰时, 很容易使电路状态产生连续的跳变, 造成后续电路的误动作, 因此引入下面的迟滞电压比较器。

8.4.2　滞回电压比较器

滞回电压比较器(迟滞电压比较器)的组成如图 8.23(a)所示(此时 R_2 接地, 即参考电压 $U_{REF}=0$), 反馈电阻 R_f 连接到同相端, 电路引入了正反馈。因此, 同相端电压 u_+ 将随输出电压而变化。从图 8.23(a)可看出, 当输出为不同的状态时, u_+ 有两个不同的值。

当输出为 $+U_{om}$ 时, 同相端电压为

$$u_+ = \frac{R_2}{R_2+R_f} U_{om} = U_T \qquad (8-27)$$

当输出为 $-U_{om}$ 时, 同相端电压为

$$u_+ = \frac{R_2}{R_2+R_f} (-U_{om}) = -U_T \qquad (8-28)$$

U_T、$-U_T$ 分别称为上门限电压与下门限电压。电路的传输特性如图 8.23(b)所示。

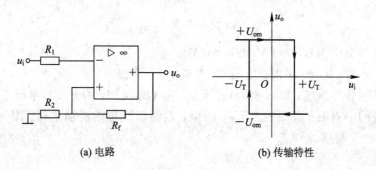

|(a) 电路|(b) 传输特性|

图 8.23　滞回电压比较器

当输入信号 $u_i < U_T$ 时, 电路输出为正向饱和电压 $+U_{om}$, 当 u_i 逐渐增加到刚超过 U_T 时, 输出跳变为负向饱和电压 $-U_{om}$, 这时, 同相端电压随之变为 $-U_T$。

当 u_i 从最大值开始下降, 下降到上门限电压 U_T 时, 输出并不翻转, 只有下降到小于下门限电压 $-U_T$ 时, 电路才跳变为正向饱和电压 $+U_{om}$, 同相端电压随之变为 U_T。

可以看出, 传输特性具有滞回特性。两个门限电压之差, 即 $\Delta U = U_T - (-U_T) = 2U_T$ 称为回差电压。从式(8-27)可看出, 改变 R_2 的值可以改变回差电压的大小。

显然, 回差电压使输出电压的正跳变和负跳变不是发生在输入电压的同一点上, 所以, 即使干扰信号使得输入电压在参考电压 U_{REF}(本例中 $U_{REF}=0$)的附近波动, 只要其不超出回差电压的范围, 电路的输出电压将保持稳定。由此可见, 该电路具有较强的抗干扰能力, 尤其适用于输入信号受干扰较频繁的场合。

例 8-6　在图 8.24 所示电路中, 已知 $R_1 = 20 \text{ k}\Omega$, $R_2 = 100 \text{ k}\Omega$, 双向稳压管稳压值为 $U_Z = 6 \text{ V}$, 试画出 $U_{REF} = 0 \text{ V}$ 和 6 V 时的传输特性。

解　当 $U_{REF} = 0 \text{ V}$ 时,

$$U_T = \frac{R_1}{R_1+R_2} U_Z = \frac{20}{20+100} \times 6 \text{ V} = 1 \text{ V}$$

$$-U_T = -1 \text{ V}$$

作出其传输特性曲线，如图 8.24(b)所示。

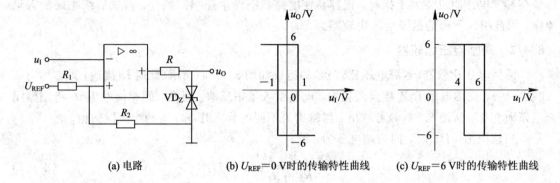

(a) 电路　　　　(b) $U_{REF}=0$ V时的传输特性曲线　　　(c) $U_{REF}=6$ V时的传输特性曲线

图 8.24　例 8-7 电路及所作出的传输特性曲线

当 $U_{REF}=6$ V 时，

$$U_T = \frac{R_2}{R_1+R_2}U_{REF} + \frac{R_1}{R_1+R_2}(\pm U_{om})$$

$$= \frac{100}{20+100}\times 6 \text{ V} + \frac{20}{20+100}\times(\pm 6 \text{ V}) = \begin{cases} 6 \text{ V} \\ 4 \text{ V} \end{cases}$$

即两个参考电压分别为 $U_{T1}=6$ V，$U_{T2}=4$ V。

当 $u_I>6$ V 时，$u_O=-6$ V；当 $u_I<4$ V 时，$u_O=+6$ V。

作出其传输特性曲线，如图 8.24(c)所示。由本题可知，两个参考电压不一定是大小相等、符号相反的一对数。只要改变 U_{REF} 的值，迟滞回线可沿横轴平移。图 8.24 只不过是 $U_{REF}=0$ V 的一个特例。

8.5　集成运算放大器的反馈分析

如前所述，集成运放工作在线性区时需引入负反馈，反馈是放大电路中非常重要的概念，实际应用中，有放大电路出现的地方几乎都有反馈。

8.5.1　反馈的基本概念

1. 反馈

将放大电路输出信号(电压或电流)的部分或全部，通过一定的电路环节(称之为反馈支路)反向送回输入端，从而对输入信号产生影响的过程称为反馈。有反馈的放大电路称为反馈放大电路。

任何一个反馈放大电路都可以表示为一个基本放大电路和反馈网络组成的闭环系统，其构成如图 8.25 所示。图中，$\dot{X}_i$、$\dot{X}_f$、$\dot{X}_o$、$\dot{X}_d$ 分别表示放大电路的输入量、净输入量、反馈量和输出量，它们可以是电压量，也可以是电流量。

没有引入反馈时的基本放大电路叫作开环

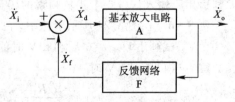

图 8.25　反馈放大电路框图

电路，其中 A 表示基本放大电路的放大倍数，也称为开环放大倍数。引入反馈后的放大电路叫作闭环电路。图 8.25 中的 F 表示反馈网络的反馈系数，反馈网络可以由某些元件或电路构成。反馈网络与基本放大电路在输出回路的交点称为采样点。图中 $\otimes$ 表示信号的比较环节，反馈信号 $\dot{X}_f$ 和输入信号 $\dot{X}_i$ 通过比较环节得到净输入信号 $\dot{X}_d$。图中箭头方向表示信号传输方向，为了分析方便，假定信号单方向传输，即在基本放大电路中信号正向传输，在反馈网络中信号反向传输。实际上信号的传输方向是很复杂的。

如图 8.26 所示的集成运放电路（闭环放大器），反馈支路 R_f 将输出信号反馈到输入端，电路中既有从输入到输出的正向传输信号，又有从输出到输入的反向传输信号（称之为反馈信号），运放的有效输入信号（$u_+ - u_-$）则由输入信号与反馈信号共同决定。这种带有反馈支路的放大器称为反馈放大器，又称闭环放大器。如果放大电路中不存在反馈支路，则称为开环放大器，如图 8.27 所示电路。

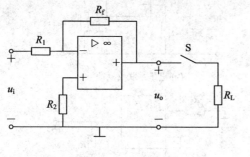

图 8.26 闭环放大器

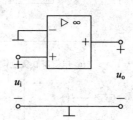

图 8.27 开环放大器

2. 正反馈与负反馈

如果反馈支路连接到输入的同相端，则称为正反馈，如图 8.28 所示。此时反馈信号与输入信号相位相同，增强了输入信号，使运放的有效输入信号增大，从而加速电路状态的翻转，运放工作在非线性区。

如果反馈支路连接到输入的反相端，则称为负反馈，如图 8.29 所示。此时反馈信号与输入信号的相位相反，削弱（抵消）了输入信号，使运放的有效输入信号减小；如果电路引入的是深度负反馈（负反馈信号足够强），则可使运放的有效输入信号足够小（近似为 0）而工作在线性区。

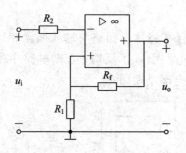

图 8.28 正反馈放大器

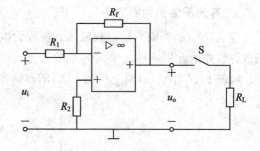

图 8.29 负反馈放大器

因此，引入深度负反馈是使运放工作在线性区的必要条件，也是判断运放是否工作在线性区的标准。应用于线性放大的运放电路都是深度负反馈放大器。

3. 负反馈放大器的类型

在反馈放大器中，若反馈支路与输入信号连接在运放的同一个输入端，即称为并联负反馈；若反馈支路与输入信号连接在不同的输入端，则称为串联负反馈；若反馈支路与电压输出端直接连接，即称为电压负反馈；若反馈支路不是直接连接到电压输出端，则称为电流负反馈。因此，负反馈放大器可以分为电压串联负反馈、电压并联负反馈、电流串联负反馈、电流并联负反馈四种类型（组态），分别如图 8.30 所示。此外，根据反馈支路中是否存在电抗元件（如电容），还可分为交流负反馈、直流负反馈电路等类型。

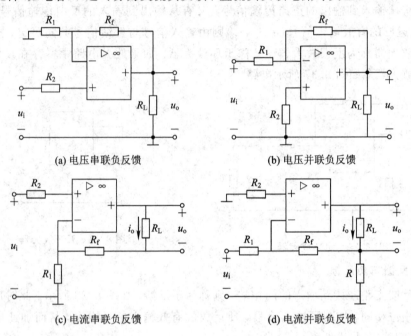

图 8.30　负反馈放大器的四种类型

电压负反馈可以稳定输出电压，电流负反馈可以稳定输出电流；串联负反馈可以增大电路的输入电阻，并联负反馈则减小电路的输入电阻。在实际应用中，需要选取适当的负反馈类型，以满足电路性能的要求。

8.5.2　反馈的判断

1. 有无反馈的判断方法

有无反馈的判断方法是找联系：若放大电路中存在将输出回路与输入回路相连接的反馈通路，并由此影响放大电路的净输入量，则表明电路引入了反馈；否则电路中便没有反馈。如图 8.31 中，(a)图无反馈，(b)图将输出电压全部反馈回去。

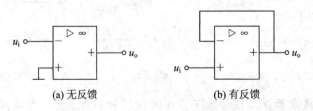

图 8.31　有无反馈判定

2. 负反馈的判断性法

判断正、负反馈通常采用瞬时极性法：

(1) 假设输入信号某一瞬时极性为正。设接"地"点的电位为零，电路中某点的瞬时电位高于零电位者，则该点的瞬时极性为正(用 $\oplus$ 表示)，反之为负(用 $\ominus$ 表示)。

(2) 由于输入信号的瞬时极性，再根据不同组态放大电路中输出信号与输入信号的相位关系，逐步推断出各有关点的瞬时极性，最终确定出输出信号和反馈信号的瞬时极性。

(3) 如果反馈信号使净输入信号增强，则为正反馈；反之则为负反馈。

例 8 - 7　图 8.32 所示分别为运算放大器和三极管构成的反馈放大电路，试判断电路中反馈的极性。

解　在图 8.32(a)所示电路中，输入信号 u_i 从运放的同相端输入，假设 u_i 极性为正，则输出信号 u_o 为正，经反馈电阻 R_f 反馈回的反馈信号 u_f 也为正(信号经过电阻、电容时不改变极性)，u_f 和 u_i 相比较，净输入信号 $u_{id}=u_i-u_f$ 减小，反馈信号削弱了输入信号的作用，因此引入的是负反馈。从电路中可见，输入信号 u_i 和反馈信号 u_f 在不同端点，u_f 和 u_i 同极性，为负反馈。R_f 和 R 为反馈元件。

对于图 8.32(b)所示电路，u_i 从 VT_1 的基极输入，假定 u_i 为正，则有 VT_1 集电极输出电压为负，从第二级 VT_2 发射极采样，极性为负，经 R_f 反馈回的电压极性为负，反馈信号 u_f 明显削弱了输入信号 u_i 的作用，使净输入信号减小，因此为负反馈。从电路中可见，输入信号和反馈信号在相同端点，u_f 和 u_i 极性不同，因此引入的为负反馈。反馈元件为 R_f 和 R_e。

对于图 8.32(c)所示电路，反馈信号 u_f 与输入信号 u_i 在相同端点，u_f 和 u_i 极性相同，引入的是正反馈，反馈元件为 R_f。

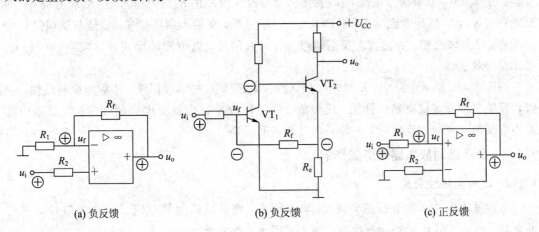

(a) 负反馈　　　　　　　　(b) 负反馈　　　　　　　　(c) 正反馈

图 8.32　反馈极性的判定

3. 串联、并联反馈的判断方法

从放大电路的输入端看，如果反馈信号与输入信号接在放大电路的同一输入端上，反馈量与输入量以电流方式相叠加，则为并联反馈；如果反馈信号与输入信号分别接在放大电路的两个输入端上，以电压方式相叠加，则为串联反馈。

4. 电压、电流反馈的判断方法

判断是电压反馈还是电流反馈，通常采用短路法：令放大电路的输出电压为零，即将

输出端短路，如果反馈信号消失，则为电压反馈；否则为电流反馈。

例 **8-8** 如图 8.33 所示的反馈放大电路，确定电路中的反馈是电压反馈还是电流反馈，是串联反馈还是并联反馈。

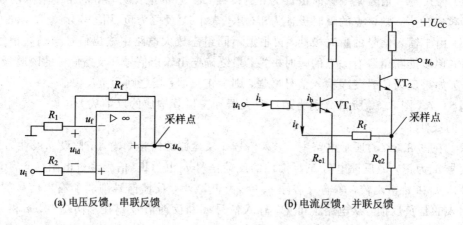

(a) 电压反馈，串联反馈　　　　　　(b) 电流反馈，并联反馈

图 8.33 电压、电流反馈和串联、并联反馈的判定

解 对于图 8.33(a)，在输出回路，反馈信号的采样点与输出电压在同端点，因此为电压反馈。也可以根据定义判断，令 $u_o = 0$，如果反馈信号 u_f 不再存在，则为电压反馈。在输入回路，反馈信号与输入信号以电压的形式相加减，$u_{id} = u_i - u_f$，是串联反馈。从图 8.33(a)中可见，输入信号与反馈信号在不同端点，是串联反馈。

对于图 8.33(b)，在输出回路，反馈信号的采样点与输出电压在不同端点，因此为电流反馈。令 $u_o = 0$，如果输出电流 i_{e2} 的变化仍会通过反馈回路 R_f 送回输入端，形成电流 i_f，即反馈信号 $i_f \neq 0$，则是电流反馈。从图 8.33(b)中可见，在输入回路，输入信号与反馈信号为同端点，是并联反馈。由定义，反馈信号 i_f 与输入信号 i_i 以电流的形式相加减，$i_b = i_i - i_f$，可知是并联反馈。

图 8.33(b)所示电路中，R_{e1} 和 R_{e2} 分别为 VT_1 和 VT_2 的本级反馈，R_f 称为级间反馈。本级负反馈只改善本级电路的性能，级间负反馈可以改善整个放大电路的性能。当电路中既有本级反馈又有级间反馈时，一般只需分析级间反馈。

8.5.3 负反馈对放大器性能的影响

1. 改善非线性失真

假定输出的失真波形是正半周大、负半周小，则负反馈信号电压 u_f 与输入信号 u_i 进行叠加后，净输入信号 u_d 产生预失真，即正半周小、负半周大。

2. 降低放大倍数及提高放大倍数的稳定性

根据图 8.25，可以推导出具有负反馈(闭环)的放大电路的放大倍数为

$$A_f = \frac{X_o}{X_i} = \frac{A}{1 + AF} \tag{8-29}$$

式中的 $(1+AF)$ 是衡量负反馈程度的一个重要指标，称为反馈深度。

3. 对输入电阻和输出电阻的影响

(1) 负反馈对输入电阻的影响：取决于反馈信号在输入端的连接方式。串联负反馈使

输入电阻提高，并联负反馈使输入电阻降低。

（2）负反馈对输出电阻的影响：取决于输出端反馈信号的采样方式。电压负反馈降低输出电阻，目的是稳定输出电压；电流负反馈提高输出电阻，目的是稳定输出电流。

4. 拓展通频带

通频带是放大电路的重要指标，放大器的放大倍数和输入信号的频率有关。定义放大倍数为最大放大倍数的 $\sqrt{2}/2$ 倍以上所对应的频率范围为放大器的通频带。在一些要求有较宽频带的音、视频放大电路中，引入负反馈是拓展频带的有效措施之一。

放大器引入负反馈后，将引起放大倍数的下降，在中频区，放大电路的输出信号较强，反馈信号也相应较大，放大倍数下降得较多；在高频区和低频区，放大电路的输出信号相对较小，反馈信号也相应减小，因而放大倍数下降得少些。加入负反馈之后，幅频特性变得平坦，通频带变宽。

8.6　集成运算放大器的应用

1. 三角波和方波发生器

图 8.34 所示电路为三角波和方波发生器。把迟滞比较器和积分器首尾相接形成正反馈闭环系统，则比较器 A_1 输出方波 u_{o1}，方波经积分器 A_2 可得到三角波 u_o。三角波又触发比较器自动翻转形成方波，这样即可构成三角波、方波发生器。由于是采用集成运放组成的积分电路，因此可实现恒流充电，使三角波线性大大改善。

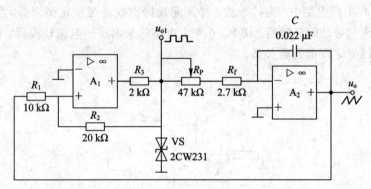

图 8.34　三角波和方波发生器

2. 测量放大器

集成运放线性应用时，通常要求放大电路具有高增益、高输入电阻以及良好的抗干扰能力。在工程上常采用多个运放组成的测量放大器来满足实际需要。

图 8.35 所示即为由三个运放组成的测量放大器。A_1、A_2 构成了两个完全对称的同相比例运算放大器，A_3 组成差动（减法）电路。输入信号分别从 A_1、A_2 的同相端输入，电路具有很高的输入电阻；A_1、A_2 的输出电压（$u_{o1}-u_{o2}$）作为 A_3 的差动输入电压，具有良好的抗干扰能力。

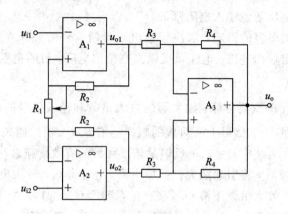

图 8.35 测量放大器

根据"虚短"的概念，可知 R_1 上的电压降为 $(u_{i1} - u_{i2})$，则通过 R_1 上的电流为 $(u_{i1} - u_{i2})/R_1$；由于虚断的特性，可知通过 R_1 上的电流与通过 R_2 的电流相等，即

$$\frac{u_{i1} - u_{i2}}{R_1} = \frac{u_{o1} - u_{o2}}{R_1 + 2R_2}$$

$$u_{o1} - u_{o2} = \left(1 + \frac{2R_2}{R_1}\right)(u_{i1} - u_{i2})$$

$$u_o = \frac{R_4}{R_3}(u_{o1} - u_{o2}) = \frac{R_4}{R_3}\left(1 + \frac{2R_2}{R_1}\right)(u_{i1} - u_{i2})$$

可见，电路保持了差动放大的功能，因而具有很强的抑制干扰信号的能力，利用可调电阻 R_1，可方便地调节电路的增益。

例 8-9 在工程应用中，为抗干扰、提高测量精度或满足特定要求等，常常需要进行电压信号和电流信号之间的转换。图 8.36 所示电路称为电压—电流转换器，试分析输出电流 i_o 与输入电压 u_s 之间的函数关系。

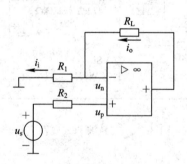

图 8.36 电压—电流转换器

解 根据"虚短"和"虚断"的概念，$u_n = u_p = u_s$，$i_o = i_1$，因此由图 8.36 可得

$$i_o = \frac{u_n - 0}{R_1} = \frac{u_s}{R_1} \tag{8-30}$$

式(8-29)表明，电路中输出电流 i_o 与输入电压 u_s 成正比，而与负载电阻 R_L 的大小无关，从而将恒压源输入转换成恒流源输出。

实训 8　集成运算放大器应用实训

1. 实训目的

(1) 研究由集成运算放大器组成的比例、加法、减法和积分等基本运算电路的功能；

(2) 正确理解运算电路中各元件参数之间的关系和"虚短""虚断""虚地"的概念。

2. 实训设备

(1) ±12 V 直流电源；

(2) 函数信号发生器；

(3) 交流毫伏表；

(4) 直流电压表；

(5) 集成运算放大器 μA741×1；

(6) 电阻、电容若干。

3. 实训原理

1) 理想运算放大器特性

集成运算放大器是一种具有高电压放大倍数的直接耦合多级放大电路。当外部接入不同的元器件组成负反馈电路时，可以实现比例、加法、减法、积分、微分等模拟运算电路。

理想运放是将运放的各项技术指标理想化。满足下列条件的运算放大器称为理想运放：

开环电压增益为

$$A_{ud} = \infty$$

输入电阻抗

$$r_{id} = \infty$$

输出电阻抗

$$r_{od} = 0$$

失调与漂移均为零等。

理想运放在线性应用时的两个重要特性如下：

(1) 输出电压 U_o 与输入电压之间满足关系式：

$$U_o = A_{ud}(U_+ - U_-)$$

由于 $A_{ud} = \infty$，而 U_o 为有限值，因此，$U_+ - U_- \approx 0$，即 $U_+ \approx U_-$，称为"虚短"。

(2) 由于 $r_{id} = \infty$，故流进运放两个输入端的电流可视为零，即 $I_{IB} = 0$，称为"虚断"。这说明运放对其前级吸取电流极小。

上述两个特性是分析理想运放应用电路的基本原则，可简化运放电路的计算。

2) 基本运算电路

(1) 反相比例运算电路。

反相比例运算电路如图 8.37 所示。对于理想运放，该电路的输出电压与输入电压之间的关系为

$$U_{\mathrm{o}} = -\frac{R_{\mathrm{f}}}{R_1} U_{\mathrm{i}}$$

为了减小输入级偏置电流引起的运算误差，在同相输入端应接入平衡电阻 $R_2 = R_1 /\!/ R_{\mathrm{f}}$。

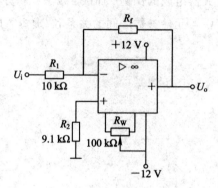

图 8.37　反相比例运算电路

（2）反相加法运算电路。

反相加法运算电路如图 8.38 所示，输出电压与输入电压之间的关系为

$$U_{\mathrm{o}} = -\left(\frac{R_{\mathrm{f}}}{R_1} U_{\mathrm{i1}} + \frac{R_{\mathrm{f}}}{R_2} U_{\mathrm{i2}}\right)$$

$$R_3 = R_1 /\!/ R_2 /\!/ R_{\mathrm{f}}$$

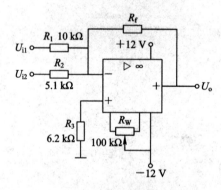

图 8.38　反相加法运算电路

（3）同相比例运算电路。

图 8.39(a)是同相比例运算电路，它的输出电压与输入电压之间的关系为

$$U_{\mathrm{o}} = \left(1 + \frac{R_{\mathrm{f}}}{R_1}\right) U_{\mathrm{i}}$$

$$R_2 = R_1 /\!/ R_{\mathrm{f}}$$

当 $R_1 \to \infty$ 时，$U_{\mathrm{o}} = U_{\mathrm{i}}$，即得到如图 8.39(b)所示的电压跟随器。图中 $R_2 = R_{\mathrm{f}}$，用以减小漂移和起保护作用。一般 R_{f} 取 10 kΩ，R_{f} 太小起不到保护作用，太大则影响跟随性。

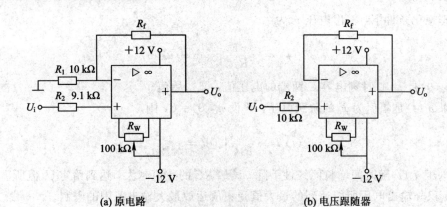

(a) 原电路　　　　　　　　　　　(b) 电压跟随器

图 8.39　同相比例运算电路

（4）差动放大电路（减法器）。

对于图 8.40 所示的减法运算电路，当 $R_1 = R_2$，$R_3 = R_f$ 时，有如下关系式：

$$U_o = \frac{R_f}{R_1}(U_{i2} - U_{i1})$$

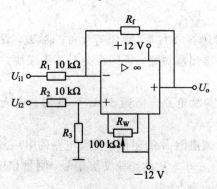

图 8.40　减法运算电路

（5）积分运算电路。

反相积分运算电路如图 8.41 所示。

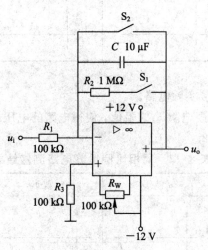

图 8.41　反相积分运算电路

在理想化条件下，输出电压 u_o 为

$$u_o(t) = -\frac{1}{R_1 C}\int_0^t u_i \mathrm{d}t + u_C(0)$$

式中，$u_C(0)$ 是 $t=0$ 时刻电容 C 两端的电压值，即初始值。

如果 $u_i(t)$ 是幅值为 E 的阶跃电压，并设 $u_C(0)=0$，则

$$u_o(t) = -\frac{1}{R_1 C}\int_0^t E\mathrm{d}t = -\frac{E}{R_1 C}T$$

即输出电压 $u_o(t)$ 随时间增长而线性下降。显然 RC 的数值越大，达到给定 U_o 值所需的时间就越长。积分输出电压所能达到的最大值受集成运放最大输出范围的限制。

在进行积分运算之前，首先应对运放调零。为了便于调节，将图中 S_1 闭合，即通过电阻 R_2 的负反馈作用帮助实现调零。但在完成调零后，应将 S_1 打开，以免因 R_2 的接入造成积分误差。S_2 的设置一方面为积分电容放电提供通路，同时可实现积分电容初始电压 $u_C(0)=0$；另一方面，可控制积分起始点，即在加入信号 u_i 后，只要 S_2 一打开，电容就将被恒流充电，电路也就开始进行积分运算。

4. 实训内容及步骤

实训前按设计要求选择运算放大器、电阻等元件的参数，看清运放组件各引脚的位置；切忌正、负电源极性接反和输出端短路，否则将会损坏集成块。

1）反相比例运算电路

（1）参照图 8.37 连接实验电路，接通 ±12 V 电源，输入端对地短路，进行调零和消振。

（2）适当选取电路中反馈电阻 R_f 的阻值，使得电路的电压放大倍数为 $A_u=10$。

（3）输入 $f=100$ Hz，$U_i=0.5$ V 的正弦交流信号，测量相应的 U_o，并用示波器观察 u_o 和 u_i 的相位关系，将结果记入表 8-1。

表 8-1　反相比例运算电路测量结果

U_i/V	U_o/V	u_i 波形	u_o 波形	A_u	
				实测值	计算值

2）同相比例运算电路

（1）参照图 8.39(a) 连接实验电路。

（2）适当选取电路中反馈电阻 R_f 的阻值，使得电路的电压放大倍数为 $A_u=11$。实验步骤同 1），将结果记入表 8-2。

表 8-2　同相比例运算电路测量结果

U_i/V	U_o/V	u_i 波形	u_o 波形	A_u	
				实测值	计算值

(3) 将图 8.39(a)中的 R_1 断开，得图 8.39(b)电路，重复步骤1)。

3) 反相加法运算电路

(1) 参照图 8.38 连接实验电路，调零并消振。

(2) 适当选取电路中反馈电阻 R_f 的阻值，使得电路的输出电压为

$$U_o = -(10U_{i1} + 5U_{i2})$$

(3) 输入信号采用直流信号，实验时要注意选择合适的直流信号幅度，以确保集成运放工作在线性区。用直流电压表测量输入电压 U_{i1}、U_{i2} 及输出电压 U_o，将结果记入表 8-3。

表 8-3　反相加法运算电路测量结果

U_{i1}/V				
U_{i2}/V				
U_o/V				

4) 减法运算电路

(1) 参照图 8.40 连接实验电路，调零并消振。

(2) 适当选取电路中电阻 R_f、R_3 的阻值，使得电路的输出电压为

$$U_o = 10(U_{i2} - 5U_{i1})$$

(3) 采用直流输入信号，实验步骤同反相加法运算电路(3)，将结果记入表 8-4 中。

表 8-4　减法运算电路测量结果

U_{i1}/V				
U_{i2}/V				
U_o/V				

5) 积分运算电路

实验电路如图 8.41 所示。

(1) 打开 S_2，闭合 S_1，对运放输出进行调零。

(2) 调零完成后，再打开 S_1，闭合 S_2，使 $U_C(0)=0$。

(3) 预先调好直流输入电压 $U_i=0.5$ V，接入实验电路，再打开 S_2，然后用直流电压表测量输出电压 U_o，每隔 5 s 读一次 U_o，将结果记入表 8-5 中，直到 U_o 不再明显增大为止。

表 8-5　积分运算电路测量结果

t/s	0	5	10	15	20	25	30	⋯
测量 U_o/V								
计算 U_o/V								

5. 实训报告

整理实训数据，分析实训结果。

本 章 小 结

差动放大电路对差模信号具有较强的放大能力，对共模信号具有较强的抑制作用，可以消除温度变化、电源波动、外界干扰等具有共模特征信号引起的输入误差。

集成运算放大电路由输入级、中间级、输出级、偏置电路组成。

集成运算放大电路闭环运行时，工作在线性区，存在"虚短"和"虚断"现象。线性应用包括比例、加法、减法、积分和微分等多种运算电路。

电路中常用的负反馈有四种组态：电压串联负反馈、电压并联负反馈、电流串联负反馈和电流并联负反馈。可以通过观察法、输入短路法和瞬时极性法等判断电路的反馈类型。负反馈可以全面改善放大电路的性能，包括：提高放大倍数的稳定性，减小非线性失真，抑制噪声，扩展频带。

集成运算放大电路开环运行时，工作在非线性区。比较器是一种能够比较两个模拟量大小的电路。迟滞比较器具有回差特性。它们是运放非线性工作状态的典型应用。

习 题

1. 填空题：

(1) 集成运算放大电路具有 _____ 和 _____ 功能。

(2) 大小相等、极性相反的信号称为 _____ 信号；大小相等、极性相同的信号称为 _____ 信号。

(3) 差动放大器的 K_{CMR} 越大，表明其对 _____ 的抑制能力越强。

(4) 理想化集成运放主要参数的理想化要求是：A_{od} _____ ；K_{CMR} _____ ；R_{id} _____ ；R_o _____ 。

(5) 理想化集成运放有两个特点："虚短"，即 _____ ，其条件是集成运放工作在 _____ 状态。"虚断"，即 _____ 。

2. 在图 8.42 中，已知 $R_1 = 2\ k\Omega$，$R_f = 10\ k\Omega$，$R_2 = 2\ k\Omega$，$R_3 = 18\ k\Omega$，$u_I = 1\ V$，求 u_O。

3. 试求图 8.43 所示电路中的 u_O 和 R_2。

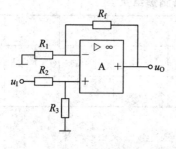

图 8.42 习题 2 图

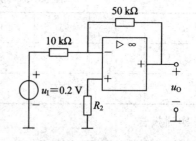

图 8.43 习题 3 图

4. 电路如图 8.44 所示，求输出电压 u_O 与输入电压 u_I 之间运算关系的表达式。

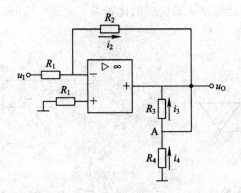

图 8.44　习题 4 图

5. 在图 8.45(a)所示电路中，已知 $R_1 = R_2 = R_f$，输入信号 u_{I1} 和 u_{I2} 的波形如图 8.45(b)所示，试画出输出电压 u_O 的波形。

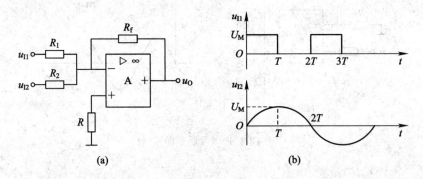

图 8.45　习题 5 图

6. 电路如图 8.46 所示，稳压管正向导通压降近似为零，试画出 u_O 与 u_I 的关系曲线。

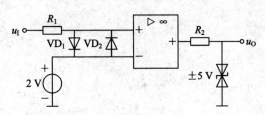

图 8.46　习题 6 图

7. 图 8.47 所示是某监控报警电路，u_1 是由传感器转换来的监控信号，U_{REF} 是基准电压。当 u_1 超过正常值时，报警灯亮，试说明其工作原理。二极管 VD 和电阻 R_3 在此起何作用？

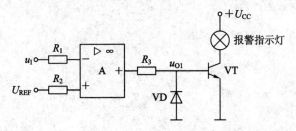

图 8.47　习题 7 图

8. 图 8.48 所示是由运算放大器构成的比较器，试画出输出信号的波形。

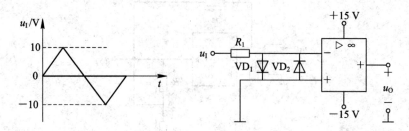

图 8.48 习题 8 图

9. 滞回比较器电路如图 8.49(a)所示，图中 $R_1 = R_f$，双向稳压管的稳定电压为 5 V，试求回差电压。如果在其输入端加上如图 8.49(b)所示的输入波形，请画出其输出波形。

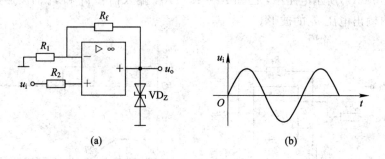

图 8.49 习题 9 图

第 9 章　直流稳压电源

学习目标

(1) 掌握单相半波、桥式整流电路与滤波电路的工作过程；

(2) 掌握桥式整流电容滤波电路的结构及输出电压的估算；

(3) 理解硅稳压管稳压电路的稳压过程；

(4) 掌握串联反馈稳压电路的组成、工作原理及其应用；

(5) 掌握三端集成稳压器的应用常识；

(6) 了解开关电源电路。

能力目标

(1) 能够应用桥式整流电容滤波电路；

(2) 能够应用常用的三端集成稳压器。

很多常用电子仪器或设备都需要用直流电源供电，而电能大多是交流电形式，因此需要将交流电转换成稳定的直流电。直流稳压电源就是实现这种转换的电子电路，它可将交流电转换成直流电，一般由变压、整流、滤波、稳压等几部分组成。其中，变压器用来将标准交流电压变为所需的交流电压；整流电路用来将交流电压转换为单向脉动的直流电压，滤波电路用来滤除整流后单向脉动电压中的交流成分，使之成为平滑的直流电压；稳压电路的作用是输入交流电源电压波动和负载变化时，维持输出直流电压的稳定。直流稳压电源的组成如图 9.1 所示。

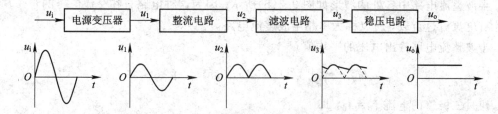

图 9.1　直流稳压电源组成框图

稳压器种类很多，主要可以分为两大类，即线性稳压器和开关稳压器。调整元件工作在线性放大状态的称为线性稳压器；调整元件工作在开关状态的称为开关稳压器。

9.1　整　流　电　路

整流电路是利用二极管的单向导电性，将工频交流电转换为单向脉动直流电的电路。小功率的情况下，通常采用单相交流电供电，因此这里只讨论单相整流电路。单向整流电

路有半波整流、全波整流、桥式整流等不同类型。目前广泛使用的是桥式整流电路。

9.1.1 单相半波整流电路

单相半波整流电路如图 9.2(a)所示，由电源变压器 T、整流元件 VD 及负载电阻 R_L 组成。

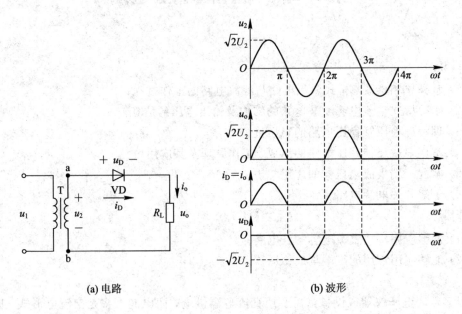

(a) 电路 　　　　　　　　　　(b) 波形

图 9.2 单相半波整流电路

电压 u_2 为变压器二次电压，设 $u_2 = U_2 \sin\omega t$。在 u_2 的正半周，二极管因正向偏置而导通，此时有电流流过负载，在负载上就可以得到电压 u_o。若忽略二极管的导通电压，此时 $u_o = u_2$。在 u_2 的负半周，二极管因反向偏置而截止，所以负载上的电压 $u_o = 0$，此后不断重复上述过程。负载电阻 R_L 上的电压始终是上正下负，而且只有在 u_2 的正半周才有波形输出，从而实现了半波整流。

半波整流电路中各处的波形如图 9.2(b)所示。因为这种电路只在交流电压的半个周期内才有电流流过负载，所以称为单相半波整流电路。

半波整流电路输出电压的平均值 U_o 为

$$U_o = \frac{1}{2\pi}\int_0^\pi \sqrt{2}\, U_2 \sin\omega t\, \mathrm{d}(\omega t) = 0.45 U_2 \tag{9-1}$$

流过二极管的电流 $I_D = I_o$，即

$$I_o = \frac{U_o}{R_L} = 0.45\frac{U_2}{R_L} \tag{9-2}$$

二极管承受的反向峰值电压 U_{DRM} 为

$$U_{DRM} = \sqrt{2}\, U_2 \tag{9-3}$$

半波整流电路结构简单，使用元件少，但整流效率低，输出电压脉动大。因此，它只适用于对效率要求不高的场合。

9.1.2 单相桥式整流电路

为了克服单相式整流电路的缺点，常采用图 9.3 所示的单相桥式整流电路。

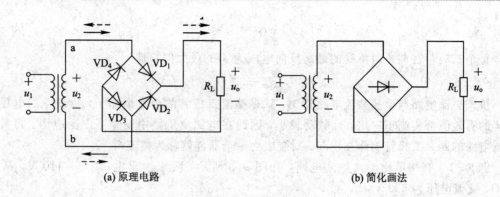

(a) 原理电路   (b) 简化画法

图 9.3 单相桥式整流电路

如图 9.3 所示，$VD_1 \sim VD_4$ 四个整流二极管接成电桥形式，当 u_2 为正半周时，a 点电位高于 b 点电位，二极管 VD_1、VD_3 承受正向电压而导通，VD_2、VD_4 承受反向电压而截止。此时电流的流通路径为 a→VD_1→R_L→VD_3→b。

当 u_2 为负半周时，b 点电位高于 a 点电位，二极管 VD_2、VD_4 承受正向电压而导通，VD_1、VD_3 承受反向电压而截止。此时电流的流通路径为 b→VD_2→R_L→VD_4→a。

负载电阻 R_L 在交流电压的一周期内都有电流流过，而方向不变，波形如图 9.4 所示。

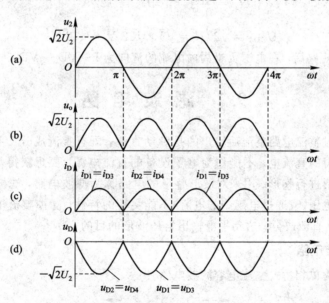

图 9.4 单相桥式整流电路的波形

由图 9.4 可知，桥式整流电路输出电压平均值为

$$U_o = \frac{1}{\pi} \int_0^\pi \sqrt{2}\, U_2 \sin\omega t\, \mathrm{d}(\omega t) = 0.9 U_2 \qquad (9-4)$$

流过负载电阻 R_L 的电流平均值为

$$I_o = \frac{U_o}{R_L} = 0.9 \frac{U_2}{R_L} \qquad (9-5)$$

流过每个二极管的电流平均值为负载电流的一半，即

$$I_D = \frac{1}{2}I_o = 0.45\frac{U_2}{R_L} \tag{9-6}$$

每个二极管在截止时承受的最高反向电压为 u_2 的最大值,即

$$U_{DRM} = \sqrt{2}\,U_2 \tag{9-7}$$

桥式整流电路与半波整流电路相比,只是整流二极管的个数增加了,负载上的电压与电流的有效值都提高了一倍,且脉动较小,因此在电源变压器中得到了广泛应用。将桥式整流电路的四只二极管制作在一起,封装成为一个器件就称为整流桥。

例 9-1 有一单相桥式整流电路,如图 9.3 所示,要求输出电压 $U_o = 110$ V,$R_L = 80\ \Omega$,交流电压为 220 V。

(1) 如何选用整流二极管?

(2) 若 VD_1 短路,电路会出现什么情况?

解 (1) 由已知条件可得

$$I_o = \frac{U_o}{R_L} = \frac{110}{80}\ \text{A} = 1.4\ \text{A}$$

$$I_D = \frac{1}{2}I_o = 0.7\ \text{A}$$

$$U_2 = \frac{U_o}{0.9} = 1.1U_o = 122\ \text{V}$$

$$U_{DRM} = \sqrt{2}\,U_2 = \sqrt{2} \times 122\ \text{V} = 172\ \text{V}$$

(2) 当 VD_1 短路后,在电源负半周内电流的流向为 b→VD_2→VD_1→a。

9.2 滤 波 电 路

交流电压经过整流电路整流后输出的是脉动直流,既有直流成分又有交流成分。这种输出电压不是平滑的直流电,不能作为电子设备的直流电源,要想获得平滑的直流电,需要对整流后的波形进行整形。用来对波形整形的电路称为滤波电路,滤波电路是利用储能元件电容两端的电压(或通过电感中的电流)不能突变的特性,滤掉整流电路输出电压中的交流成分,保留其直流成分,达到平滑输出电压波形的目的。

9.2.1 电容滤波电路

图 9.5 所示为单相桥式整流电容滤波电路。

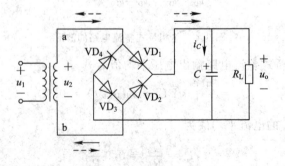

图 9.5 单相桥式整流电容滤波电路

　　由于电容容量较大，所以一般采用电解质电容器，电解质电容器具有极性，使用时其正极要接电路中高电位端，负极要接低电位端，将合适的电容器与负载电阻 R_L 并联，负载电阻上就能得到较为平直的输出电压。

　　设电容 C 的初始电压值为零，在 u_2 的正半周，u_2 先逐渐增大，VD_1、VD_3 导通，电源一方面给负载供电，另一方面对电容 C 充电。当 u_C 充电到 u_2 的最大值，到达图 9.6 的 a 点时，u_2 开始下降，因为电容两端的电压在电路状态改变时不能跃变，电容 C 经负载 R_L 放电。放电时间常数 $\tau_{放电} = R_L C$，故放电较慢，并以指数规律下降，直到 u_2 的负半周；在 u_2 的负半周，当 $|u_2| \geqslant u_C$ 时，过了 b 点，u_2 使 VD_2、VD_4 导通，电容再次被充电。随着 u_2 的变化，电容反复被充、放电，可得到图 9.6 所示的输出电压波形。电流进入稳态工作后，负载上得到的输出波形和整流脉动输出的脉动直线相比，滤波后输出的电压平滑多了。

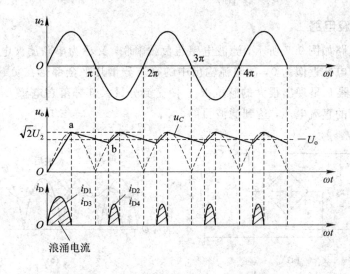

图 9.6　电容滤波电路电压、电流波形

　　显然，放电时间常数 $R_L C$ 越大，输出电压越平滑。若负载开路（$R_L =$ 无穷），电容无放电回路，输出电压将保持为 u_2 的峰值不变。

　　(1) 直流输出电压的估算。滤波电路的输出电压可按下式估算：

$$U_o = 1.2\, U_2$$

　　(2) 二极管的最大整流电流为

$$I_{FM} > 2I_U$$

　　(3) 在已知负载电阻 R_L 的情况下，滤波电容 C 的容量为

$$C \geqslant (3 \sim 5)\frac{T}{2R_L}$$

电容滤波电路的负载能力较差，仅适用于负载电流较小的场合。

　　例 9 - 2　设计一单相桥式整流电容滤波电路，要求输出电压 $U_o = 48$ V，已知负载电阻 $R_L = 100$ Ω，交流电源频率为 50 Hz，试选择整流二极管和滤波电容器。

　　解　流过整流二极管的平均电流为

$$I_D = \frac{1}{2}I_o = \frac{1}{2}\frac{U_o}{R_L} = \frac{1}{2} \times \frac{48}{100}\ \text{A} = 0.24\ \text{A} = 240\ \text{mA}$$

变压器二次电压有效值为

$$U_2 = \frac{U_\circ}{1.2} = \frac{48}{1.2} \text{ V} = 40 \text{ V}$$

整流二极管承受的最高反向电压为

$$D_{DRM} = \sqrt{2}\, U_2 = 1.41 \times 40 \text{ V} = 56.4 \text{ V}$$

因此可选择 2CZ11B 作整流二极管，其最大整流电流为 1 A，最高反向工作电压为 200 V，取

$$\tau = R_L C = 5 \times \frac{T}{2} = 5 \times \frac{0.02}{2} \text{ s} = 0.05 \text{ s}$$

则

$$C = \frac{\tau}{R_L} = \frac{0.05}{100} \text{ F} = 500 \times 10^{-6} \text{ F} = 500 \text{ } \mu\text{F}$$

9.2.2 电感滤波电路

电感滤波电路如图 9.7 所示，滤波电感与负载串联，又称为串联滤波电路。由于电感 L 对于直流分量的电抗近似为 0，故整流输出中的直流分量几乎全部落在负载 R_L 上；而对于交流分量，电感器 L 呈现出很大的感抗 X_L，使交流分量大部分落在电感 L 上，从而在输出端得到比较平滑的直流电压，达到滤波目的。

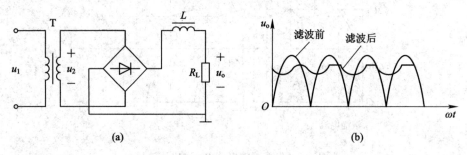

图 9.7　电感滤波电路

由于电感器串接于负载与整流输出端之间，电感滤波电路输出电压的最大值接近整流电路的输出电压，即 $U_\circ \approx 0.9 U_2$。因此，电感滤波电路适用于大电流、低电压的场合。

9.2.3 复式滤波

采用单一的电容或电感滤波时，电路虽然简单，但是滤波效果可能不够理想，大多数场合要求滤波效果更好；在此种情况下，则把前两种滤波结合起来，即采用复合滤波，进一步减小输出电压的脉动成分，从而改善了滤波的效果。常用的有 LC 滤波器、RC 滤波器、Π型 LC 滤波器、Π型 RC 滤波器等，分别如图 9.8 中的(a)、(b)、(c)、(d)所示。

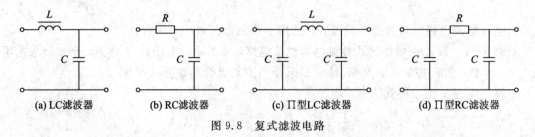

图 9.8　复式滤波电路

9.3　直流稳压电路

　　整流、滤波后得到的直流输出电压往往会随时间而有些变化，造成这种直流输出电压不稳定的原因有两个：其一是当负载改变时，负载电流将随着改变，整流电压器和整流二极管、滤波电容等都有一定的等效电阻，因此当负载电流发生变化时，即使交流电网电压不变，直流输出电压也会改变；其二是电网电压常有变化，在正常情况下变化±10％是常见的，当电网电压变化时，即使负载未变，直流输出电压也会改变。因此常在滤波电路后面再加一级稳压电路，以获得稳定的直流输出电压。

9.3.1　稳压管稳压电路

　　用硅稳压管和限流电阻组成的稳压电路如图 9.9 所示，交流电压经桥式整流和电容滤波后得到直流电压 U_i，再经限流电阻 R 和稳压管 VD_Z 组成的稳压电路供给负载 R_L。电阻 R 一方面用来限制电流，使稳压管电流 I_z 不超过允许值，另一方面还利用它两端电压的升降使输出电压 U_o 趋于稳定。稳压管反向并联在负载两端，工作在反向击穿区；由于稳压管反向特性陡直，即使流过稳压管的电流有较大的变化，其两端的电压也基本保持不变。

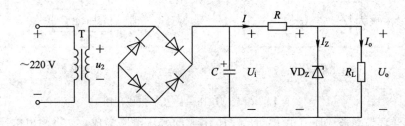

图 9.9　硅稳压管稳压电路

引起输出电压不稳定的主要原因有交流电源电压的波动和负载电流的变化，即

$$U_i = IR + U_o$$
$$I = I_z + I_o$$

若负载不变，则交流电源电压增加时的稳压过程为

电源电压 ↑ → u_2 ↑ → u_i ↑ → U_o ↑ → U_z ↑ → I_z ↑↑ →

$I = I_z + I_o$ ↑↑ → U_R ↑↑ → U_o ↓ → 稳定

若电源电压不变，整流、滤波后的输出电压 U_i 不变，则负载减小时的稳压过程为

R_L ↓ → I_o ↑ → $I = I_z + I_o$ ↑ → U_R ↑ → U_o ↓ → I_z ↓↓ →

$I = I_z + I_o$ ↓↓ → U_R ↓ → U_o ↑ → 稳定

　　可见，这种稳压电路中，稳压管通过自身的电流调节作用，并通过限流电阻 R，转化为电压调节，从而达到稳定电压的目的。

　　稳压管稳压电路的稳压性能主要取决于限流电阻 R 和稳压管动态电阻 r_Z。稳压管动态电阻 r_Z 越小，电流调节作用越明显；限流电阻 R 越大，电压调节作用越明显。但是限流电阻 R 大小受到其他参数（如输入电压、负载电流、稳压管电流、电阻功耗、电流效率等）的限制，在选取时应保证流过稳压管的电流介于稳压管稳定电流和最大稳定电流之间，才能使稳压管工作在线性稳压区。若难以选择符合以上条件的电阻 R，可改选最大稳定电流较

大的稳压二极管。

稳压管稳压电路简单，但是受稳压二极管最大稳定电流的限制，输出电流不能太大，而且输出电压不可调，稳定性也不是很理想，一般适用于输出电压固定且对稳定度要求不高的小功率电子设备中。

9.3.2 串联型稳压电路

串联型稳压电路是目前较为通用的稳压电路类型。所谓串联型稳压电路，就是在输入直流电压和负载电阻之间串入一个晶体管，当输入直流电压或负载发生变化时，通过某种反馈形式使三极管的集电极和发射极之间的电压也随之变化，从而调整输出电压，保持输出电压基本稳定。它通常由采样、基准电压、比较放大和调整四个环节组成，其电路及组成框图如图 9.10 所示。

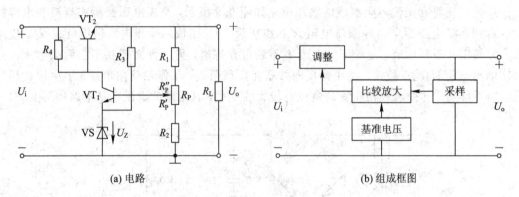

(a) 电路   (b) 组成框图

图 9.10　串联型稳压电路及其组成框图

（1）采样环节。采样环节由 R_1、R_P、R_2 组成的分压电路构成，它将输出电压 U_o 分出一部分作为采样电压 U_f，送到比较放大环节。

（2）基准电压环节。基准电压环节由稳压二极管 U_Z 和电阻 R_3 构成的稳压电路组成。稳定的基准电压 U_Z 作为调整、比较的标准。

设 VT_2 发射结电压 U_{BE2} 可忽略，则

$$U_f = U_Z = \frac{R_b}{R_a + R_b} U_o$$

或

$$U_o = \frac{R_a + R_b}{R_b} U_Z$$

（3）比较放大环节。比较放大环节由 VT_2 和 R_4 构成的直流放大电路组成，其作用是将采样电压 U_f 与基准电压 U_Z 之差放大后控制调整管 VT_1。

（4）调整环节。调整环节由工作在线性放大区的功率管 VT_1 组成。VT_1 的基极电流 I_{B1} 受比较放大电路输出的控制，它的改变又可使集电极电流 I_{C1} 和集-射电压 U_{CE1} 改变，从而达到自动调整稳定输出电压的目的。

其工作原理是：（1）当负载 R_L 不变、输入电压 U_i 减小时，输出电压 U_o 有下降趋势，通过采样电阻的分压使比较放大管的基极电位 U_{B2} 下降，而比较放大管的发射极电压不变（$U_{E2} = U_Z$），因此 U_{BE2} 也下降，于是比较放大管导通能力减弱，U_{C2} 升高，调整管导通能力增强，管压降 U_{CE1} 下降，使输出电压 U_o 上升，保证了 U_o 基本不变。当输入电压增大时，稳

压过程与上述过程相反。

（2）当输入电压 U_i 不变、负载 R_L 增大时，引起输出电压 U_o 有增长趋势，通过采样电阻的分压，使比较放大管的基极电位 U_{B2} 上升，因此 U_{BE2} 也上升，于是比较放大管导通能力增强，U_{C2} 下降，调整管导通能力减弱，管压降 U_{CE1} 上升，使输出电压 U_o 下降，保证了 U_o 基本不变。当负载 R_L 减小时，稳压过程与上述过程相反。

由此看出，稳压过程实质上是通过负反馈输出电压维持稳定的过程。

在实际稳压电路中，调整管不一定是单管，常用复合管作为调整管，因为调整管承担了全部负载电流，所以就可以在负载电流很大的情况下，减轻比较放大器的负载。同时，复合管的 β 值增大，可减小稳压电路的输出电阻，从而提高稳压电路的稳压性能。

在串联反馈式稳压电路中，提高稳压性能的主要措施是增大比较放大器的电压放大倍数，减小其零漂。所以在具体电路中，比较放大电路可由差动放大器或集成运放组成。图9.11 所示电路中的比较放大电路就采用了集成运算放大器。

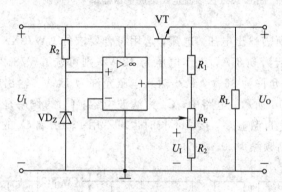

图 9.11　采用集成运放的稳压电路

9.3.3　三端式集成稳压器

随着集成电路工艺的发展，稳压电源中的调整环节、放大环节、基准环节、采样环节和其他附属电路大多可以制作在一块硅片内，形成集成稳压组件，称为集成稳压电路或集成稳压器。集成稳压器按输出电压是否可调分为固定式稳压器和可调式稳压器；按输出电压的极性分为正电压稳压器和负电压稳压器；按电路引脚又可分为三端稳压器和多端稳压器。下面介绍常见的三端稳压器。

1. 三端固定式集成稳压器

三端固定式集成稳压器的外形及引脚排列如图 9.12 所示（其中引脚的序号表示接入电

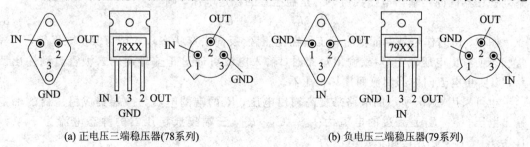

(a) 正电压三端稳压器(78系列)　　　　　　　　　(b) 负电压三端稳压器(79系列)

图 9.12　三端固定式集成稳压器外形及引脚排列

位的高低，1 端为最高），电路只有输入端、输出端及公共端三个引脚，故称为三端稳压器。

三端固定式集成稳压器的型号组成及意义如图 9.13 所示。国产的三端固定式集成稳压器有 CW78XX 系列和 CW79XX 系列。78 系列输出为正电压，输出正电压有 5 V、6 V、8 V、9 V、10 V、12 V、15 V、18 V、24 V 等多种；79 系列输出为负电压。其额定输出电流以 78 或 79 后面所加字母来区分，L 表示 0.1 A，M 表示 0.5 A，无字母表示 1.5 A。例如，CW7805 表示输出电压为 +5 V，最大输出电流为 1.5 A。

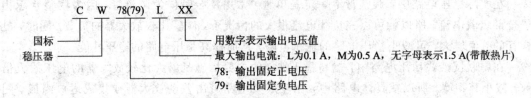

图 9.13　三端固定式集成稳压器型号组成及意义

1）基本应用电路

在实际中可根据所需输出电压、电流，选用符合要求的 CW78XX 系列产品，如某电视机电源的正常工作电流为 0.8 A，工作电压为 12 V，则可选 CW7812。它的输出电流可达 1.5 A，最大输入电压允许为 36 V，最小输入电压允许为 14 V，输出电压为 12 V。这样的直流稳压电路如图 9.14 所示。电路中，C_1 为滤波电容；C_2 的作用是抵消输入端较长接线的电感效应，防止产生自激振荡，接线不长时也可不用；输出端 C_3 的作用是改善负载的瞬态响应，减少电路的高频噪声。

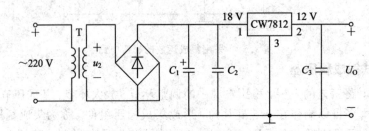

图 9.14　固定输出的直流稳压电路

2）提高输出电压的稳压电路

实际需要的直流稳压电源，如果超过集成稳压器的输出电压数值，可以外接一些元件来提高输出电压。图 9.15 所示电路能使输出电压高于固定电压，图（a）中的 U_{XX} 为 CW78 系列稳压器的固定输出电压数值，U_z 是稳压管的稳定电压，则

$$U_O = U_{XX} + U_z \tag{9-8}$$

图中，R 的作用是保证稳压管工作在稳压区（反向击穿状态），VD 为保护二极管，当异常状态使输出电压低于 U_z 或输出短路时，输入电流可通过正偏导通的二极管流到输出回路，以防止电流向内部回流而损坏稳压器。

也可采用图（b）所示的电路来提高输出电压，R_1 两端的电压为三端集成稳压器的额定输出电压 U_{XX}，R_1 上流过的电流为 $I_{R_1} = U_{XX}/R_1$，三端集成稳压器的静态电流为 I_w，则 $I_{R_2} = I_{R_1} + I_w$，稳压电路输出电压为

$$U_O = U_{XX} + I_{R_2} R_2 = I_{R_1} R_1 + I_{R_1} R_2 + I_w R_2 = \left(1 + \frac{R_2}{R_1}\right) U_{XX} + I_w R_2 \tag{9-9}$$

若忽略稳压器的静态工作电流 $I_{\rm W}$，则电路的输出电压为

$$U_{\rm O} \approx \left(1 + \frac{R_2}{R_1}\right) U_{\rm XX} \tag{9-10}$$

由此可见，提高 R_1 和 R_2 的比值，可提高 $U_{\rm O}$ 的值。这种接法的缺点是当输入电压变化时，$I_{\rm W}$ 也变化，将降低稳压器的精度。

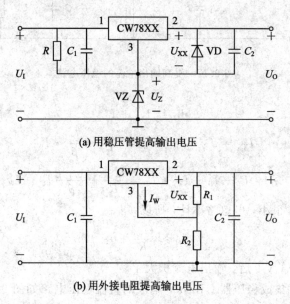

(a) 用稳压管提高输出电压

(b) 用外接电阻提高输出电压

图 9.15　提高输出电压的稳压电路

3）输出正、负压电路

当需要正、负两组电源输出时，可以采用 W78XX 系列正压单片稳压器和 W79XX 系列负压单片稳压器各一块，组成如图 9.16 所示电路，可以同时输出正、负电压。二极管 VD_5 和 VD_6 用于保护稳压器，若输出端过载，其中一路稳压器输入 $U_{\rm I}$ 断开（如图中 A 点所示），$+U_{\rm O}$ 通过 $R_{\rm L}$ 作用于 W7915 的 2 输出端，就会使该稳压器输出端对地承受反压损坏，有了 VD_6 限幅，反压仅为 $0.7~\rm V$ 左右，因而使稳压器得到保护。

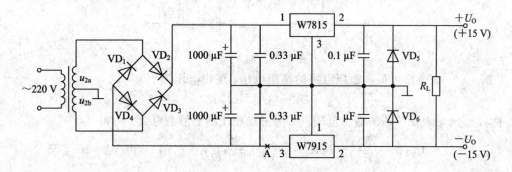

图 9.16　可输出正、负电压的电路

4）提高输出电流的稳压电路

当负载电流大于三端稳压器输出电流时，可采用图 9.17 所示的提高输出电流的稳压电路。$I_{\rm XX}$ 为三端稳压器的输出电流，$I_{\rm C}$ 为外接功率管集电极电流。

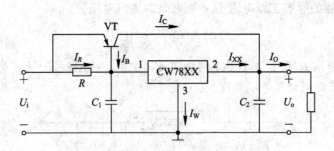

图 9.17　提高输出电流的稳压电路

由图 9.17 可知，

$$I_{\mathrm{O}} = I_{\mathrm{xx}} + I_{\mathrm{C}}$$

$$I_{\mathrm{xx}} = I_R + I_{\mathrm{B}} - I_{\mathrm{w}} = \frac{U_{\mathrm{EB}}}{R} + \frac{I_{\mathrm{C}}}{\beta} - I_{\mathrm{w}}$$

$$I_{\mathrm{O}} = I_R + I_{\mathrm{B}} - I_{\mathrm{w}} + I_{\mathrm{C}} = \frac{U_{\mathrm{EB}}}{R} + \frac{1+\beta}{\beta} I_{\mathrm{C}} - I_{\mathrm{w}}$$

由于 $\beta \gg 1$，且 I_{w} 很小，可忽略不计，所以

$$I_{\mathrm{O}} \approx \frac{U_{\mathrm{EB}}}{R} + I_{\mathrm{C}} \qquad\qquad (9-11)$$

可见，接了功率管 VT 后，输出电流扩大了。

例 9-3　由三端集成稳压器 CW7806 构成的直流稳压电路如图 9.18 所示。已知 $R_1 = 120\ \Omega$，$R_2 = 80\ \Omega$，$I_{\mathrm{d}} = 10\ \mathrm{mA}$，电路的输入电压 $U_{\mathrm{I}} = 20\ \mathrm{V}$，$C_1$、$C_2$ 选择合理，求：

(1) 电路的输出电压 U_{O}。

(2) 若 R_2 改用 $0 \sim 100\ \Omega$ 的电位器，则 U_{O} 的可调范围是多少？

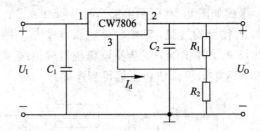

图 9.18　例 9-3 图

解　(1) 该电路可提高稳压电路的输出电压，输出电压为

$$U_{\mathrm{O}} = U_{\mathrm{xx}} + I_{\mathrm{w}} R_2$$

式中，U_{xx} 为集成稳压器的输出电压；I_{w} 为三端稳压器的静态电流。可得

$$U_{\mathrm{O}} = U_{\mathrm{xx}}\left(1 + \frac{R_2}{R_1}\right) + I_{\mathrm{w}} R_2 = 6\left(1 + \frac{80}{120}\right)\ \mathrm{V} + 0.01 \times 80\ \mathrm{V} = 10.8\ \mathrm{V}$$

(2) 若 R_2 改用 $0 \sim 100\ \Omega$ 的电位器：

R_2 最大为 $100\ \Omega$ 时，

$$U_{\mathrm{Omax}} = 6\left(1 + \frac{100}{120}\right) + 0.01 \times 100 = 12\ \mathrm{V}$$

R_2 最大为 $0\ \Omega$ 时，

$$U_{\text{Omin}} = U_{\text{XX}}\left(1+\frac{R_2}{R_1}\right)+I_\text{W}R_2 = 6 \text{ V}$$

2. 三端可调式输出集成稳压器

三端可调式输出集成稳压器是指输出电压可调节的稳压器,是在三端固定式输出集成稳压器的基础上发展起来的,它除了具备三端固定式稳压器的优点外,还实现了输出电压的连续可调,集成片的输入电流几乎全部流到输出端,流到公共端的电流非常小,因此可以用少量的外部元件方便地组成精密可调的稳压电路,应用更为灵活。

按输出电压的不同,三端可调式输出集成稳压器可分为正电压稳压器 CW317 系列(有 CW117、CW217、CW317)和负电压稳压器 CW337 系列(CW137、CW237、CW337)两大类。按输出电流的大小,每个系列又分为 L 型、M 型等,L 型为 0.1 A,M 型为 0.5 A,无字母的则为 1.5 A。其塑料直插式封装引脚排列如图 9.19 所示。

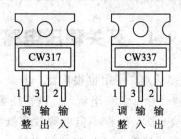

图 9.19　CW317 和 CW337 外形

图 9.20 所示是三端可调式输出集成稳压器 CW317 的基本应用电路。

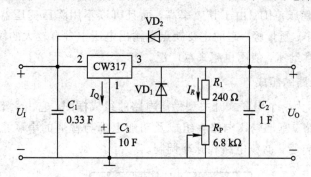

图 9.20　CW317 基本应用电路

图 9.20 中的电阻 R_1 与电位器 R_P 构成采样电路,输出端 2 与调整端 1 间的基准电压 $U_{\text{REF}}=1.25$ V。因调整端静态电流 $I_\text{Q}=50$ μA(可忽略),故输出电压为

$$U_\text{O} \approx U_{\text{REF}} + \frac{U_{\text{REF}}}{R_1}R_\text{P} = \left(1+\frac{R_\text{P}}{R_1}\right)U_{\text{REF}} = 1.25 \times \left(1+\frac{R_\text{P}}{R_1}\right) \quad (9-12)$$

图中的 VD_1 用于防止输出端因故短路时,C_3 向稳压器内部放电而损坏集成稳压器;VD_2 是为了防止输入端短路时,C_2 向内部放电而损坏集成稳压器。为保证稳压器在空载时也能正常工作,取 $I_R=5\sim10$ mA,故 $R_1=U_{\text{REF}}/I_R$ 的取值应为 $120\sim240$ Ω,R_P 取值则由所需输出电压的调节范围,根据式(9-12)来估算。可看出,当 R_P 为最大值时,输出电压有最大值;反之,输出电压为最小值。

3. 三端式集成稳压器的使用注意事项

（1）三端集成稳压器的输入、输出和接地端绝不能接错，不然容易烧坏。

（2）一般三端集成稳压器的最小输入、输出电压差约为 2 V，否则不能输出稳定的电压。一般应使电压差保持在 4～5 V，即经变压器变压、二极管整流、电容器滤波后的电压应比稳压值高一些。

（3）在实际应用中，应在三端集成稳压电路上安装足够大的散热器（当然，小功率的条件下不用）。因为当稳压器温度过高时，稳压性能将变差，甚至损坏。

（4）当制作中需要一个能输出 1.5 A 以上电流的稳压电源时，通常采用多块三端稳压电路并联起来，使其最大输出电流为 N 个 1.5 A。但应用时需注意，并联使用的集成稳压电路应采用同一厂家、同一批号的产品，以保证参数的一致。另外，在输出电流上要留有一定的余量，以避免个别集成稳压电路失效时导致其他电路连锁烧毁。

9.4　开关稳压电路

前述线性集成稳压器有很多优点，使用也很广泛，但是由于调整管必须工作在线性放大区，管压降比较大，同时要通过全部负载电流，所以管耗更大，电源效率低。在输入电压升高、负载电流很大时，管耗会更大，这样不但电源效率低（一般为 40%～60%），同时也使调整管工作可靠性降低。而开关稳压电压的调整管工作在开关状态，依靠调节调整管导通时间来实现稳压。由于调整管主要工作在饱和和截止两种状态，管耗很小，所以稳压管的效率明显提高，可达 80%～90%，而且这一效率几乎不受输入电压大小的影响，即开关稳压电源有很宽的稳压范围。由于其效率高，而且可以不用降压变压器，直接引入电网电压，所以电源体积小、重量轻。它的主要缺点是输出电压中含有较大的纹波，但是由于其优点显著，故发展非常迅速，使用也越来越广泛。

1. 开关稳压电路的组成

如图 9.21 所示为一个串联式开关型稳压电路的组成框图，它由六部分组成，其中采样电路、比较放大电路、基准电压电路在组成及功能上都与普通的串联稳压电路相同；不同的是增加了开关调整管、滤波电路和脉冲调制。

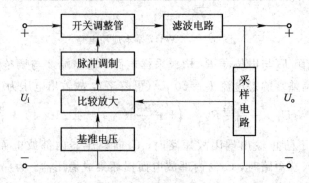

图 9.21　串联式开关型稳压电路的组成框图

新增部分的功能如下：

（1）开关调整管：在开关脉冲的作用下，调整管工作在饱和和截止状态，输出断续的脉冲。开关调整管采用的是大功率管。

（2）滤波器：把矩形脉冲变成连续的平滑直流电压。

（3）脉冲调制：控制开关管导通时间，从而改变输出电压高低。

开关稳压电源的种类较多，可以按不同方式来划分，有脉冲宽度调制型（PWM）、脉冲频率调制型（PFM）和混合调制型；按是否使用工频变压器来划分，有低压开关稳压电路和高压开关稳压电路；按激励的方式划分，有自激式和他激式；按所用开关调整管的种类划分，有双极型三极管、MOS 场效应管和可控硅开关电路等。

2. 开关稳压电路的工作原理

图 9.22 所示为一个最简单的开关型稳压电路示意图，电路的控制方式采用脉冲宽度调制式。

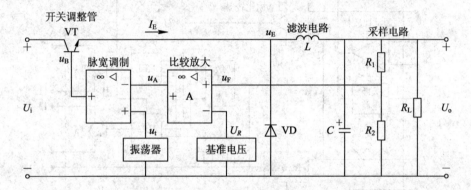

图 9.22　脉冲宽度调制式开关型稳压电路示意图

其工作原理如下：

当 $u_t > u_A$ 时，比较器输出高电平，$u_B = +U_{om}$。

当 $u_t < u_A$ 时，比较器输出低电平，$u_B = -U_{om}$。

故调整管 VT 的基极电压 u_B 成为高、低电平交替的脉冲波形。

u_B 为高电平时，调整管饱和导通，此时发射极电流 i_E 流过电感和负载电阻，一方面向负载提供输出电压，另一方面将能量储存在电感的磁场中。由于三极管 VT 饱和导通，因此其发射极电位 u_E 为

$$u_E = U_i - U_{CES}$$

式中，U_i 为直流输入电压，U_{CES} 为三极管的饱和管压降。u_E 的极性为上正下负，故二极管 VD 被反向偏置，不能导通，此时二极管不起作用。

当 u_B 为低电平时，调整管截止，但电感具有维持流过电流不变的特性，此时将储存的能量释放出来，在电感上产生的反电势使电流通过负载和二极管继续流通，因此，二极管 VD 称为续流二极管。此时调整管发射极的电位 u_E 为

$$u_E = -U_D \tag{9-13}$$

式中，U_D 为二极管的正向导通电压。

可见，调整管处于开关工作状态，它的发射极电位 u_E 也是高、低电平交替的脉冲波形。经过 LC 滤波电路以后，在负载上可以得到比较平滑的输出电压 U_o。

3. 单片脉宽调制式开关集成稳压电路 SG3524

SG3524 是美国硅通用公司(Silicon General)生产的双端输出式脉宽调制器,工作频率高于 100 kHz,工作温度为 0~70℃,宜构成 100~500 W 中功率推挽输出式开关电源。它应用于开关稳压器、变压器耦合的直流变换器、电压倍增器、极性转换器等中。SG3524 采用 DIP - 16 型封装,引脚排列及内部结构如图 9.23 所示。其电路包括电压调节器、误差放大器、可编程振荡器、脉冲指导触发器、两个末级输出晶体管、高增益的比较器,以及限流和关断电保护电路。

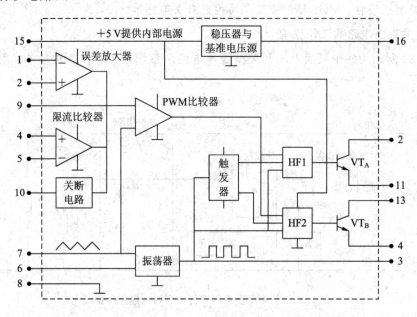

图 9.23 SG3524 引脚排列及内部结构

直流电源 U_s 从引脚 15 接入后分两路,一路加到或非门;另一路送到基准电压稳压器的输入端,产生稳定的 +5 V 基准电压。+5 V 再送到内部(或外部)电路的其他元器件作为电源。

振荡器引脚 7 须外接电容 C,引脚 6 须外接电阻 R。振荡器频率 f 由外接电阻 R 和电容 C 决定,$f=1.18/RC$。振荡器的输出分为两路,一路以时钟脉冲形式送至双稳态触发器及两个或非门;另一路以锯齿波形式送至比较器的同相端,比较器的反相端接误差放大器的输出。

误差放大器实际上是个差分放大器,引脚 1 为其反相输入端;引脚 2 为其同相输入端。通常,一个输入端连到引脚 16 的基准电压的分压电阻上(应取得 2.5 V 的电压),另一个输入端接控制反馈信号电压。在 DC/DC 变换部分,芯片的引脚 1 接控制反馈信号电压,引脚 2 接在基准电压的分压电阻上。误差放大器的输出与锯齿波电压在比较器中进行比较,从而在比较器的输出端出现一个随误差放大器输出电压高低而改变宽度的方波脉冲,再将此方波脉冲送到或非门的一个输入端。或非门的另外两个输入端分别为双稳态触发器和振荡器锯齿波。双稳态触发器的两个输出端互补,交替输出高、低电平,其作用是将 PWM 脉冲交替送至两个三极管 VT_A 及 VT_B 的基极,锯齿波的作用是加入了死区时间,保证两个三极管不可能同时导通。最后,晶体管 VT_A 及 VT_B 的占空比为 0%~90%;当 VT_A 及 VT_B 分开使用时，输出脉冲的占空比为 $0\% \sim 45\%$，脉冲频率为振荡器频率的 $1/2$；当引脚 10 加高电平时，可实现对输出脉冲的封锁，进行过流保护。

4. 采用开关电源的恒流源电路

采用开关电源的恒流源电路如图 9.24 所示。当电源电压降低或负载电阻 R_L 降低时，采样电阻 R_S 上的电压也将减少，则 SG3524 的 12、13 引脚输出方波的占空比增大，从而 VT_1 导通时间变长，使电压 U_o 回升到原来的稳定值。VT_1 关断后，储能元件 L_1、C_5、C_6、C_7 保证负载上的电压不变。当输入电源电压增大或负载电阻值增大引起 U_o 增大时，原理与前类似，电路通过反馈系统使 U_o 下降到原来的稳定值，从而达到稳定负载电流的目的。

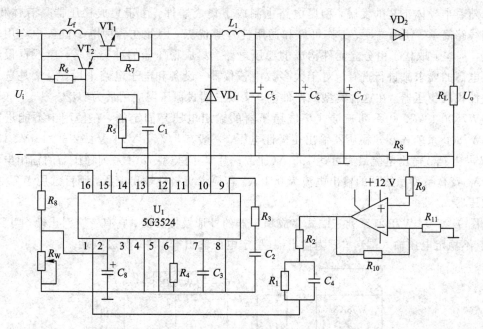

图 9.24　SG3524 构成的恒流源电路

开关电源的功率器件工作在开关状态，功率损耗小、效率高。与之相配套的散热器体积大大减小，同时脉冲变压器体积比工频变压器小了很多。因此采用开关电源的恒流源具有效率高、体积小、重量轻等优点，但是开关电源的控制电路结构复杂，输出纹波较大，在有限的时间内较难实现。

实训 9　直流稳压电源的测试

1. 实训目的

(1) 掌握桥式整流电路、滤波电路和稳压电路的工作原理；

(2) 研究集成稳压器的特点和性能指标的测试方法；

(3) 了解集成稳压器扩展性能的方法。

2. 实训设备

(1) 双踪示波器；

(2) 可调工频电源；

(3) 交流毫伏表；

(4) 直流电压表

(5) 直流毫安表；

(6) 三端式稳压器 W7812、W7815、W7915；

(7) 桥堆 2W06(或 KBP306)；

(8) 电阻器、电容器若干。

3. 实训原理

随着半导体工艺的发展，稳压电路也制成了集成器件。由于集成稳压器具有体积小、外接线路简单、使用方便、工作可靠和通用性好等优点，因此在各种电子设备中应用十分普遍，基本上取代了由分立元件构成的稳压电路。集成稳压器的种类很多，应根据设备对直流电源的要求来进行选择。对于大多数电子仪器、设备和电子电路来说，通常是选用串联线性集成稳压器。在这种类型的器件中，又以三端式稳压器应用最为广泛。

W7800、W7900 系列三端式集成稳压器的输出电压是固定的，在使用中不能进行调整。W7800 系列三端式稳压器输出正极性电压，一般有 5 V、6 V、9 V、12 V、15 V、18 V、24 V 共七挡，输出电流最大可达 1.5 A(加散热片)。同类型 78M 系列稳压器的输出电流为 0.5 A，78L 系列稳压器的输出电流为 0.1 A。若要求负极性输出电压，则可选用 W7900 系列稳压器。

图 9.25 为 W7800 系列三端式集成稳压器的外形及接线图。它有三个引出端，"1"为输入端(不稳定电压输入端)，"3"为输出端(稳定电压输出端)，"2"为公共端。

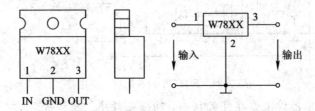

图 9.25　W7800 系列三端式集成稳压器的外形及接线图

除固定式输出三端稳压器外，尚有可调式三端稳压器，后者可通过外接元件对输出电压进行调整，以适应不同的需要。

本实训所用集成稳压器为三端固定式正稳压器 W7812，它的主要参数有：输出直流电压 $U_O = +12$ V，输出电流 L—0.1 A，M—0.5 A，电压调整率为 10 mV/V，输出电阻 $R_O = 0.15$ Ω，输入电压 U_I 的范围为 15～17 V。一般 U_I 要比 U_O 大 3～5 V，才能保证集成稳压器工作在线性区。

图 9.26 是用三端式稳压器 W7812 构成的单电源电压输出串联型稳压电源的实验电路。其中整流部分采用了由四个二极管组成的桥式整流器成品(又称桥堆)，型号为 2W06(或 KBP306)，内部接线和外部引脚如图 9.27 所示。滤波电容 C_1、C_2 一般选取几百至几千微法。当稳压器距离整流滤波电路比较远时，在输入端必须接入电容器 C_3(数值为 0.33 μF)，以抵消线路的电感效应，防止产生自激振荡。输出端电容 C_4(0.1 μF)用以滤除输出端的高频信号，改善电路的暂态响应。

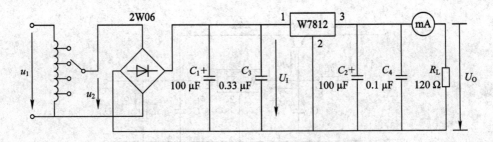

图 9.26 由 W7815 构成的串联型稳压电源

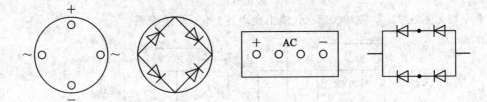

图 9.27 桥堆引脚图

图 9.28 为正、负双电压输出电路，例如需要 $U_{O1} = +15$ V，$U_{O2} = -15$ V，则可选用 W7815 和 W7915 三端式稳压器，这时的 U_I 应为单电压输出时的两倍。

当集成稳压器本身的输出电压或输出电流不能满足要求时，可通过外接电路来进行性能扩展。图 9.29 是一种简单的输出电压扩展电路。如 W7812 稳压器的 3、2 端间输出电压为 12 V，因此只要适当选择 R 的值，使稳压管 VD_W 工作在稳压区，则输出电压 $U_O = 12 + U_Z$，可以高于稳压器本身的输出电压。

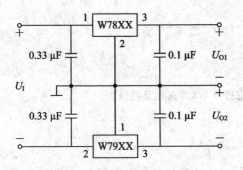

图 9.28 正、负双电压输出电路

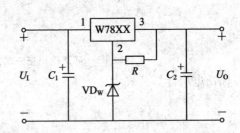

图 9.29 输出电压扩展电路

图 9.30 是通过外接三极管 VT 及电阻 R_1 来进行电流扩展的电路。电阻 R_1 的阻值由外接三极管的发射结导通电压 U_{BE}、三端式稳压器的输入电流 I_i（近似等于三端式稳压器的输出电流 I_{O1}）和 VT 的基极电流 I_B 来决定，即

$$R_1 = \frac{U_{BE}}{I_R} = \frac{U_{BE}}{I_i - I_B} = \frac{U_{BE}}{I_{O1} - \dfrac{I_C}{\beta}}$$

式中，I_C 为晶体管 VT 的集电极电流，应为 $I_C = I_O - I_{O1}$；β 为 VT 的电流放大系数。对于锗管，U_{BE} 可按 0.3 V 估算；对于硅管，U_{BE} 可按 0.7 V 估算。

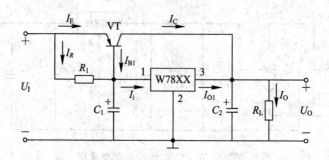

图 9.30 输出电流扩展电路

附：(1) 图 9.31 为 W7900 系列(输出负电压)外形及接线图。

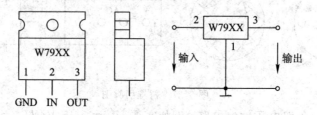

图 9.31 W7900 系列外形及接线图

(2) 图 9.32 为可调输出正三端式稳压器 W317 外形及接线图。

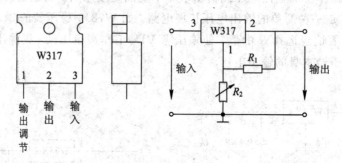

图 9.32 可调输出正三端式稳压器 W317 外形及接线图

输出电压计算公式为

$$U_O \approx 1.25\left(1 + \frac{R_2}{R_1}\right)$$

最大输入电压为

$$U_{Im} = 40 \text{ V}$$

输出电压范围为

$$U_O = 1.2 \sim 37 \text{ V}$$

4. 实训内容及步骤

1) 整流滤波电路测试

按图 9.33 连接实验电路，取可调工频电源电压 14 V 作为整流电路输入电压 u_2。接通工频电源，测量输出端直流电压 u_L，用示波器观察 u_2、u_L 的波形，把数据及波形记入自拟的表格中。

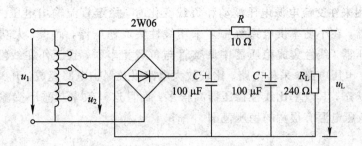

图 9.33　整流滤波电路

2) 集成稳压器性能测试

断开工频电源，按图 9.26 改接实验电路，取负载电阻 $R_L=120\ \Omega$。

(1) 初测。

接通工频 14 V 电源，测量 U_2 值；测量滤波电路输出电压 U_I（稳压器输入电压）和集成稳压器输出电压 U_O，它们的数值应与理论值大致符合，否则说明电路出了故障。若有故障，设法查找故障并加以排除。

电路经初测进入正常工作状态后，才能进行各项指标的测试。

(2) 各项性能指标测试。

① 测量输出电压 U_O 和最大输出电流 I_{Om}。

在输出端接负载电阻 $R_L=120\ \Omega$，由于 W7812 输出电压 $U_O=12\ V$，因此流过 R_L 的电流 $I_{Om}=\dfrac{12}{120}=100\ mA$。这时 U_O 应基本保持不变，若变化较大，则说明集成块性能不良。

② 测量稳压系数 S。取 $I_O=100\ mA$，改变整流电路输入电压 u_2（模拟电网电压波动），分别测出相应的稳压器输入电压 U_I 及输出直流电压 U_O，记入自拟表格中。

③ 测量输出电阻 R_O。取 $U_2=16\ V$，改变负载大小，分别使 I_O 为空载、50 mA 和 100 mA，测量 U_O 相应的值，记入自拟表格中。

④ 测量输出纹波电压。取 $U_2=16\ V$，$U_O=12\ V$，$I_O=100\ mA$，测量输出纹波电压并记录。

(3) 集成稳压器性能扩展。

根据所准备的实训器材，选取图 9.28、图 9.29 或 9.30 中各元器件，并自拟测试方法与表格，记录实训结果。

5. 实训报告

整理实训数据，分析实训结果。

本 章 小 结

直流稳压电源是电子设备中重要的组成部分，用来将交流电网电压变为稳定的直流电压。一般小功率直流电源由电源变压器、整流滤波电路和稳压电路等部分组成。

整流电路的作用是利用二极管的单向导电性，将交流电压变成单方向的脉动直流电压。目前广泛采用的是整流桥构成的桥式整流电路。为了消除脉动电压的纹波电压，需要采用滤波电路；单相小功率电源常采用电容滤波。

稳压电路用来在交流电源电压波动和负载变化时,稳定直流输出电压。目前广泛采用的是集成稳压器,在小功率供电系统中多采用线性集成稳压器,而中、大功率稳压电源一般采用开关稳压器。线性集成稳压器中调整管与负载相串联,且工作在线性放大状态,它由调整管、基准电压电路、采样电路、比较放大电路以及保护电路组成。开关稳压器中调整管工作在开关状态,其效率比线性稳压器高得多,而且这一效率几乎不受输入电压大小的影响,即开关稳压电源有很宽的稳压范围。

习　题

1. 填空题:

(1) 直流稳压电源一般由四部分组成:_____、_____、_____和_____。

(2) 整流电路是利用具有单向导电性的整流元件如_____和_____,将正负交替变化的正弦交流电压转换成_____。

(3) 滤波电路的作用是尽可能地将单向脉动直流电压中的脉动部分(交流分量)_____,使输出电压成为_____。

(4) 单相半波整流电路输出电压的平均值 U_o 为_____。

(5) 电容滤波电路一般适用于_____场合。

(6) 串联型稳压电路由_____、_____、_____和_____等部分组成。

2. 已知单相半波整流电路如图 9.2 所示,电路中负载电阻 $R_L = 40\ \Omega$,需要直流电压 $U_O = 40\ V$。试求出变压器次级电压、流过负载电阻的电流及流过整流二极管的平均电流。

3. 单相桥式整流电路中,如果有一个二极管断路了,结果会如何?如果有一个二极管正、负极接反了,结果又会如何?如果四个二极管全部接反了,分析电路如何工作。

4. 在桥式整流电容滤波电路中,如图 9.5 所示。一直流负载电阻 $R_L = 100\ \Omega$,电路的直流输出电压 $U_O = 30\ V$,交流电源的频率 $f = 50\ Hz$,试选择整流二极管的型号、滤波电容 C 的大小及耐压值。

5. 在稳压管稳压电路中,限流电阻的作用是什么?其值过小或过大将产生什么现象?

6. 串联型稳压电源主要由哪几部分构成?调整管是如何使输出电压稳定的?

7. 有一小型电子设备需要 +12 V 的直流电源,试用硅稳压管稳压电路和三端固定式集成稳压器分别组成 +12 V 稳压源,并画出电路图。

8. 下列元器件符号各代表什么含义?

(1) CW7815;(2) CW79L12;(3) CW78M05;(4) CW237M;

(5) CW117L;(6) CW317。

第 10 章 逻辑代数基础与组合逻辑电路

学习目标

(1) 理解数字电路的分类及其特点；

(2) 理解数制与码制，掌握数制间的转换；

(3) 掌握最简单的与、或、非门电路；

(4) 掌握 TTL 门电路、CMOS 门电路的特点和逻辑功能（输入/输出关系）；

(5) 掌握逻辑代数基本公式；

(6) 理解真值表、逻辑代数式、逻辑图表示逻辑函数；

(7) 掌握公式法化简逻辑函数；

(8) 掌握逻辑电路的一般分析方法和设计方法；

(9) 理解常用组合逻辑电路的原理、特点和使用方法。

能力目标

(1) 能够进行数制转换与编码；

(2) 能够用逻辑函数的代数化简方法化简逻辑函数；

(3) 能够对最简单的与、或、非门电路进行测试；

(4) 能够对常用组合逻辑电路的特点和使用方法进行归纳总结；

(5) 能够分析和设计组合逻辑电路。

自然界中的物理量可分为数字量和模拟量两大类。数字量是指离散变化的物理量；模拟量是指连续变化的物理量。与之对应，电子技术中，处理和传输的电信号有两种，一种信号在时间和数值上是连续变化的，称为模拟信号；另一种信号在时间和数值上都是离散的，称为数字信号。

处理数字信号、完成逻辑功能的电路，称为逻辑电路或数字电路。在数字电路中，数字信号用二进制表示，采用串行和并行传输两种传输方法。

与模拟信号相比，数字信号具有传输可靠、易于存储、抗干扰能力强、稳定性好等优点。为便于存储、分析和传输，常将模拟信号转换为数字信号，这也是数字电路应用愈来愈广泛的重要原因。

1. 数字电路的分类

按电路结构的不同，数字电路有分立和集成之分。分立电路用单个元器件和导线连接而成，目前已很少使用。集成电路的所有元器件及其连线，均按照一定的功能要求，制作在同一块半导体基片上。集成电路种类很多，应用广泛。

数字集成电路按其内部有源器件的不同,可以分为三大类:一类为双极型晶体管集成电路;另一类为 MOS(Metal-Oxide-Semiconductor,金属-氧化物-半导体)集成电路,其有源器件采用金属-氧化物-半导体场效应管;还有一类为 BiCMOS 器件,它由双极型晶体管电路和 MOS 型集成电路构成,能够充分发挥两种电路的优势,缺点是制造工艺复杂。

目前数字系统中普遍使用 TTL(Transistor-Transistor-Logic,晶体管-晶体管-逻辑)和 CMOS(Complemetary Metal Oxide Semiconductor,互补金属氧化物半导体)集成电路。TTL 集成电路工作速度高、逻辑功能强,但功耗大、集成度低;CMOS 集成电路具有集成度高、功耗低的优点,超大规模集成电路基本上都是 CMOS 集成电路,其缺点是工作速度略低。

2. 数字电路的特点

在实际工作中,数字电路中数字信号的高、低电平分别用 1 和 0 表示。只要能区分出高、低电平,就可以知道它所表示的逻辑状态了,所以高、低电平都有一个允许的范围。正因为如此,数字电路一般工作于开关状态,对元器件参数和精度的要求、对供电电源的要求,都比模拟电路要低一些。数字电路比模拟电路应用更加广泛。数字电路与模拟电路相比,具有以下特点:

(1) 结构简单,便于集成。

(2) 工作可靠,抗干扰能力强。

(3) 数字信号便于长期保存和加密。

(4) 产品系列全,通用性强,成本低。

(5) 不仅能实现算术运算,还能进行逻辑判断。

10.1 数 制 与 编 码

电子电路分为模拟电路和数字电路两类。数字电路传递、加工和处理的是数字信号,模拟电路传递、加工和处理的是模拟信号。在数字电路和计算机系统中,用代码表示数和特定的信息,因此,学习数字电路必须了解数字系统中的数制和码制。

10.1.1 数制

用数字量表示物理量的大小时,一位数码往往不够用,因此经常需要用多位数码按照进位方式来实现计数。一般把多位数码中每一位的构成方法以及从低位到高位的进位规则称为进位计数制,简称数制。

在生产实践中,人们普遍采用的数制是十进制,而在数字电路和微机系统中应用最广泛的是二进制和十六进制。

1. 十进制数

日常生活中人们最习惯用的就是十进制。十进制用 0~9 十个数码表示,基数为 10,计数规律是"逢十进一"。十进制整数从个位起各位的权分别为 10^0、10^1、10^2、…。例如,十进制数 555 的按权展开式为

$$(555)_{10} = 5 \times 10^2 + 5 \times 10^1 + 5 \times 10^0$$

2. 二进制数

二进制数用 0 和 1 两个数码表示，基数为 2，计数规律是"逢二进一"。二进制数从右至左的权分别为 2^0、2^1、2^2、…。例如，二进制数 1011 的按权展开式为

$$(1011)_2 = 1 \times 2^3 + 0 \times 2^2 + 1 \times 2^1 + 1 \times 2^0$$

3. 十六进制数

十六进制数用 0～9、A、B、C、D、E、F 十六个数码表示，基数为 16，计数规律是"逢十六进一"，其中 A、B、C、D、E、F 分别表示十进制数的 10、11、12、13、14、15。十六进制数从右至左的权分别为 16^0、16^1、16^2、…。例如，十六进制数 4F5 的按权展开式为

$$(4F5)_{16} = 4 \times 16^2 + 15 \times 16^1 + 5 \times 16^0$$

4. 不同进制之间的转换

1）十进制数与二进制数之间的转换

（1）十进制数转换成二进制数。

将十进制数转换成二进制数可以采用除 2 取余法。其方法是：将十进制数连续除以 2，求得各次的余数，直到商为 0，每次所得余数依次是二进制数由低位到高位的各位数码。

例 10-1　将十进制数 29 转换成二进制数。

解

```
2 | 29    ………… 余1(低位)
2 | 14    ………… 余0
2 | 7     ………… 余1
2 | 3     ………… 余1
2 | 1     ………… 余1(高位)
    0
```

所以，$(29)_{10} = (11101)_2$。

（2）二进制数转换为十进制数。

二进制数转换为十进制数的方法是：按权展开相加。

例 10-2　将二进制数 110011 转换成十进制数。

解　　　$(110011)_2 = 1 \times 2^5 + 1 \times 2^4 + 1 \times 2^1 + 1 \times 2^0 = (51)_{10}$

2）二进制数与十六进制数之间的转换

（1）二进制数转换为十六进制数。

二进制数转换为十六进制数的方法是：将二进制数从最低位开始，每四位一组，将每组都转换为一位的十六进制数。

例 10-3　写出二进制数 10011101010 的十六进制表示。

解　因为

```
0100   1110   1010
 ↓      ↓      ↓
 4      E      A
```

所以，$(10011101010)_2 = (4EA)_{16}$。

（2）十六进制数转换为二进制数。

十六进制数转换为二进制数的方法是：将十六进制数的每一位转换为相应的四位二进

制数。

例 10 - 4 写出十六进制数 3B9 的二进制表示。

解 因为

$$
\begin{array}{ccc}
3 & B & 9 \\
\downarrow & \downarrow & \downarrow \\
0011 & 1011 & 1001
\end{array}
$$

所以，$(3B9)_{16} = (1110111001)_2$。

3）十进制数转换成十六进制数

十进制数转换成十六进制数，可先将十进制数转换为二进制数，然后转换成十六进制数，也可用除 16 取余法。

10.1.2 编码

在数字系统中，二进制数码不仅可表示数值的大小，而且常用于表示特定的信息。将若干个二进制数码 0 和 1 按一定的规则排列起来表示某种特定含义的代码，称为二进制代码。将十进制数的 0～9 十个数字用二进制数表示的代码，称为二一十进制码，又称 BCD 码。常用的二一十进制代码为 8421BCD 码，这种代码的每一位的权值是固定不变的，为恒权码。它取了 4 位自然二进制数的前 10 种组合，即 0000(0)～1001(9)，从高位到低位的权值分别是 8、4、2、1，去掉后 6 种组合，所以称为 8421BCD 码。如表 10 - 1 给出了十进制数与 8421BCD 码的对应关系。

表 10 - 1 十进制数与 8421BCD 码的对应关系

十进制数	0	1	2	3	4	5	6	7	8	9
8421BCD 码	0000	0001	0010	0011	0100	0101	0110	0111	1000	1001

例 10 - 5 将十进制数 192 转换成 8421BCD 码。

解 将 1、9、2 按表 10 - 1 分别转换成 8421BCD 码，为 0001、1001、0010，然后按原来的顺序依次排列即可。192 的 8421BCD 码为 000110010010。

例 10 - 6 将 8421BCD 码 010101110010 转换成十进制数。

解 将 8421BCD 码 010101110010 共 12 位分成三组 0101、0111、0010，分别转换成十进制数 5、7、2，然后按原来的顺序依次排列，得 8421BCD 码 010101110010 的十进制数为 572。

10.2 基本逻辑运算

在生产实践中常有互相对立却又互相依存的两种逻辑状态，如灯的"亮"和"灭"，开关的"通"和"断"，信号的"有"和"无"，事情的"发生"和"不发生"等等，这样的两种状态在逻辑学中都可以用逻辑"真"和逻辑"假"来表示。

在这种情况下，我们把条件看作逻辑变量，结果看作逻辑函数，而逻辑变量和逻辑函数的取值只有"0"和"1"两种，从而就把一种逻辑问题转化为一种代数问题。这种用代数的方法研究逻辑问题的科学称为逻辑代数。逻辑代数是 1849 年英国数学家乔治·布尔

(George Bool)最早提出的，因此也称为布尔代数。1938 年克劳得·香农（Claude E. Shannon）将布尔代数理论应用到继电器开关电路的设计中，因此又称为开关代数。逻辑代数是研究数字电路的一个基本的数学工具，因此数字电路也称为逻辑电路。

数字电路中使用高、低两个电平表示两种不同的电路状态，如果规定用高电平表示逻辑状态"1"，用低电平表示逻辑状态"0"，称为正逻辑；反之，称为负逻辑。两种逻辑之间是可以相互转换的，如无特殊说明，本书一般采用正逻辑。

任一逻辑函数和其变量的关系，不管多么复杂，都是由相应输入变量的与、或、非三种基本运算构成的，也就是说，逻辑函数中包含三种基本运算：与、或、非。任何逻辑运算都可以用这三种基本运算来实现。通常，把实现与逻辑运算的单元电路叫作与门，把实现或逻辑运算的单元电路叫作或门，把实现非逻辑运算的单元电路叫作非门（也叫作反相器）。

10.2.1　与逻辑和与门

1. 与逻辑

先来看一个简单的例子。图 10.1 中，A、B 为两个开关，F 为灯，F 的亮、灭取决于 A、B 的通、断。

如果把开关的闭合和断开作为条件（或导致事物结果的原因），把灯亮作为结果，可以列出输入 A、B 与输出 F 的所有关系，如表 10-2 所示。

由表 10-2 可见：灯 F 亮的条件是开关 A、B 同时闭合，这种 F 与 A、B 的关系称为"与逻辑"关系。所谓与逻辑，是指只有决定事物结果的全部条件同时具备时，结果才会发生。这种因果关系叫作逻辑与，或者叫逻辑乘。在逻辑代数中，逻辑变量之间逻辑与的关系称作与运算，也叫逻辑乘法运算。

若以"1"表示开关 A、B 闭合，以"0"表示开关断开；以"1"表示灯亮，以"0"表示灯不亮，则可以列出输入变量 A、B 的所有取值组合与输出变量 F 的一一对应关系，这种用表格形式列出的逻辑关系，叫真值表。它是描述逻辑功能的一种重要形式。表 10-3 为与逻辑的真值表。

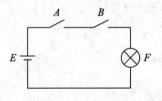

图 10.1　与逻辑电路

表 10-2　与逻辑关系

A	B	F
断开	断开	灭
断开	闭合	灭
闭合	断开	灭
闭合	闭合	亮

表 10-3　与逻辑真值表

A	B	F
0	0	0
0	1	0
1	0	0
1	1	1

与逻辑还可以用输出与输入之间的逻辑关系表达式（也即逻辑函数）来表示，与逻辑的逻辑函数为

$$F = A \cdot B$$

式中，符号"·"叫逻辑乘号（或逻辑与号），为了书写方便，可以省略不写。

2. 与门

能实现与逻辑运算的电路称为"与门"，它是数字电路中最基本的一种逻辑门电路。图

10.2 是国家标准局规定的与门的标准符号。

图 10.2 是二输入的与门符号，当输入增加时，符号形状不变，只是增加输入端而已。

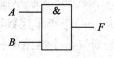

图 10.2 "与门"符号

10.2.2 或逻辑和或门

1. 或逻辑

或逻辑电路如图 10.3 所示。

和与逻辑分析过程类似，可以列出或逻辑电路输入 A、B 与输出 F 的所有关系组合，如表 10-4 所示。

由此可见：灯 F 亮的条件是开关 A、B 只要有一个闭合即可，这种 F 与 A、B 的关系称为"或逻辑"关系。所谓或逻辑，是指决定事物结果的全部条件中，只要有一个成立，结果就会发生。这种因果关系叫作逻辑或，或者叫逻辑加。在逻辑代数中，逻辑变量之间逻辑加的关系称作加运算，也叫逻辑加法运算。

同理，若以"1"表示开关 A、B 闭合，以"0"表示开关断开；以"1"表示灯亮，以"0"表示灯不亮，则可以列出逻辑或的真值表，如表 10-5 所示。

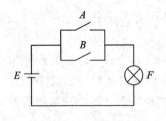

图 10.3 或逻辑电路

表 10-4　或逻辑关系

A	B	F
断开	断开	灭
断开	闭合	亮
闭合	断开	亮
闭合	闭合	亮

表 10-5　或逻辑真值表

A	B	F
0	0	0
0	1	1
1	0	1
1	1	1

2. 或门

能实现或逻辑运算的电路称为"或门"，图 10.4 是或门的标准符号。

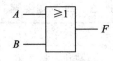

图 10.4 "或门"符号

10.2.3 非逻辑和非门

1. 非逻辑

非逻辑电路如图 10.5 所示。

该电路输入 A 与输出 F 关系如表 10-6 所示。灯 F 的亮、灭与条件开关的闭合、断开呈现一种相反的因果关系，这种关系称为非逻辑，或者叫逻辑反。所谓逻辑非，是指条件具备时，结果便不会产生；而条件不具备时，结果一定发生，即结论是对前提条件的否定。

同理，若以"1"表示开关 A 闭合，以"0"表示开关 A 断开；以"1"表示灯亮，以"0"表示灯不亮，则可以列出逻辑或的真值表，如表 10-7 所示。

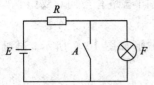

图 10.5　非逻辑电路

表 10 - 6　非逻辑关系

A	F
闭合	灭
断开	亮

表 10 - 7　非逻辑真值

A	F
0	1
1	0

在逻辑代数中,逻辑变量之间逻辑非的关系称作非运算,也叫求反运算。

逻辑非的表达式为

$$F = \overline{A}$$

2. 非门

能实现非逻辑运算的电路称为"非门",图 10.6 是非门的标准符号。

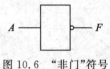

图 10.6　"非门"符号

10.2.4　逻辑代数中的五种复合逻辑运算

实际的逻辑问题往往比与、或、非复杂得多,不过它们都可以用与、或、非的组合来实现。最常用的复合逻辑运算有与非、或非、与或非、异或、同或等。表 10 - 8 给出了它们的表达式、逻辑符号、真值表和运算规律。

表 10 - 8　五种复合逻辑运算

逻辑名称	与非			或非			与或非				异或			同或		
逻辑表达式	$Y = \overline{AB}$			$Y = \overline{A+B}$			$Y = \overline{AB + CD}$				$Y = A \oplus B$			$Y = A \odot B$		
逻辑符号																
	A	B	Y	A	B	Y	A	B	C	D	Y	A	B	Y	A	B	Y
真值表	0	0	1	0	0	1	0	0	0	0	1	0	0	0	0	0	1
	0	1	1	0	1	0	0	0	0	1	1	0	1	1	0	1	0
	1	0	1	1	0	0	⋮	⋮	⋮	⋮	⋮	1	0	1	1	0	0
	1	1	0	1	1	0	1	1	1	1	0	1	1	0	1	1	1
逻辑运算规律	有 0 得 1 全 1 得 0			有 1 得 0 全 0 得 1			与项为 1 结果为 0 其余输出全为 1				不同为 1 相同为 0			不同为 0 相同为 1		

(1) 与非运算:将与运算的结果求反。

(2) 或非运算:将或运算的结果求反。

(3) 与或非运算:将 A 和 B、C 和 D 分别相与,然后将两者结果求和,最后再求反。

(4) 异或运算:当输入变量 A 和 B 的取值不同时,输出变量的值为 1;当输入变量 A 和 B 的取值相同时,输出变量的值为 0。

(5) 同或运算:当输入变量 A 和 B 的取值相同时,输出变量的值为 1;当输入变量 A 和 B 的取值不同时,输出变量的值为 0。

实现本节所述各种逻辑运算的电路称为门电路。常用集成门电路有与门、或门、非门（也称反相器）、与非门、或非门、异或门、同或门、与或非门等。

例 10-7 已知与非门、或非门两输入端的信号 A、B 的波形如图 10.7 所示，试画出与非门、或非门的输出波形。

解 与非门为 $Y=\overline{AB}$，或非门为 $Y=\overline{A+B}$，波形如下：

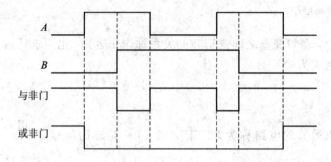

图 10.7　与非门、或非门两输入、输出波形

10.3　逻辑代数及化简

根据逻辑代数中的与、或、非三种基本运算，可以推导出逻辑代数运算的一些基本定律，也可以称为逻辑代数的公理。熟悉这些基本定律以后，可以推出逻辑代数的一些常用公式，这些定律和公式为逻辑函数的化简提供了依据，也是分析和设计数字逻辑电路的理论工具。

10.3.1　逻辑代数中的运算公式

逻辑代数不仅有与普通代数类似的定律，如交换律、结合律、分配律，还有它本身的一些特殊规律。逻辑代数共有八个基本定律，现将它分成三大类，列在表 10-9 中。

表 10-9　逻辑代数的八个基本定律

与普通代数相似的定律	交换律	$A \cdot B=B \cdot A$	$A+B=B+A$
	结合律	$A \cdot (B \cdot C)=(A \cdot B) \cdot C$	$A+(B+C)=(A+B)+C$
	分配律	$A \cdot (B+C)=A \cdot B+A \cdot C$	$A+B \cdot C=(A+B)(A+C)$
有关变量和常量关系的定律	0、1律	$A \cdot 1=A; A \cdot 0=0$	$A+1=1; A+0=A$
	互补律	$A \cdot \overline{A}=0$	$A+\overline{A}=1$
逻辑代数的特殊规律	重叠律	$A \cdot A=A$	$A+A=A$
	否定律	$\overline{\overline{A}}=A$	$\overline{\overline{A}}=A$
	反演律	$\overline{A \cdot B}=\overline{A}+\overline{B}$	$\overline{A+B}=\overline{A} \cdot \overline{B}$

表中，交换律、结合律、分配律是与普通代数相似的定律；0、1 律和互补律表明了逻辑运算中常量与变量间的关系；重叠律、否定律和反演律则是逻辑代数特有的规律。

根据基本的逻辑概念及与、或、非的基本运算规律，很容易看出下面这些定律是正确的：交换律，结合律，0、1律，互补律，重叠律，否定律。

还有一些定律如分配律中 $A+B \cdot C=(A+B)(A+C)$ 以及反演律（也称摩根定律），就不容易看出是否正确。对于这些不易看出是否正确的定律，可以分别作出等式两边的真值表，再检查其结果是否相同，这个方法是最方便有效的。

例 10 - 8　用真值表证明 $A+B \cdot C=(A+B)(A+C)$ 和 $\overline{A \cdot B}=\overline{A}+\overline{B}$ 的正确性。

解　将 A、B、C 的各种取值代入上面等式的两边，得到的结果填入表中，可得真值表表 10 - 10 和表 10 - 11。

表 10 - 10　例 10 - 8 真值表 1

A	B	C	BC	$A+BC$	$A+B$	$A+C$	$(A+B)(A+C)$
0	0	0	0	0	0	0	0
0	0	1	0	0	0	1	0
0	1	0	0	0	1	0	0
0	1	1	1	1	1	1	1
1	0	0	0	1	1	1	1
1	0	1	0	1	1	1	1
1	1	0	0	1	1	1	1
1	1	1	1	1	1	1	1

表 10 - 11　例 10 - 8 真值表 2

A	B	AB	$\overline{AB}$	$\overline{A}$	$\overline{B}$	$\overline{A}+\overline{B}$
0	0	0	1	1	1	1
0	1	0	1	1	0	1
1	0	0	1	0	1	1
1	1	1	0	0	0	0

分析表 10 - 10 和表 10 - 11，可知两个公式的正确性，其他公式也可用相同的方法证明。

10.3.2　逻辑函数的化简

1. 化简的意义

直接根据实际逻辑要求而得到的逻辑函数，可以用不同的逻辑表达式和逻辑图来描述。若逻辑函数的逻辑表达式简单，逻辑图就简单，实现逻辑问题所需要的逻辑单元就比较少，从而所需要的电路元器件就少，电路更加可靠。为此在设计数字电路时，首先要化简逻辑表达式，以便用最少的门实现实际电路。这样既可降低系统的成本，又可提高电路的可靠性。

逻辑函数化简通常遵循以下几条原则：

(1) 逻辑电路所用的门最少；

(2) 各个门的输入端要少；

(3) 逻辑电路所用的级数要少；

（4）逻辑电路能可靠地工作。

2．最简的与或表达式

不同类型的逻辑表达式的最简标准是不同的，最常用的是与或表达式，由它很容易推导出其他形式的表达式，其他形式的表达式也可方便地变换为与或表达式。

所谓最简的与或逻辑表达式，应满足：

（1）乘积项的数目最少；

（2）在此前提下，每一个乘积项中变量的个数也最少。

这样才能称作最简与或表达式。

3．逻辑函数的代数化简法

代数化简法就是利用逻辑代数的基本公式、常用公式和运算规则对逻辑函数的代数表达式进行化简，又称为公式法。常用的化简法有以下几种：

1）并项法

利用公式 $A+\overline{A}=1$，将两项合并为一项，消去一个变量。例如：

$$Y = A(BC+\overline{BC}) + A(B\overline{C}+\overline{B}C) = ABC + A\overline{BC} + AB\overline{C} + A\overline{B}C$$
$$= AB(C+\overline{C}) + A\overline{B}(C+\overline{C}) = AB + A\overline{B} = A(B+\overline{B}) = A$$

2）吸收法

利用公式 $A+AB=A$ 消去多余的项。例如：

$$Y = A\overline{B} + A\overline{B}(C+DE) = A\overline{B}$$

3）消去法

利用公式 $A+\overline{A}B=A+B$，消去多余的因子。例如：

$$Y = \overline{A} + AB + \overline{B}E = \overline{A} + B + \overline{B}E = \overline{A} + B + E$$

4）配项法

先通过乘以 $A+\overline{A}$ 或加上 $A\overline{A}$，增加必要的乘积项，再用以上方法化简。例如：

$$Y = AB + \overline{A}C + BCD = AB + \overline{A}C + BCD(A+\overline{A})$$
$$= AB + \overline{A}C + ABCD + \overline{A}BCD = AB + \overline{A}C$$

在化简逻辑函数时，要灵活运用上述方法，才能将逻辑函数化为最简。

例 10 - 9　化简逻辑函数：

$$Y = AD + A\overline{D} + AB + \overline{A}C + BD + A\overline{B}EF + \overline{B}EF$$

解　$Y = A + AB + \overline{A}C + BD + A\overline{B}EF + \overline{B}EF$　（利用 $A+\overline{A}=1$）

$= A + \overline{A}C + BD + \overline{B}EF$　　　　　（利用 $A+AB=A$）

$= A + C + BD + \overline{B}EF$　　　　　　（利用 $A+\overline{A}B=A+B$）

代数化简法的优点是不受变量数目的限制；缺点是：没有固定的步骤可循；需要熟练运用各种公式和定律；在化简一些较为复杂的逻辑函数时还需要一定的技巧和经验；有时很难判定化简结果是否最简。

10.4　集成逻辑门电路

门电路是数字电路中最基本的单元电路。门电路的输入量与输出量满足一定的逻辑关系。按其逻辑功能来分，有与门电路、或门电路、与非门电路、或非门电路等。本节着重介绍 TTL 门电路、CMOS 门电路和集成门电路的使用注意事项，应主要掌握这些门电路的特点、外部特性和逻辑功能，对其内部电路也要有一些了解，以帮助合理选择和正确使用。

10.4.1　TTL 门电路

TTL 门电路是一种单片集成电路。集成电路中所有元件和连线，都制作在一块半导体基片上。这种门电路的输入级和输出级均采用晶体三极管，故称晶体管—晶体管逻辑门电路，简称 TTL 电路或称 T^2L 电路。它的主要特点是在电路的输入端采用了多发射极的三极管。

1. TTL 与非门的电路结构

如图 10.8 所示为 TTL 与非门的典型电路，它由输入级、中间级和输出级三部分组成。

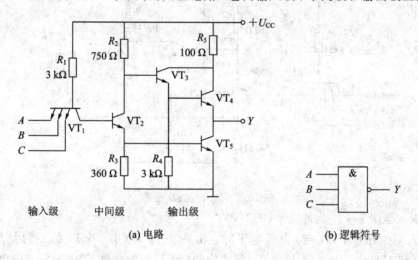

(a) 电路　　　　　　　　　　　(b) 逻辑符号

图 10.8　TTL 集成与非门电路及逻辑符号

1）输入级

输入级由多发射极管 VT_1 和电阻 R_1 组成。其作用是：① 从逻辑功能上，对输入变量 A、B、C 实现逻辑与；② 提高门电路工作速度。因为，当 VT_2 截止时，VT_1 深度饱和，瞬间产生一个很大的电流 i_{c1}。而 i_{c1} 又恰好是 VT_2 的基极反向驱动电流，VT_1 对 VT_2 的抽流作用，使 VT_2 在饱和时积累的基区存储电荷迅速消散，从而加快了 VT_2 由饱和变为截止的速度。

2）中间级

中间级由 VT_2、R_2 和 R_3 组成。VT_2 的集电极和发射极输出两个相位相反的信号，其作用是使 VT_3、VT_4 和 VT_5 轮流导通。

3）输出级

输出级由 VT_3、VT_4、VT_5 和 R_4、R_5 组成，这种电路形式称为推拉式电路。其作用是提高门电路带负载能力。因为，当 VT_4 截止时，VT_5 饱和，允许输出端灌入较大负载电流。当 VT_5 截止时，VT_3、VT_4 组成射极输出器，射极输出器的输出阻抗低，带负载能力强，负载拉电流大。

2. TTL 与非门的工作状态

(1) 输入全为高电平。

输入全为高电平时如图 10.9 所示，电源 U_{CC} 通过 R_1 足以使 VT_1 的集电结和 VT_2、VT_5 的发射结导通，并且 VT_2、VT_5 饱和，VT_1 的基极电位被钳在 $u_{B1} = u_{BC1} + u_{BE2} + u_{BE5} = 0.7\,V + 0.7\,V + 0.7\,V = 2.1\,V$，而 VT_1 集电极电压 $u_{B2} = u_{BC1} + u_{BE2} = 0.7\,V + 0.7\,V = 1.4\,V$ 低于发射极电压 $3.6\,V$，管子倒置工作。

VT_2 的集电极压降 $u_{C2} = U_{CES2} + u_{BE5} = 0.3\,V + 0.7\,V = 1\,V$，可以使 VT_3 导通，但 VT_4 不能导通。因此输出为低电平。$u_o = u_{OL} = U_{CES5} \approx 0.3\,V$，电路实现了"输入全为高电平，输出为低电平"的逻辑关系。

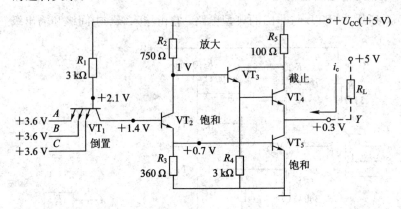

图 10.9　输入全为高电平

(2) 输入至少有一个为低电平($0.3\,V$)。

当输入至少有一个(A 端)为低电平时，由图 10.10 可知，VT_1 的发射结正向导通，$u_{B1} = 1\,V$，使 VT_2、VT_5 均截止，VT_1 特殊饱和(因 $i_{c_1} = 0$)，而 VT_2 的集电极电压足以使 VT_3、VT_4 导通。因此输出为高电平：

$$u_o = U_{OH} \approx U_{CC} - u_{BE3} - u_{BE4} = 5 - 0.7 - 0.7 = 3.6\,V$$

电路实现了"输入有低电平，输出为高电平"的逻辑关系。

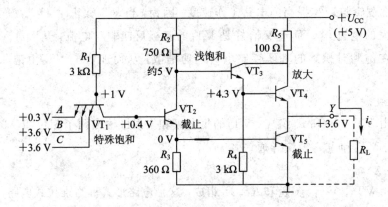

图 10.10　输入至少有一个为低电平

(3) 逻辑功能。

从上述分析可得表 10-12 所示输入、输出电压关系，将其中的高电压用"1"表示，低电

压用"0"表示,得表 10－13 逻辑功能真值表,由表 10－14 逻辑功能真值表可推得与非逻辑功能:

$$Y = \overline{ABC}$$

表 10－12　输入、输出电压关系表

输入电压	输出电压
u_A　u_B　u_C	u_o
全低($U_{IL}=0.3$ V)	出高($U_{OH}=3.6$ V)
有低($U_{IL}=0.3$ V) 有高($U_{IH}=3.6$ V)	出高($U_{OH}=3.6$ V)
全高($U_{IH}=3.6$ V)	出低($U_{OL}=0.3$ V)

表 10－13　逻辑功能真值表

输入逻辑变量	输出逻辑变量
A　B　C	Y
有0 ┌ 0　0　0	1
│ 0　0　1	1
│ 0　1　0	1 出1
│ 0　1　1	1
│ 1　0　0	1
└ 1　1　0	1
全1　1　1　1	0　出0

3. TTL 与非门的电压传输特性

电压传输特性是指输出电压随输入电压变化的关系曲线 $u_o = f(u_i)$。图 10.11 为与非门的电压传输特性,它显示了与非门的逻辑关系,即当输入为低电平时,输出为高电平,如图中 AB 段;输入为高电平时,输出为低电平,如图中 DE 段;在输入由低电平向高电平过渡过程中,输出也由高电平向低电平转化,如图中 BC 段和 CD 段。在数字电路中,应避免使输入信号的电压处于 BC 段和 CD 段,否则将使输出电压处于不高不低的状态,无法用 1 和 0 表示输出信号的状态。通常称 AB 段为截止区,BC 段为线性区,CD 段为转折区,DE 段为饱和区。

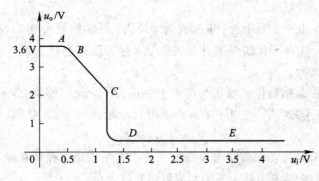

图 10.11　TTL 与非门的电压传输特性

1）截止区（AB 段）

当输入电压为 $0\ \mathrm{V} \leqslant u_\mathrm{i} < 0.6\ \mathrm{V}$ 时，$\mathrm{VT_1}$ 工作在深度饱和状态，$U_{\mathrm{CES1}} < 0.1\ \mathrm{V}$，$u_{\mathrm{B2}} < 0.7\ \mathrm{V}$，故 $\mathrm{VT_2}$、$\mathrm{VT_5}$ 截止，$\mathrm{VT_3}$、$\mathrm{VT_4}$ 导通，$u_\mathrm{o} = U_{\mathrm{OH}} \approx 3.6\ \mathrm{V}$ 为高电平。与非门处于截止状态，所以把 AB 段称为截止区，门电路处在关门状态。

2）线性区（BC 段）

当输入电压为 $0.6\ \mathrm{V} \leqslant u_\mathrm{i} < 1.3\ \mathrm{V}$ 时，有 $0.7\ \mathrm{V} \leqslant u_{\mathrm{B2}} < 1.4\ \mathrm{V}$，$\mathrm{VT_2}$ 开始导通，$\mathrm{VT_5}$ 仍未导通，$\mathrm{VT_3}$、$\mathrm{VT_4}$ 处于发射极输出状态。随 u_i 的增加，u_{B2} 增加，u_{C2} 下降，并通过 $\mathrm{VT_3}$、$\mathrm{VT_4}$ 使 u_o 也下降。因为 u_o 基本上随 u_i 的增加而线性减小，故把 BC 段称为线性区。

3）转折区（CD 段）

输入电压为 $1.3\ \mathrm{V} < u_\mathrm{i} < 1.4\ \mathrm{V}$ 时，$u_{\mathrm{B2}} > 1.4\ \mathrm{V}$，$\mathrm{VT_5}$ 开始导通，并随 u_i 的增加趋于饱和状态。$\mathrm{VT_3}$、$\mathrm{VT_4}$ 趋于截止状态，$\mathrm{VT_2}$、$\mathrm{VT_5}$ 迅速进入饱和状态，输出电压下降非常快，这时 $u_\mathrm{o} = U_{\mathrm{OL}} = 0.3\ \mathrm{V}$ 为低电平。故 CD 段称为转折区或过渡区。

4）饱和区（DE 段）

当 $u_\mathrm{i} \geqslant 1.4\ \mathrm{V}$ 时，再增加 u_i 也只能加深 $\mathrm{VT_5}$ 的饱和深度。$\mathrm{VT_4}$ 截止，输出 $u_\mathrm{o} = U_{\mathrm{OL}} = 0.3\ \mathrm{V}$ 低电平，与非门处于饱和状态。所以 DE 段称为饱和区。

4．TTL 与非门的主要参数

1）输出高电平 U_{OH} 和输出低电平 U_{OL}

电压传输特性曲线截止区的输出电压为 U_{OH}，典型值为 $3.6\ \mathrm{V}$。饱和区的输出电压为 U_{OL}，典型值为 $0.3\ \mathrm{V}$，一般产品规定 $U_{\mathrm{OH}} \geqslant 2.4\ \mathrm{V}$，$U_{\mathrm{OL}} < 0.4\ \mathrm{V}$。

2）关门电平 U_{OFF} 和开门电平 U_{ON} 及阈值电压 U_T

由于器件制造上的差异，输出高电平、输入低电平都略有差异，通常规定 TTL 与非门输出高电平 $U_{\mathrm{OH}} = 3\ \mathrm{V}$ 和输出低电平 $U_{\mathrm{OL}} = 0.35\ \mathrm{V}$ 为额定逻辑高、低电平，在保证输出为额定高电平（$3\ \mathrm{V}$）的 90%（$2.7\ \mathrm{V}$）的条件下，允许的输入低电平的最大值，称为关门电平 U_{OFF}。通常 $U_{\mathrm{OFF}} \approx 1\ \mathrm{V}$，一般产品要求 $U_{\mathrm{OFF}} \geqslant 0.8\ \mathrm{V}$。在保证输出额定低电平（$0.35\ \mathrm{V}$）的条件下，允许输入高电平的最小值，称为开门电平 U_{ON}。通常，$U_{\mathrm{ON}} \approx 1.4\ \mathrm{V}$，一般产品要求 $U_{\mathrm{ON}} \leqslant 1.8\ \mathrm{V}$。

电压传输特性曲线转折区中点所对应的输入电压为 U_T，也称门槛电压或阈值电压。一般 TTL 与非门的 $U_\mathrm{T} \approx 1.4\ \mathrm{V}$。

3）噪声容限 U_{NL}、U_{NH}

在实际应用中，由于外界干扰、电源波动等原因，可能使输入电平 u_i 偏离规定值。为了保证电路可靠工作，应对干扰的幅度有一定限制，称为噪声容限。噪声容限是用来说明门电路抗干扰能力的参数。

低电平噪声容限是指在保证输出为高电平的前提下，允许叠加在输入低电平 U_{IL} 上的最大正向干扰（或噪声）电压。低电平噪声容限用 U_{NL} 表示：

$$U_{\mathrm{NL}} = U_{\mathrm{OFF}} - U_{\mathrm{IL}}$$

高电平噪声容限是指在保证输出为低电平的前提下，允许叠加在输入高电平 U_{IH} 上的最大负向干扰（或噪声）电压。高电平噪声容限用 U_{NH} 表示：

$$U_{\mathrm{NH}} = U_{\mathrm{IH}} - U_{\mathrm{ON}}$$

显然，U_{NL} 和 U_{NH} 越大，电路的抗干扰能力越强。从电压传输特性曲线可以求出 U_{NL}、U_{NH} 的大小，如图 10.12 所示。

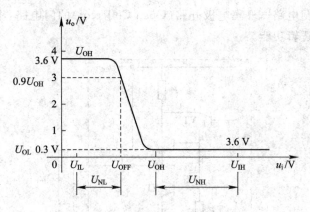

图 10.12 噪声容限

4）输入短路电流 I_{IS}

当 $u_i = 0$ 时，流经这个输入端的电流称为输入短路电流 I_{IS}。从输入伏安特性可知，输入短路电流的典型值约为 -1.5 mA。

5）输入漏电流 I_{IH}

当 $u_i > U_T$ 时，流经输入端的电流称为输入漏电流 I_{IH}，即 VT_1 倒置工作时的反向漏电流。其值很小，约为 10 μA。

6）扇出系数 N

扇出系数 N 是指同一型号的与非门作为负载时，一个与非门能够驱动同类与非门的最大数目 N，通常 $N \geqslant 8$。

7）平均延迟时间 t_{pd}

平均延迟时间 t_{pd} 是指输出信号滞后于输入信号的时间，它是表示开关速度的参数。从输入波形上升沿的中点到输出波形下降沿中点之间的时间称为导通延迟时间 t_{PHL}，从输入波形下降沿的中点到输出波形上升沿的中点之间的时间称为截止延迟时间 t_{PLH}，所以 TTL 与非门平均延迟时间为

$$t_{pd} = \frac{1}{2}(t_{PHL} + t_{PLH})$$

一般，TTL 与非门 t_{pd} 为 3～40 ns。

8）空载功耗

空载功耗是指 TTL 与非门空载时电源总电压与总电流的乘积。输出为低电平时的功耗为空载导通功耗 P_{ON}，输出为高电平时的功耗为空载截止功耗 P_{OFF}，$P_{ON} > P_{OFF}$。

上述参数可以从集成电路手册中查到。

10.4.2 其他功能的 TTL 门电路

1. OC 门

在实际应用中，常希望把几个逻辑门的输出端并接在一起，完成"与"的逻辑功能，这种直接利用连线实现"与"逻辑功能的方法，称作"线与"。如果将两个门电路的输出端连接

在一起，如图 10.13 所示，当一个门的输出处在高电平，而另一个门输出为低电平时，将会产生很大的电流，有可能导致器件损坏，无法实现线与逻辑关系。为了解决这个问题，引入了一种特殊结构的门电路——集电极开路（Open Collector）的门电路，简称 OC 门。OC 门可以实现"线与"的逻辑功能。

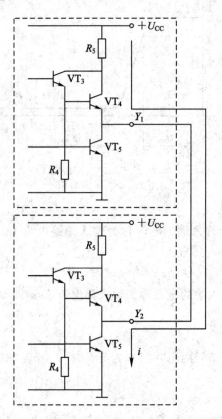

图 10.13　普通 TTL 与非门输出端不能并接

图 10.14 中，VT_3、VT_4 代之外接电阻 R_L 及外接电源 E_P，接通电源后，实现与非逻辑功能。而外接电阻 R_L 及电源 E_P 值可根据电路要求，通过计算后选择合适的值，从而保证在多个 OC 门电路输出端并接时不会烧坏导通管。

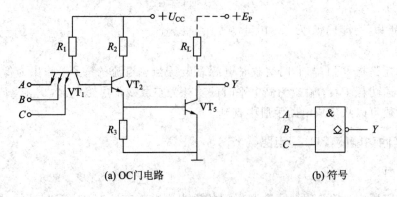

(a) OC门电路　　　　　　(b) 符号

图 10.14　OC 门电路及符号

2. OC 门的应用

1）实现"线与"逻辑

如图 10.15 所示，将几个 OC 门的输出端连在一起，共用一个负载电阻 R_L 及电源 E_P。当所有 OC 门的输出都是高电平时，电路的总输出 Y 才为高电平，而当任意一个 OC 门的输出为低电平时，总输出 Y 为低电平，实现"线与"逻辑功能。其表达式为

$$Y = \overline{AB}\,\overline{CD}\,\overline{EF}$$

从表达式看，"与"的功能是通过输出端连线来实现的，故称"线与"。

2）实现电平转换

一般的 TTL 电路空载输出的高电平为 3.6 V，但在数字系统的接口（与外部设备相联系的电路）有时需要输出的逻辑高电平更高，则可以使用 OC 门电路进行电平转换。在图 10.16 所示的电路中，当需要把输出高电平转换为 10 V 时，可将 OC 门外接上拉电阻接到 10 V 电源上。这样 OC 门的输入端电平与一般与非门一致，而输出的高电平就可以变为 10 V。

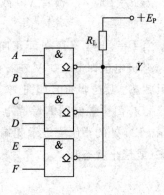

图 10.15　实现"线与"逻辑的 OC 门

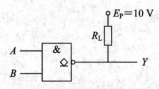

图 10.16　OC 门实现电平转换

3）用作驱动器

OC 门可用来驱动指示灯、继电器和脉冲变压器等；当用于驱动指示灯时，上拉电阻 R_L 可由指示灯来代替，如电流过大，可串入一个适当的限流电阻。

3. 三态门（TSL 门）

一般的门电路的输出端只会出现高电平、低电平两种状态，而三态门的输出还可以出现第三种状态——高阻状态（或称禁止状态、开路状态），简称 TSL（TriState Logic）门。

1）三态门的电路结构

三态门的电路如图 10.17(a) 所示，实际上是由一个普通与非门加上一个二极管 VD 构

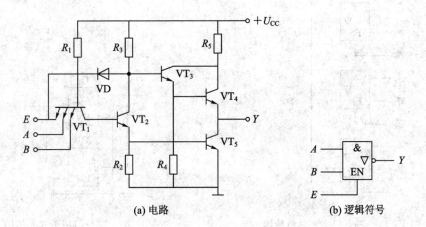

(a) 电路　　　　　　　　(b) 逻辑符号

图 10.17　TTL 三态门电路及逻辑符号

成的。其中，E 为控制端或称使能端。

当 $E=1$ 时，二极管 VD 截止，TSL 门与 TTL 门功能一样：

$$Y = \overline{A \cdot B}$$

当 $E=0$ 时，VT_1 处于正向工作状态，促使 VT_2、VT_5 截止；同时，通过二极管 VD 使 VT_3 基极电位钳制在 1 V 左右，致使 VT_4 也截止。这样，VT_4、VT_5 都截止，输出端呈现高阻状态。其逻辑符号如图 10.17(b)所示。

TSL 门中控制端 E 除高电平有效外，还有低电平有效的，这时的逻辑符号如图 10.18 所示。EN 处的小圆圈表示此端接低电平($E=0$)时为工作状态；而 $E=1$ 时，电路处于高阻状态(或禁止状态)。

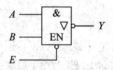

图 10.18　控制端低电平有效的三态门的逻辑符号

2) 三态门的应用

(1) 总线传输。

在图 10.19 所示的总线连接中，若令 E_1、E_2、E_3 轮流接 0，即任何时刻只让一个 TSL 门处在工作状态，而其余 TSL 门均处在高阻状态，那么总线就会轮流接收各个 TSL 门的输出信号，这样，就实现了一线多用。这种利用总线传输数据的方法，使三态门在计算机总线结构中有着极为广泛的应用。

(2) 双向传输。

利用三态门实现数据双向传输的电路如图 10.20 所示。

当 $E=0$ 时，门电路 G_1 工作，门电路 G_2 为高阻状态，数据由 M 传向 N；当 $E=1$ 时，G_1 为高阻状态，G_2 工作，数据由 N 传向 M。通过控制端 E 的控制实现 M、N 的双向传输。

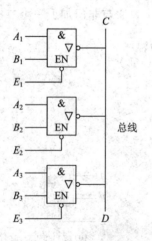

图 10.19　三态门实现总线传输

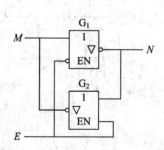

图 10.20　三态门用于双向传输

10.4.3　TTL 集成电路系列

TTL 门电路是基本逻辑单元，是构成各种 TTL 电路的基础，实际生产的 TTL 集成电路，品种齐全，种类繁多，应用十分普遍。

目前，我国 TTL 集成电路主要有 CT54/74（普通）、T54/74H（高速）、CT54/74S（肖特基）、CT54/74LS（低功耗）等四个系列国家标准的集成门电路。它们的主要性能指标如表 10-14 所示。由于 CT54/74LS 系列产品具有最佳的综合性能，因而得到广泛应用。

表 10-14　TTL 各系列集成门电路的主要性能指标

参数名称 / 电路型号	CT74 系列	CT74H 系列	CT74S 系列	CT74LS 系列
电源电压/V	5	5	5	5
$U_{OH(MIN)}$/V	2.4	2.4	2.5	2.5
$U_{OL(MAX)}$/V	0.4	0.4	0.5	0.5
逻辑摆幅	3.3	3.3	3.4	3.4
每门功耗	10	22	19	2
每门传输延时	9	6	3	9.5
最高工作频率	35	50	125	45
扇出系数	10	10	10	10
抗干扰能力	一般	一般	好	好

在不同系列 TTL 门电路中，无论是哪一种系列，只要器件品名相同，那么器件功能就相同，只是性能不同。例如：7420、74H20、74S20、74LS20 都是双四输入与非门（内部有两个四输入的与非门），都采用 14 条引脚双列直插式封装，而且，输入端、输出端、电源、地线的引脚位置也相同。如图 10.21 为常用的 TTL 与非门集成电路 74LS00 和 74LS20 芯片外引线排列。

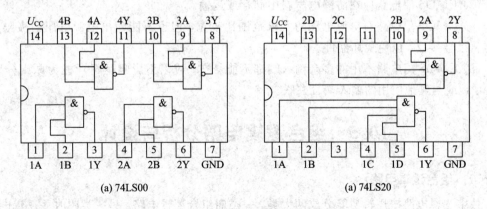

(a) 74LS00　　　　　　　　　　(a) 74LS20

图 10.21　74LS00、74LS20 外引线排列

10.4.4　CMOS 门电路

以 MOS 管作为开关元件构成的门电路叫作 MOS 门电路。就逻辑功能而言，它与 TTL

门电路并无区别。MOS 门电路,尤其是 CMOS 门电路,具有制造工艺简单、集成度高、抗干扰能力强、功耗低、价格便宜等优点,得到了快速的发展。

1. CMOS 与非门的结构与工作原理

图 10.22 是一个二输入的 CMOS 与非门电路,VT_1、VT_2 驱动管串联,VT_3、VT_4 负载管并联。

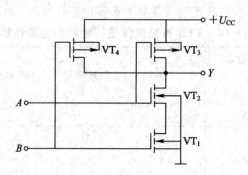

图 10.22 CMOS 与非门电路

当 A、B 两个输入端均为高电平时,VT_1、VT_2 导通,VT_3、VT_4 截止,输出为低电平。

A、B 两个输入端中只要有一个为低电平时,VT_1、VT_2 中必有一个截止,VT_3、VT_4 中必有一个导通,输出为高电平。该电路的逻辑关系为

$$Y = \overline{A \cdot B}$$

2. CMOS 门电路使用中应注意的问题

CMOS 门电路的输入端是绝缘栅极,具有很高的输入阻抗,很容易因静电感应而被击穿。因此在使用 CMOS 门电路时应遵守下列保护措施:

(1) 组装调测时,所用仪器、仪表、电路箱板等都必须可靠接地。

(2) 焊接时,采用内热式电烙铁,功率不宜过大,烙铁必须有外接地线,以屏蔽交流电场,最好是断电后再焊接。

(3) CMOS 门电路应在防静电材料中储存或运输。

(4) CMOS 门电路对电源电压的要求范围比较宽,但也不能超出电源电压的极限,更不能将极性接反,以免烧坏器件。

(5) CMOS 门电路不用的多余输入端都不能悬空,应以不影响逻辑功能为原则分别接电源、地或与其他使用的输入端且并联。

10.5 组合逻辑电路分析与设计

10.5.1 组合逻辑电路

数字逻辑电路按逻辑功能分成两大类,一类叫组合逻辑电路,另一类叫时序逻辑电路。

在任一时刻,输出信号只决定于该时刻各输入信号的组合,而与该时刻前的电路输入信号无关,这种电路称为组合逻辑电路。

组合逻辑电路的示意图如图 10.23 所示,它有 n 个输入端,用 X_1,X_2,…,X_n 表示,m

个输出端，用 F_1，F_2，$\cdots$，F_m 表示。该逻辑电路输出端的状态仅决定于此刻 n 个输入端的状态，输出与输入之间的关系可以用 m 个逻辑函数式来描述：

$$F_1 = f_1(X_1, X_2, \cdots, X_n)$$
$$F_2 = f_2(X_1, X_2, \cdots, X_n)$$
$$\vdots$$
$$F_m = f_m(X_1, X_2, \cdots, X_n)$$

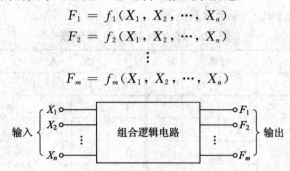

图 10.23　组合逻辑电路示意图

若组合逻辑电路只有一个输出量，则此电路称为单输出组合逻辑电路；若组合逻辑电路有多个输出量，则称为多输出组合逻辑电路。

任何组合逻辑电路，不管是简单的还是复杂的，其电路结构均有如下特点：由各种类型的逻辑门电路组成，电路的输入和输出之间没有反馈途径，电路中不含记忆单元。

10.5.2　组合逻辑电路的分析方法

所谓组合逻辑电路的分析，就是对给定的组合逻辑电路，找出其输出与输入之间的逻辑关系，或者描述其逻辑功能、评价其电路。描述逻辑功能，可以写出输出、输入的逻辑表达式，或者列出真值表或者用简洁明了的语言说明等。其分析步骤如下：

（1）根据逻辑电路图，写出输出变量对应于输入变量的逻辑函数表达式，具体方法是：由输入端向后递推，写出每个门输出对应于输入的逻辑关系，最后得出输出信号对应于输入的逻辑关系式。

（2）适当化简逻辑表达式。

（3）根据输出函数表达式列出真值表。

（4）根据真值表或输出函数表达式，确定逻辑功能、评价电路。

例 10-10　试分析图 10.24 所示电路的逻辑功能。

解　如图 10.24 所示为单输出组合逻辑电路，由三个异或非门构成。

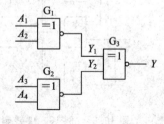

图 10.24　单输出组合逻辑电路

分析步骤：

（1）写出输出 Y 的逻辑表达式。

由 G_1 门可知，

$$Y_1 = \overline{A_1 \oplus A_2} = A_1 A_2 + \overline{A_1}\ \overline{A_2}$$

由 G_2 门可知，

$$Y_2 = \overline{A_3 \oplus A_4} = A_3 A_4 + \overline{A_3}\ \overline{A_4}$$

输出 Y 的逻辑函数表达式为

$$Y = \overline{Y_1 \oplus Y_2} = Y_1 Y_2 + \overline{Y_1}\ \overline{Y_2}$$
$$= A_1 A_2 A_3 A_4 + A_1 A_2\ \overline{A_3}\ \overline{A_4} + \overline{A_1}\ \overline{A_2} A_3 A_4 + \overline{A_1}\ \overline{A_2}\ \overline{A_3}\ \overline{A_4}$$
$$+ A_1\ \overline{A_2} A_3\ \overline{A_4} + A_1\ \overline{A_2}\ \overline{A_3} A_4 + \overline{A_1} A_2 A_3\ \overline{A_4} + \overline{A_1} A_2\ \overline{A_3} A_4$$

（2）列出真值表。

将 A_1、A_2、A_3、A_4 的各组取值代入函数式，可得相应的中间输出，然后由 Y_1、Y_2 推得最终 Y 输出，列出如表 10 − 15 所示真值表。

表 10 − 15　例 10 − 10 真值表

输		入		中间输出		输出	输		入		中间输出		输出
A_1	A_2	A_3	A_4	Y_1	Y_2	Y	A_1	A_2	A_3	A_4	Y_1	Y_2	Y
0	0	0	0	1	1	1	1	0	0	0	0	1	0
0	0	0	1	1	0	0	1	0	0	1	0	0	1
0	0	1	0	1	0	0	1	0	1	0	0	0	1
0	0	1	1	1	1	1	1	0	1	1	0	1	0
0	1	0	0	1	0	0	1	1	0	0	0	1	1
0	1	0	1	0	0	1	1	1	0	1	1	0	0
0	1	1	0	0	0	1	1	1	1	0	1	0	0
0	1	1	1	0	1	0	1	1	1	1	1	1	1

（3）说明电路的逻辑功能。

仔细分析电路真值表，可发现 A_1、A_2、A_3、A_4 四个输入中有偶数 1（包括全 0）时，电路输出 Y 为 1；而有奇数个 1 时，Y 为 0。因此，这是一个四输入的偶校验器。如果将图中异或非门改为异或门，可用同样的方法分析出该电路是一个奇校验器。

例 10 − 11　试分析图 10.25 所示逻辑电路的逻辑功能。

解　（1）逻辑表达式为

$$P_1 = \overline{AB}, \quad P_2 = \overline{BC}, \quad P_3 = \overline{AC}$$

$$Y = \overline{P_1 \cdot P_2 \cdot P_3} = \overline{\overline{AB} \cdot \overline{BC} \cdot \overline{AC}} = AB + BC + AC$$

（2）列出真值表，如表 10 − 16 所示。

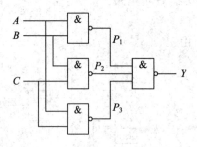

图 10.25　例 10 − 11 逻辑电路

表 10 − 16　例 10 − 11 真值表

输	入		输出
A	B	C	Y
0	0	0	0
0	0	1	0
0	1	0	0
0	1	1	1
1	0	0	0
1	0	1	1
1	1	0	1
1	1	1	1

（3）该电路为三变量多数表决电路，A、B、C 三个输入中有两个及两个以上为 1 时，输出 Y 为 1，否则输出为 0；它表示"少数服从多数"的逻辑关系。

10.5.3　组合逻辑电路的设计

组合逻辑电路设计是组合逻辑电路分析的逆过程，其目的是根据给出的实际逻辑问题，经过逻辑抽象，找出用最少的逻辑门实现给定逻辑功能的方案，并画出逻辑电路图。其设计步骤如下：

(1) 根据给定的逻辑问题，作出输入、输出变量规定，建立真值表。逻辑要求的文字描述一般很难做到全面而确切，往往需要对题意反复分析，进行逻辑抽象。这是一个很重要的过程，是建立逻辑问题真值表的基础。根据设计问题的因果关系，确定输入变量和输出变量，同时规定变量状态的逻辑赋值，真值表是描述逻辑部件的一种重要工具。任何逻辑问题，都能列出真值表，并且它的正确与否将决定整个设计的成败。

(2) 根据真值表写出逻辑表达式。

(3) 将逻辑函数化简或变换成适当形式。可以用代数法或卡诺图法将所得的函数化为最简与或表达式；对于一个逻辑电路，在设计时尽可能使用最少数量的逻辑门，逻辑门变量数也应尽可能少（即在逻辑表达式中乘积项最少，乘积项中的变量个数最少），还应根据题意变换成适当形式的表达式。

(4) 根据逻辑表达式画出逻辑电路图。

例 10 - 12　用与非门设计一个举重裁判表决电路。设举重比赛有 3 个裁判，一个主裁判和两个副裁判。杠铃完全举上的裁决由每一个裁判按一下自己面前的按钮来确定。只有当两个或两个以上裁判判明成功，并且其中有一个为主裁判时，表明成功的灯才亮。

解　设主裁判为变量 A，副裁判分别为 B 和 C；表示成功与否的灯为 Y。

(1) 根据逻辑要求列出真值表，如表 10 - 17 所示。

表 10 - 17　例 10 - 12 真值表

A	B	C	Y	A	B	C	Y
0	0	0	0	1	0	0	0
0	0	1	0	1	0	1	1
0	1	0	0	1	1	0	1
0	1	1	0	1	1	1	1

(2) 根据真值表，写出输出逻辑表达式：
$$Y = m_5 + m_6 + m_7 = A\,\overline{B}C + AB\,\overline{C} + ABC$$

(3) 化简逻辑表达式并转换成适当形式：
$$Y = AC(B + \overline{B}) + AB(C + \overline{C})$$
$$= AB + AC$$

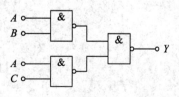

图 10.26　例 10 - 12 逻辑电路

化简得到最简与或表达式，并将原最简与或表达式两次求反，利用反演律变换为与非与非表达式，即
$$Y = AB + AC = \overline{\overline{AB + AC}}$$
$$= \overline{\overline{AB} \cdot \overline{AC}}$$

(4) 根据表达式，画出逻辑电路图，如图 10.26 所示。

例 10-13 设计一个三变量奇偶检验器。

要求：当输入变量 A、B、C 中有奇数个同时为 1 时，输出为 1，否则为 0。用与非门实现。

(1) 列真值表，如下：

A	B	C	Y
0	0	0	0
0	0	1	1
0	1	0	1
0	1	1	0
1	0	0	1
1	0	1	0
1	1	0	0
1	1	1	1

(2) 写出逻辑表达式：

$$Y = \overline{A}\,\overline{B}C + \overline{A}B\,\overline{C} + A\,\overline{B}\,\overline{C} + ABC$$

(3) 用与非门构成逻辑电路：

$$Y = \overline{\overline{A}\,\overline{B}C + \overline{A}B\,\overline{C} + A\,\overline{B}\,\overline{C} + ABC}$$
$$= \overline{\overline{A}\,\overline{B}C \cdot \overline{\overline{A}B\,\overline{C}} \cdot \overline{A\,\overline{B}\,\overline{C}} \cdot \overline{ABC}}$$

(4) 根据表达式，画出逻辑电路图，如图 10.27 所示。

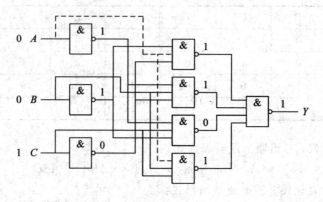

图 10.27 例 10-13 逻辑电路

10.6 编 码 器

在数字系统中，用若干位二进制代码表示文字、符号或者数码等多个特定对象的过程，称为编码。实现编码的电路称为编码器。编码器是将有特定意义的输入数字或文字、符号，编成相应的若干位二进制代码形式并输出的组合逻辑电路。如 BCD 码编码器是将 0～9 十个数字转化为 4 位 BCD 码输出的组合电路。

10.6.1　二进制编码器

将一般信号编为二进制代码的电路称为二进制编码器。1 位二进制代码可以表示两个信号，2 位二进制代码有 00、01、10、11 四种组合，可以代表四个信号。依此类推，n 位二进制代码可表示 2^n 个信号。

例 10 - 14　设计一个编码器，将 $I_0 \sim I_7$ 的 8 个信号编成二进制代码。

解　(1) 分析题意，列出输入、输出关系。

3 位二进制代码的组合关系是 $2^3 = 8$，因此 $I_0 \sim I_7$ 的 8 个信号可用 3 位二进制代码表示，设 F_2、F_1、F_0 为 3 位二进制代码，可给出设计框图，如图 10.28 所示。

(2) 列真值表。

对输入信号进行编码，任一输入信号分别对应一个编码。由于题中未规定编码，所以本题有多种解答方案。一旦选择了某一种编码方案，就可列出编码表，如表 10 - 18 所示。在进行编码的时候，应该使编码顺序有一定的规律可循，这样不仅便于记忆，同时也有利于编码器的连接。

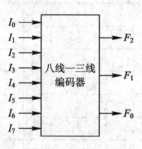

图 10.28　编码器框图

表 10 - 18　编码表

输　入	输　　出		
	F_2	F_1	F_0
I_0	0	0	0
I_1	0	0	1
I_2	0	1	0
I_3	0	1	1
I_4	1	0	0
I_5	1	0	1
I_6	1	1	0
I_7	1	1	1

(3) 写出逻辑表达式。由编码表 10 - 18 直接写出输出量 F_0、F_1、F_2 的函数表达式，并化成与非式：

$$\begin{cases} F_2 = \bar{I}_0\bar{I}_1\bar{I}_2\bar{I}_3 I_4\bar{I}_5\bar{I}_6\bar{I}_7 + \bar{I}_0\bar{I}_1\bar{I}_2\bar{I}_3\bar{I}_4 I_5\bar{I}_6\bar{I}_7 + \bar{I}_0\bar{I}_1\bar{I}_2\bar{I}_3\bar{I}_4\bar{I}_5 I_6\bar{I}_7 + \bar{I}_0\bar{I}_1\bar{I}_2\bar{I}_3\bar{I}_4\bar{I}_5\bar{I}_6 I_7 \\ F_1 = \bar{I}_0\bar{I}_1 I_2\bar{I}_3\bar{I}_4\bar{I}_5\bar{I}_6\bar{I}_7 + \bar{I}_0\bar{I}_1\bar{I}_2 I_3\bar{I}_4\bar{I}_5\bar{I}_6\bar{I}_7 + \bar{I}_0\bar{I}_1\bar{I}_2\bar{I}_3\bar{I}_4\bar{I}_5 I_6\bar{I}_7 + \bar{I}_0\bar{I}_1\bar{I}_2\bar{I}_3\bar{I}_4\bar{I}_5\bar{I}_6 I_7 \\ F_0 = \bar{I}_0 I_1\bar{I}_2\bar{I}_3\bar{I}_4\bar{I}_5\bar{I}_6\bar{I}_7 + \bar{I}_0\bar{I}_1\bar{I}_2 I_3\bar{I}_4\bar{I}_5\bar{I}_6\bar{I}_7 + \bar{I}_0\bar{I}_1\bar{I}_2\bar{I}_3\bar{I}_4 I_5\bar{I}_6\bar{I}_7 + \bar{I}_0\bar{I}_1\bar{I}_2\bar{I}_3\bar{I}_4\bar{I}_5\bar{I}_6 I_7 \end{cases}$$

因为任何时刻 $I_0 \sim I_7$ 中仅有一个取值为 1，利用这个约束条件将上式化简，得到

$$\begin{cases} F_2 = I_4 + I_5 + I_6 + I_7 \\ F_1 = I_2 + I_3 + I_6 + I_7 \\ F_0 = I_1 + I_3 + I_5 + I_7 \end{cases}$$

(4) 画出逻辑电路图，如图 10.29 所示。

10.6.2　二—十进制编码器

二—十进制编码器执行的逻辑功能是将十进制数

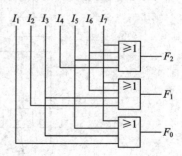

图 10.29　例 10 - 14 逻辑电路

的 0～9 十个数编为二—十进制代码。二—十进制代码(简称 BCD 码)是用 4 位二进制代码来表示 1 位十进制数。4 位二进制代码有 16 种不同的组合,可以从中取 10 种来表示 0～9 十个数字。二—十进制编码方案很多,例如常用的 8421BCD 码、2421BCD 码、余 3 码等。对于每一种编码,都可设计出相应的编码器。下面以常用的 8421BCD 码为例来说明二—十进制编码器的设计过程。

例 10-15　设计一个 8421BCD 码编码器。

解　(1)分析题意,确定输入、输出变量。

设输入信号为 0～9,输出信号为 A、B、C、D,给出设计框图,如图 10.30 所示。

(2)列出真值表,采用 8421BCD 码编码,可得到真值表,如表 10-19 所示。

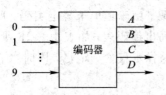

图 10.30　例 10-15 编码器框图

表 10-19　真值表

十进制数	D	C	B	A
$0(Y_0)$	0	0	0	0
$1(Y_1)$	0	0	0	1
$2(Y_2)$	0	0	1	0
$3(Y_3)$	0	0	1	1
$4(Y_4)$	0	1	0	0
$5(Y_5)$	0	1	0	1
$6(Y_6)$	0	1	1	0
$7(Y_7)$	0	1	1	1
$8(Y_8)$	1	0	0	0
$9(Y_9)$	1	0	0	1

(3)写出输出变量逻辑表达式,并转换成与非式:

$$A = 1+3+5+7+9 = \overline{\overline{1} \cdot \overline{3} \cdot \overline{5} \cdot \overline{7} \cdot \overline{9}}$$

$$B = 2+3+6+7 = \overline{\overline{2} \cdot \overline{3} \cdot \overline{6} \cdot \overline{7}}$$

$$C = 4+5+6+7 = \overline{\overline{4} \cdot \overline{5} \cdot \overline{6} \cdot \overline{7}}$$

$$D = 8+9 = \overline{\overline{8} \cdot \overline{9}}$$

(4)画出逻辑电路图,如图 10.31 所示(输入信号 0 用于复位)。

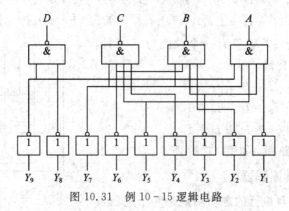

图 10.31　例 10-15 逻辑电路

10.6.3　优先编码器

上述讨论的编码器,是在任一时刻只允许一个信号输入有效,否则输出编码混乱。但是,在数字系统中,往往有几个输入信号同时出现,这就要求编码器能识别输入信号的优先级别,对其中高优先级的信号进行编码,完成这一功能的编码器称为优先编码器。也就是说,在同时存在两个或两个以上输入信号时,优先编码器只对优先级高的输入信号编码,优先级低的信号则不起作用。

74LS147 是一个十线—四线 8421BCD 码优先编码器,其真值表如表 10 - 20 所示。图 10.32 是 74LS147 逻辑符号,该芯片是一个 16 脚集成块,除电源 U_{CC}(16) 和 GND(8)外,15 脚是空脚(NC)。

74LS147 芯片中 $\bar{I}_1 \sim \bar{I}_9$ 为输入信号,D、C、B、A 是 8421BCD 码的输出信号,输入、输出信号均以反码形式表示。

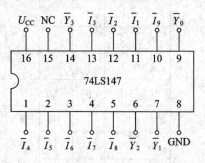

图 10.32　74LS147 逻辑符号

表 10 - 20　74147 真值表

输　入									输　出			
$\bar{I}_1$	$\bar{I}_2$	$\bar{I}_3$	$\bar{I}_4$	$\bar{I}_5$	$\bar{I}_6$	$\bar{I}_7$	$\bar{I}_8$	$\bar{I}_9$	D	C	B	A
1	1	1	1	1	1	1	1	1	1	1	1	1
×	×	×	×	×	×	×	×	0	0	1	1	0
×	×	×	×	×	×	×	0	×	0	1	1	1
×	×	×	×	×	×	0	×	×	1	0	0	0
×	×	×	×	×	0	×	×	×	1	0	0	1
×	×	×	×	0	×	×	×	×	1	0	1	0
×	×	×	0	×	×	×	×	×	1	0	1	1
×	×	0	×	×	×	×	×	×	1	1	0	0
×	0	×	×	×	×	×	×	×	1	1	0	1
0	×	×	×	×	×	×	×	×	1	1	1	0

由表 10 - 20 真值表第一行可知,当 $\bar{I}_1 \sim \bar{I}_9$ 均无输入信号,输入均为"1"电平时,编码输出也无信号,均为"1"电平(反码表示)。

由真值表第二行可知,当 $\bar{I}_9$ 为 0(有输入)时,则不管其余 $\bar{I}_1 \sim \bar{I}_8$ 有无输入信号($\bar{I}_1 \sim \bar{I}_8$ 输入以×表示),均按 $\bar{I}_9$ 输入编码,编码输出 $\bar{I}_9$ 的 8421BCD 码反码 0110。其余以此类推。由此可见,在 74LS147 优先编码器中,$\bar{I}_9$ 为最高优先级,其余输入的优先级依次为 $\bar{I}_8$、$\bar{I}_7 \sim \bar{I}_1$。

74LS148 是一个八线—三线的优先编码器,其真值表如表 10 - 21 所示,逻辑符号如图 10.33 所示。

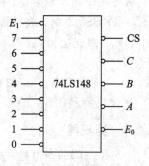

图 10.33　74LS148 逻辑符号

表 10 - 21　74LS148 真值表

输入									输出				
E_1	7	6	5	4	3	2	1	0	C	B	A	CS	E_0
1	×	×	×	×	×	×	×	×	1	1	1	1	1
0	1	1	1	1	1	1	1	1	1	1	1	1	0
0	0	×	×	×	×	×	×	×	0	0	0	0	1
0	1	0	×	×	×	×	×	×	0	0	1	0	1
0	1	1	0	×	×	×	×	×	0	1	0	0	1
0	1	1	1	0	×	×	×	×	0	1	1	0	1
0	1	1	1	1	0	×	×	×	1	0	0	0	1
0	1	1	1	1	1	0	×	×	1	0	1	0	1
0	1	1	1	1	1	1	0	×	1	1	0	0	1
0	1	1	1	1	1	1	1	0	1	1	1	0	1

图 10.33 中，小圆圈表示低电平有效，各引出端功能如下：

7～0 为状态信号输入端，低电平有效，7 的优先级别最高，0 的优先级别最低；C、B、A 为代码（反码）输出端，C 为最高位。

E_1 为使能（允许）输入端，低电平有效；当 $E_1=0$ 时，电路允许编码；当 $E_1=1$ 时，电路禁止编码，C、B、A 均为高电平；E_0 和 CS 分别为使能输出端和优先标志输出端，主要用于级联和扩展。

从表 10 - 21 可以看出，当 $E_1=1$ 时，表示电路禁止编码，即无论 7～0 中有无有效信号，C、B、A 均为 1，并且 CS=E_0=1。当 $E_1=0$ 时，表示电路允许编码，如果 7～0 中有低电平（有效信号）输入，则 C、B、A 是申请编码中级别最高的输出编码（注意是反码），并且 CS=0，E_0=1；如果 7～0 中无有效信号输入，则 C、B、A 均为高电平，并且 CS=1，E_0=0。

从另一个角度理解 E_0 和 CS，当 $E_0=0$，CS=1 时，表示该电路允许编码，但无码可编；当 $E_0=1$，CS=0 时，表示该电路允许编码，并且正在编码；当 $E_0=$CS=1 时，表示该电路禁止编码，即无法编码。

10.7　译码器和数字显示

10.7.1　译码器

译码是编码的逆过程，是将给定的二进制代码"翻译"成编码时赋予的原意。实现译码功能的电路称为译码器。

译码器是将每一组输入代码译为一个特定输出信号，以表示代码原意的组合逻辑电路。译码器种类很多，可归纳为二进制译码器、二—十进制译码器、显示译码器。

1. 二进制译码器

二进制译码器的输入为二进制码，若输入有 n 位，数码组合有 2^n 种，可译出 2^n 个不同的输出信号。现以 74LS138 三线—八线译码器为例来说明二进制译码器的逻辑电路构成、特点及应用。

74LS138 三线—八线译码器的逻辑电路如图 10.34 所示，图 10.35 是 74LS138 引脚图。从电路内部结构看，该电路由非门、与非门组成。其中，A_0、A_1、A_2 为输入信号，$\overline{Y}_0 \sim \overline{Y}_7$ 为输出信号且译出的信号均是反码，G_1、$\overline{G}_{2A}$、$\overline{G}_{2B}$ 为使能控制端。

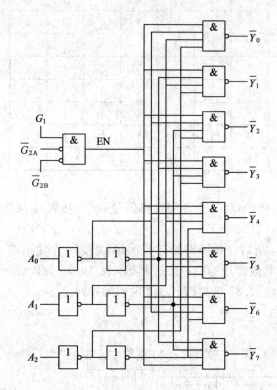

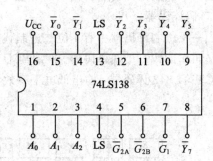

图 10.34　74LS138 三线—八线译码器逻辑电路　　　　图 10.35　74LS138 引脚图

输入缓冲级由 6 个非门组成，用来形成 A_0、A_1、A_2 的互补信号，译码电路所需的原、反变量信号均由 6 个门提供，其目的是减轻输入信号源的负载。

使能控制端由一个与门组成，由逻辑电路可知 $\mathrm{EN} = G_1\overline{G}_{2A}\overline{G}_{2B} = 0$ 时，$\overline{Y}_0 \sim \overline{Y}_7$ 均为 1，即封锁了译码器的输出，译码器处于"禁止"工作状态；$\mathrm{EN} = 1$ 时，译码器被选通，电路处于"工作"状态，输出信号 $\overline{Y}_0 \sim \overline{Y}_7$ 的状态由输入变量 A_0、A_1、A_2 决定。

当 $\mathrm{EN} = 1$ 时，译码器的输出逻辑表达式为

$$\overline{Y}_0 = \overline{\overline{A}_2\,\overline{A}_1\,\overline{A}_0}, \quad \overline{Y}_1 = \overline{\overline{A}_2\,\overline{A}_1 A_0}$$

$$\overline{Y}_2 = \overline{\overline{A}_2 A_1\,\overline{A}_0}, \quad \overline{Y}_3 = \overline{\overline{A}_2 A_1 A_0}$$

$$\overline{Y}_4 = \overline{A_2\,\overline{A}_1\,\overline{A}_0}, \quad \overline{Y}_5 = \overline{A_2\,\overline{A}_1 A_0}$$

$$\overline{Y}_6 = \overline{A_2 A_1\,\overline{A}_0}, \quad \overline{Y}_7 = \overline{A_2 A_1 A_0}$$

根据输出逻辑表达式列真值表,如表 10-22 所示。

表 10-22　74LS138 真值表

输　入					输　出							
使能端		选择码										
G_1	$\overline{G}_{2A}+\overline{G}_{2B}$	A_2	A_1	A_0	$\overline{Y}_7$	$\overline{Y}_6$	$\overline{Y}_5$	$\overline{Y}_4$	$\overline{Y}_3$	$\overline{Y}_2$	$\overline{Y}_1$	$\overline{Y}_0$
×	1	×	×	×	1	1	1	1	1	1	1	1
0	×	×	×	×	1	1	1	1	1	1	1	1
1	0	0	0	0	1	1	1	1	1	1	1	0
1	0	0	0	1	1	1	1	1	1	1	0	1
1	0	0	1	0	1	1	1	1	1	0	1	1
1	0	0	1	1	1	1	1	1	0	1	1	1
1	0	1	0	0	1	1	1	0	1	1	1	1
1	0	1	0	1	1	1	0	1	1	1	1	1
1	0	1	1	0	1	0	1	1	1	1	1	1
1	0	1	1	1	0	1	1	1	1	1	1	1

2. 二—十进制译码器

二—十进制译码器能将输入的 4 位 BCD 码译成 10 个译码输出信号(十进制数),又称为 BCD 码译码器。

二—十进制译码器中有 4 位二进制代码,所以这种译码器有 4 个输入端、10 个输出端,所以又叫作四线—十线译码器。8421BCD 码是最常用的二—十进制码,图 10.36 为四线—十线 CT74LS42 译码器,输出低电平有效。图 10.37 是 CT74LS42 的引脚排列。

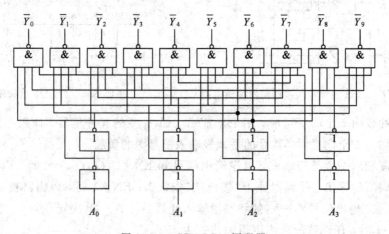

图 10.36　CT74LS42 译码器

CT74LS42 译码器真值表如表 10-23 所示,由表可知,当译码器的输入从 0000 变到 1001 时,在其输出端 $\overline{Y}_0 \sim \overline{Y}_9$ 中,只有对应的一个输出为 0,其余均为 1。如输入 $A_3A_2A_1A_0$ 为 0110 时,输出为 0,其余均为 1。当译码器的输入从 1010 变到 1111 时,$\overline{Y}_0 \sim \overline{Y}_9$ 中无低电平信号产生,译码器拒绝"翻译",这些没有被采用的代码称为伪码。可见,这种电路结构具有拒绝伪码的功能。

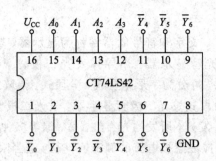

图 10.37　CT74LS42 的引脚排列

表 10-23　CT74LS42 译码器真值表

十进制数	输入				输出									
	A_3	A_2	A_1	A_0	$\overline{Y}_9$	$\overline{Y}_8$	$\overline{Y}_7$	$\overline{Y}_6$	$\overline{Y}_5$	$\overline{Y}_4$	$\overline{Y}_3$	$\overline{Y}_2$	$\overline{Y}_1$	$\overline{Y}_0$
0	0	0	0	0	1	1	1	1	1	1	1	1	1	0
1	0	0	0	1	1	1	1	1	1	1	1	1	0	1
2	0	0	1	0	1	1	1	1	1	1	1	0	1	1
3	0	0	1	1	1	1	1	1	1	1	0	1	1	1
4	0	1	0	0	1	1	1	1	1	0	1	1	1	1
5	0	1	0	1	1	1	1	1	0	1	1	1	1	1
6	0	1	1	0	1	1	1	0	1	1	1	1	1	1
7	0	1	1	1	1	1	0	1	1	1	1	1	1	1
8	1	0	0	0	1	0	1	1	1	1	1	1	1	1
9	1	0	0	1	0	1	1	1	1	1	1	1	1	1
伪码	1 ⋮ 1	0 1	1 ⋮ 1	0 1	1	1	1	1	1	1	1	1	1	1

10.7.2　数码显示电路

在数字系统(特别是数字测量仪表和数控设备)中,常常需要将用 BCD 码表示的十进制数字显示出来,以便读取测量和运算的结果或监视数字系统的工作情况。这就需要用到数字显示电路。数字显示电路通常由显示译码器、驱动器和显示器等部分组成,如图 10.38 所示。

图 10.38　数字显示电路的组成

1. 数字显示器

能够用来直观显示数字、文字和符号的器件称为显示器。数字显示器件种类很多，按发光材料不同，可分为荧光管显示器、半导体发光二极管显示器（LED）和液晶显示器（LCD）等；按显示方式不同，可分为字形重叠式、分段式、点阵式等。

目前使用较普遍的是分段式发光二极管显示器。发光二极管是一种特殊的二极管，加正电压（或负电压）时导通并发光，所发的光有红、黄、绿等多种颜色。它有一定的工作电压和电流，所以在实际使用中应注意按电流的额定值，串接适当限流电阻来实现。

图10.39(a)为七段半导体发光二极管显示器外形，它由七只半导体发光二极管组合而成，分共阳极、共阴极两种接法，共阴极接法是指各段发光二极管阴极相连，如图10.39(b)所示，当某段阳极电位高时，该段发亮；共阳极接法相反，如图10.39(c)所示，图10.39(d)是七段笔划与数字的关系。

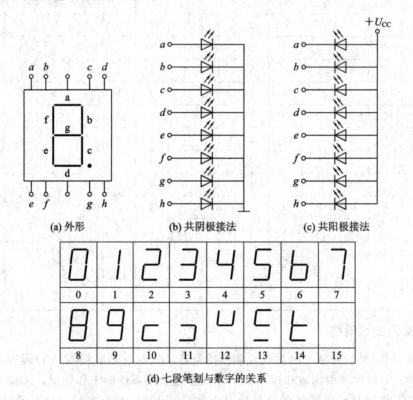

(a) 外形   (b) 共阴极接法   (c) 共阳极接法

(d) 七段笔划与数字的关系

图 10.39　七段半导体发光二极管显示器示意图

根据七段发光二极管的显示原理，显然，采用前面介绍的二—十进制译码器已不能适合七段码的显示，必须采用专用的显示译码器。

2. 显示译码/驱动器

显示器需显示译码/驱动器配合才能很好地完成其显示功能。74LS48是能与显示器配合的七段译码/驱动器。该器件内部结构复杂，这里仅介绍其集成芯片引脚及真值表。了解了这些内容，我们就可以用它来构成显示电路。

74LS48译码/驱动器的引脚排列如图10.40所示。

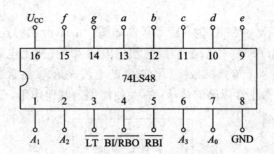

图 10.40　74LS48 引脚排列

图中，A_3、A_2、A_1、A_0是 4 位二进制数码输入信号；a、b、c、d、e、f、g 是七段译码输出信号；$\overline{\text{LT}}$、$\overline{\text{RBI}}$、$\overline{\text{BI}}/\overline{\text{RBO}}$是使能端，它们起辅助控制作用，从而增强了这个译码/驱动器的功能。74LS48 的真值表如表 10－24 所示。

表 10－24　74LS48 真值表

数字功能	输　入							输　出						
	$\overline{\text{LT}}$	$\overline{\text{RBI}}$	A_3	A_2	A_1	A_0	$\overline{\text{BI}}/\overline{\text{RBO}}$	a	b	c	d	e	f	g
0	1	1	0	0	0	0	1	1	1	1	1	1	1	0
1	1	×	0	0	0	1	1	0	1	1	0	0	0	1
2	1	×	0	0	1	0	1	1	1	0	1	1	0	1
3	1	×	0	0	1	1	1	1	1	1	1	0	0	1
4	1	×	0	1	0	0	1	0	1	1	0	0	1	1
5	1	×	0	1	0	1	1	1	0	1	1	0	1	1
6	1	×	0	1	1	0	1	0	0	1	1	1	1	1
7	1	×	0	1	1	1	1	1	1	1	0	0	0	0
8	1	×	1	0	0	0	1	1	1	1	1	1	1	1
9	1	×	1	0	0	1	1	1	1	1	0	0	1	1
10	1	×	1	0	1	0	1	0	0	0	1	1	0	1
11	1	×	1	0	1	1	1	0	0	1	1	0	0	1
12	1	×	1	1	0	0	1	0	1	0	0	0	1	1
13	1	×	1	1	0	1	1	1	0	0	1	0	1	1
14	1	×	1	1	1	0	1	0	0	0	1	1	1	1
15	1	×	1	1	1	1	1	0	0	0	0	0	0	0
$\overline{\text{BI}}$	×	×	×	×	×	×	0	0	0	0	0	0	0	0
$\overline{\text{RBI}}$	1	0	0	0	0	0	0	0	0	0	0	0	0	0
$\overline{\text{LT}}$	0	1	×	×	×	×	1	1	1	1	1	1	1	1

（1）输入信号 A_3、A_2、A_1、A_0 对应的数字均可由输出 a、b、c、d、e、f、g 字段来构成，表中字段为"1"表示该字段亮，为"0"表示该字段灭。可见它完全符合图 10.39（d）的显示

规律。

如将 7448 译码/驱动器和 TS547 显示器作如图 10.41 所示的连接,74LS48 译码器的段输出信号 $a \sim g$ 接到 TS547 七段显示器的相应段输入,并接上电源和地,TS547 就能按 74LS48 的 A_3、A_2、A_1、A_0 输入的数字,作正常的七段显示。(注意表中使能端的控制信号值是保证 7448 译码器作正常译码的信号,有关使能端的其他作用,下面再作介绍。)

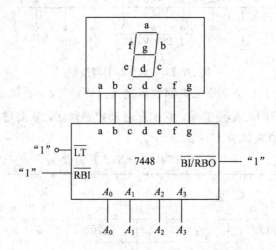

图 10.41 7448 译码/驱动器和 TS547 显示器连接图

(2) 7448 芯片有三个辅助控制信号(使能端),它们增加了器件的功能,其功能如下:

① 试灯输入端 LT(Lamp Test Input):低电平有效,当 $\overline{LT}=0$ 时,数码管的七段应全亮,与输入的译码信号无关,本输入端用于测试数码管的好坏。

② 动态灭零输入端 RBI(Ripple Blanking Input):低电平有效,在 $\overline{LT}=1$,$\overline{RBI}=0$,且译码输入全为 0 时,该位输出不显示,即 0 字被熄灭;当译码输入不全为 0 时,该位正常显示。本输入端用于消隐无效的 0,如数据 0034.50 可显示为 34.5。

③ 灭灯输入/动态灭输出端 $\overline{BI}$(Blanking Input)/ $\overline{RBO}$(Ripple Blanking Output):这是一个特殊的端钮,有时用作输入,有时用作输出。当 $\overline{BI}/\overline{RBO}$ 作为输入端使用,且 $\overline{BI}/\overline{RBO}=0$ 时,数码管七段全灭,与译码输入无关。当 $\overline{BI}/\overline{RBO}$ 作为输出端使用时,受控于 $\overline{LT}$ 和 $\overline{RBI}$;当 $\overline{LT}=1$ 且 $\overline{RBI}=0$ 时,$\overline{BI}/\overline{RBO}=0$;其他情况下 $\overline{BI}/\overline{RBO}=1$。本端主要用于显示多位数字时,多个译码器的灭灯控制。图 10.42 是一个有灭零控制的 5 位数码显示系统。

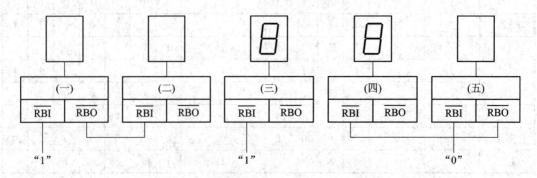

图 10.42 有灭零控制的 5 位数码显示系统

实训 10   集成逻辑门电路逻辑功能与参数测试

1. 实训目的

(1) 掌握 TTL 集成与非门的逻辑功能和主要参数的测试方法；

(2) 掌握 TTL 器件的使用规则；

(3) 进一步熟悉数字电路实训装置的结构、基本功能和使用方法。

2. 实训设备

(1) +5 V 直流电源；

(2) 逻辑电平开关；

(3) 逻辑电平显示器；

(4) 直流数字电压表；

(5) 直流毫安表；

(6) 直流微安表；

(7) 74LS20×2，1 kΩ、10 kΩ 电位器，200 Ω 电阻器(0.5 W)。

3. 实训内容与步骤

在合适的位置选取一个 14pin 插座，按定位标记插好 74LS20 集成块。

(1) TTL 集成与非门 74LS20 的逻辑功能。

按图 10.43 接线，门的 4 个输入端接逻辑开关输出插口，以提供"0"与"1"电平信号，开关向上，输出逻辑"1"，向下为逻辑"0"。门的输出端接由 LED 发光二极管组成的逻辑电平显示器(又称 0-1 指示器)的显示插口，LED 亮为逻辑"1"，不亮为逻辑"0"。按表 10-25 的真值表逐个测试集成块中两个与非门的逻辑功能。74LS20 有 4 个输入端，有 16 个最小项，在实际测试时，只要对输入 1111、0111、1011、1101、1110 五项进行检测就可判断其逻辑功能是否正常。

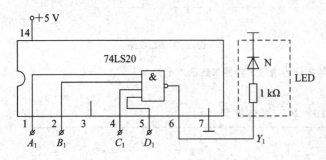

图 10.43　与非门逻辑功能测试电路

表 10 - 25　真值表

输		入		输	出
A_1	B_1	C_1	D_1	Y_1	Y_2
1	1	1	1		
0	1	1	1		
1	0	1	1		
1	1	0	1		
1	1	1	0		

① 74LS20 主要参数的测试。分别按图 10.44、图 10.45、图 10.46(b)接线并进行测试，将测试结果记入表 10 - 26 中。

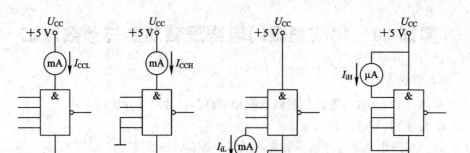

图 10.44　TTL 与非门静态参数测试电路

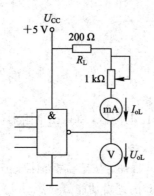

图 10.45　扇出系数试测电路

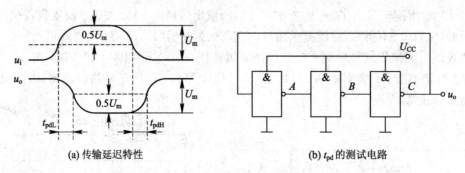

(a) 传输延迟特性　　　　　　　　(b) t_{pd} 的测试电路

图 10.46　TTL 与非门传输延迟特性参数测试电路

表 10 - 26　测试结果

I_{CCL}/mA	I_{CCH}/mA	I_{iL}/mA	I_{oL}/mA	$N_o = \dfrac{I_{oL}}{I_{iL}}$	$t_{pd} = \dfrac{T}{6}/ns$

　　② 按图 10.47 接线，调节电位器 R_w，使 u_i 从 0 V 向高电平变化，逐点测量 u_i 和 u_o 的对应值，记入表 10 - 27 中。

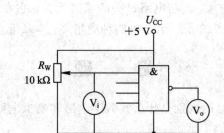

图 10.47　传输特性测试电路

表 10 – 27　测试结果

u_i/V	0	0.2	0.4	0.6	0.8	1.0	1.5	2.0	2.5	3.0	3.5	4.0	…
u_o/V													

4. 实训报告

（1）记录、整理实训结果，并对结果进行分析。

（2）画出实测的电压传输特性曲线，并从中读出各有关参数值。

本 章 小 结

本章主要介绍了数字信号的基本概念和数字电路的分类及特点、数制和码制。

逻辑函数是分析和设计数字逻辑电路的重要工具。逻辑变量是一种二值变量，其取值只能是 0 和 1，而不能有第三种取值，它仅用于表示对立的两种不同的状态。

逻辑代数中有三种基本逻辑运算——与、或、非，由它们可以组合成几种基本的复合逻辑运算——与非、或非、异或、同或和与或非等。

在逻辑代数的常用定律和公式中，除常量之间及常量与变量之间的逻辑运算外，还有互补律、重叠律、交换律、结合律、分配律、吸收律、摩根定律等，其中交换律和结合律以及分配律的第一种形式和普通代数中的有关定律一样，而其他定律则完全不同，在使用时应当注意这一点。

逻辑函数常用的表示方法有真值表、逻辑函数式和逻辑图，它们之间可以相互转换，在逻辑电路的分析和设计中常用到这些方法。

逻辑函数的化简是分析和设计数字电路的重要环节。实现同样的功能，电路越简单，成本越低且工作越可靠。逻辑函数化简的方法主要是公式化简法。

公式化简法具有运算、演变直接等优点，适于各种情况的逻辑函数，但它需要对基本公式和常用公式有一定的灵活运用能力，有时难于判断化简结果的准确性。

对于本章介绍的 TTL 和 CMOS 集成门电路的结构、工作原理、符号、外部特性、参数、特点，要求做到理解 TTL 与非门的工作原理、传输特性及参数；理解和掌握 TTL"与"门、"或"门、"非"门、"或非"门、"与非"门、"与或非"门、"异或"门、"同或"门、OC 门、三态门的含意、逻辑功能及电路符号；理解 CMOS 反相器及其逻辑门电路的组成及工作原理；了解 CMOS 电路的特性及使用注意事项。

组合逻辑电路是数字电路中两大组成部分之一，它在逻辑功能上的特点是任意时刻的

输出仅仅取决于该时刻的输入，而与电路过去的状态无关；它在电路结构上的特点是只包含门电路，而没有存储（记忆）单元。组合电路种类很多，本章重点介绍了编码器、译码器。

习　题

1. 数字信号和模拟信号的区别是什么？数字电路和模拟电路研究的内容有什么不同？数字电路的主要特点是什么？

2. 二进制、十六进制、十进制数是如何互相转换的？

3. 将下列二进制数转换成十六进制数和十进制数：

(1) 11001011；　　　　　(2) 101010.11；

(3) 1011001.101；　　　　(4) 11111111。

4. 将下列十六进制数转换成二进制数和十进制数：

(1) 5A9；　　　　　　　(2) 7B.D9；

(3) 386　　　　　　　　(4) 1A.F。

5. 将下列十进制数转换成十六进制数和二进制数：

(1) 78；　　　　　　　　(2) 256；

(3) 13.25；　　　　　　(4) 0.362525。

6. 将下列 BCD 码转换成十进制数：

(1) $(010110010010)_{8421BCD}$；

(2) $(101011000011)_{5421BCD}$。

7. 用真值表证明：正逻辑的"与"等于负逻辑的"或"，正逻辑的"或"等于负逻辑的"与"。

8. 逻辑函数有哪几种表示方法？它们各自有什么意义？它们之间是如何转换的？

9. 用代数法将下列逻辑函数化简成最简形式：

(1) $Y=\overline{A}\overline{B}\overline{C}+A+B+C$；

(2) $Y=A(BC+\overline{B}\overline{C})+A(B\overline{C}+\overline{B}C)$；

(3) $Y=AC+A\overline{B}CD+ABC+\overline{C}D+ABD$；

(4) $Y=AB(C+D)+D+\overline{D}(A+B)(\overline{B}+\overline{C})$；

(5) $Y=(AD+\overline{A}\overline{D})C+ABC+(A\overline{D}+\overline{A}D)B+BCD$。

10. TTL 门电路及输入电压波形如图 10.48 所示，试写出 $Y_1 \sim Y_6$ 的逻辑表达式，并画出 $Y_1 \sim Y_6$ 的波形。

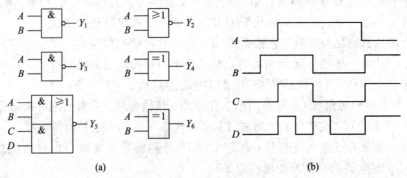

图 10.48　习题 10 图

11. 三态门、与非门构成电路及其输入信号波形如图 10.49 所示,试画出 Y 的输出波形。

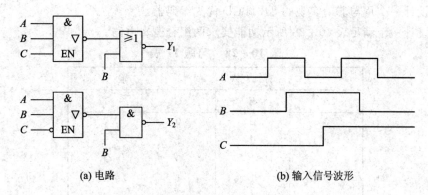

(a) 电路　　　　　　　　　　(b) 输入信号波形

图 10.49　习题 11 图

12. 如图 10.50 所示,试写出输出 Y 的逻辑表达式。

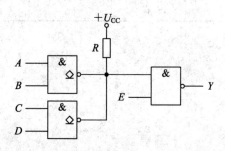

图 10.50　习题 12 图

13. 试分析逻辑图 10.51 的逻辑功能。

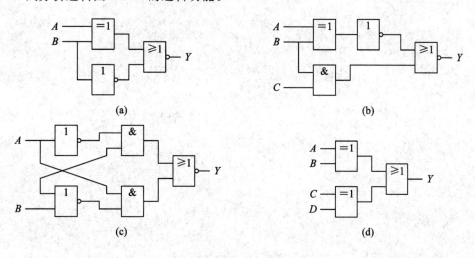

图 10.51　习题 13 图

14. 一种比赛有 A、B、C 三个裁判员,另外还有一名总裁判,当总裁判认为合格时算两票,而 A、B、C 裁判认为合格时分别算一票,试设计多数通过的逻辑表决电路。

15. 用与非门设计一个组合逻辑电路。设 $ABCD$ 是一个 8421BCD 码的四位,若此码表

示的数字 X 符合下列条件，输出 Y 为 1，否则输出 Y 为 0：(1) $4 < X_1 \leqslant 9$ ；(2) $X_2 < 3$ 或者 $X_2 > 6$。

16. 设计一个用与非门实现的 8421BCD 优先编码器。

17. 设计一个满足表 10-28 所示功能要求的组合逻辑电路。

表 10-28 习题 17 表

输 入			输 出
A	B	C	Y
0	0	0	0
0	0	1	1
0	1	0	1
0	1	1	1
1	0	0	0
1	0	1	0
1	1	0	0
1	1	1	1

第 11 章　触发器与时序逻辑电路

学习目标

（1）理解触发器的分类及特点；

（2）掌握基本 RS 触发器、RS 触发器、同步 JK 触发器、D 触发器及 T 触发器的逻辑功能及动作特点；

（3）理解集成触发器的逻辑功能和电路；

（4）理解各种触发器的相互转换方法；

（5）理解时序逻辑电路的共同特点；

（6）理解时序电路分析方法、基本的应用方法；

（7）掌握寄存器、移位寄存器的工作过程及应用方法；

（8）掌握计数器的分类及特点，工作过程及应用方法。

能力目标

（1）能够对各种类型触发器及动作特点进行归纳总结；

（2）能够正确应用各类触发器和集成触发器；

（3）能够对时序逻辑电路功能及特点进行归纳总结；

（4）能够正确应用各类时序逻辑电路；

（5）能够正确应用寄存器、移位寄存器及计数器。

在数字系统中不但需要对"0""1"信息进行算术运算和逻辑运算，还需要将这些信息和运算结果保存起来。为此，需要使用具有记忆功能的单元电路。能够存储"0""1"信息的基本单元电路称为触发器。

时序逻辑电路不仅具备组合逻辑电路的基本功能，还具备对过去时刻的状态进行存储或记忆的功能。具备记忆功能的电路称为存储电路，它主要由各类触发器组成。时序逻辑电路一般由组合逻辑电路和存储电路（存储器）两部分组成，其结构框图如图 11.1 所示。

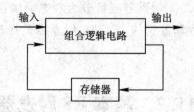

图 11.1　时序逻辑电路的结构框图

时序逻辑电路的基本单元是触发器，触发器是一种具有记忆功能的单元电路，它有"0"和"1"两种稳定状态。当无外界信号作用时，触发器保持原状态不变；在输入信号作用

下，触发器可从一种状态翻转到另一种状态。常见的时序逻辑电路有计数器、寄存器和序列信号发生器等。

11.1　双稳态触发器

触发器属于双稳态电路。任何具有两个稳定状态且可以通过适当的信号注入方式使其从一个稳定状态转换到另一个稳定状态的电路都称为触发器。所有触发器都具有两个稳定状态，但使输出状态从一个稳定状态翻转到另一个稳定状态的方法却有多种，由此构成了具有各种功能的触发器。

11.1.1　触发器的性质

触发器是一种具有记忆功能，能储存 1 位二进制信息的逻辑电路。每个触发器都应有两个互非的输出端 Q 和 $\overline{Q}$，并且有两个基本性质：

（1）在一定的条件下，触发器具有两个稳定的工作状态（"1"态或"0"态）。用触发器输出端 Q 的状态作为触发器的状态，即当输出 $Q=1$，$\overline{Q}=0$ 时，表示触发器"1"状态；当输出 $Q=0$，$\overline{Q}=1$ 时，表示触发器"0"状态。

（2）在一定的外界信号作用下，触发器可以从一个稳定工作状态翻转为另一个稳定工作状态。

这里所指的"稳定"状态，是指没有外界信号的作用时，触发器电路中的电流和电压均维持恒定的数值。

触发器具有上述两个基本性质，使得触发器能够记忆二进制信号"1"和"0"，被用作二进制的存储单元。

11.1.2　触发器的分类

触发器是一种应用在数字电路上具有记忆功能的循环逻辑组件，是构成时序逻辑电路以及各种复杂数字系统的基本逻辑单元。触发器的电路结构形式有多种，它们的触发方式和逻辑功能也各不相同。触发器主要有以下四种分类方式：

（1）按触发方式不同，可分为电平触发器、边沿触发器和主从触发器。

（2）按逻辑功能不同，可分为 RS 触发器、JK 触发器、T 触发器、D 触发器等。

（3）按电路结构不同，可分为基本 RS 触发器和钟控触发器。

（4）按构成触发器的基本器件不同，可分为双极型触发器和 MOS 型触发器。

此外，根据存储数据的原理，触发器还可分为静态触发器和动态触发器两大类。静态触发器是靠电路状态和自锁存储数据的，而动态触发器是通过 MOS 管栅极输入电容上存储电荷来存储数据的。

11.2　基本 RS 触发器

没有时钟脉冲输入端 CP 的触发器称为基本 RS 触发器。CP 即时钟脉冲（Clock Pulse）。基本 RS 触发器是一种最简单的触发器，是构成各种触发器的基础。

11.2.1　用与非门构成的基本 RS 触发器

图 11.2 所示为一个由两个与非门交叉耦合组成的基本 RS 触发器，它有两个互非输出端 Q 和 $\bar{Q}$，有两个输入端 $\bar{S}_D$（称为置位输入端或置"1"端）和 $\bar{R}_D$（称为复位输入端或置"0"端）。

当 $\bar{S}_D=1$，$\bar{R}_D=1$ 时，不管此时触发器的状态是"1"还是"0"，触发器都能维持原来的状态不变。

当 $\bar{S}_D=0$，$\bar{R}_D=1$ 时，不管触发器原来为什么状态，触发器状态均保持"1"状态。

当 $\bar{S}_D=1$，$\bar{R}_D=0$ 时，不管触发器原来为什么状态，触发器状态均保持"0"状态。

当 $\bar{S}_D=0$，$\bar{R}_D=0$ 时，G_1、G_2 门输出"1"，但在

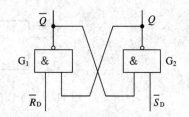

图 11.2　由与非门组成的基本 RS 触发器

$\bar{S}_D$、$\bar{R}_D$ 同时回到"1"以后，基本 RS 触发器的新状态要看 G_1、G_2 门翻转的速度，从逻辑关系来说是不能确定的，因此在正常工作时输入信号应遵守 $\bar{S}_D+\bar{R}_D=1$ 的约束条件，亦即不允许输入 $\bar{S}_D=\bar{R}_D=0$ 的信号。

将上述逻辑关系列出真值表，就得到表 11-1。其中，触发器新的状态 Q^{n+1}（也称作次态），不仅与输入状态有关，而且还与触发器原来的状态 Q^n（也叫初态）有关，所以把 Q^n 也作为一个输入变量列入了真值表，并将其称作状态变量，把这种含有状态变量的真值表称作触发器的功能真值表（或称为特性表）。表中的 $\bar{S}_D$、$\bar{R}_D$ 上加非号是因为输入信号在低电平起作用。

表 11-1　用与非门构成的基本 RS 触发器真值表

$\bar{S}_D$	$\bar{R}_D$	Q^n	Q^{n+1}
1	1	0	0
1	1	1	1
0	1	0	1
0	1	1	1
1	0	0	0
1	0	1	0
0	0	0	1* 不定
0	0	1	1* 不定

*：$\bar{S}_D$ 和 $\bar{R}_D$ 的 0 状态同时消失以后，状态不定。

例 11-1　由与非门组成的基本 RS 触发器如图 11.3 所示，设触发器初始状态为"0"，已知输入 $\bar{S}_D$、$\bar{R}_D$ 的波形如图 11.3 所示，试画出触发器 Q 和 $\bar{Q}$ 的输出波形。

解　触发器初始状态为 0 决定了此时 Q 为低，$\bar{Q}$ 为高。之后，当 $\bar{S}_D$、$\bar{R}_D$ 同时为高时，触发器状态不变；当 $\bar{S}_D$、$\bar{R}_D$ 某一端变低时，按表 11-1 画出相应的波形；当 $\bar{S}_D$、$\bar{R}_D$ 同时变低时，触发器 $Q=\bar{Q}=1$，出现不正常情况；在 $\bar{S}_D$、$\bar{R}_D$ 同时恢复"1"后，新状态不定（阴影部

分），波形如图 11.3 所示。

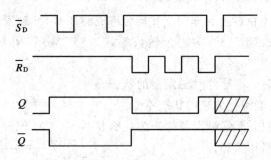

图 11.3 例 11-1 由与非门组成的基本 RS 触发器波形

11.2.2 用或非门构成的基本 RS 触发器

除了用与非门组成基本触发器外，还可以用其他门电路来构造。下面就以或非门来组成基本 RS 触发器为例分析其原理。

如图 11.4 所示是由两个或非门交叉耦合组成的基本触发器电路，Q 和 $\overline{Q}$ 为两个输出端，S_D 和 R_D 为两个输入端；S_D 为置位端，R_D 为复位端。

由于用或非门代替了与非门，因此这种触发器有以下几点不同：

(1) 当 S_D、R_D 均为低电平时，触发器保持原状态不变。

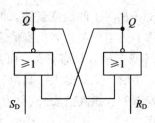

图 11.4 由或非门组成的基本 RS 触发器

(2) 当 $S_D=1$，$R_D=0$ 时，触发器成为"1"状态。

(3) 当 $S_D=0$，$R_D=1$ 时，触发器成为"0"状态。

(4) 当 S_D、R_D 同时为高电平时，Q 和 $\overline{Q}$ 出现同时为低电平的不正常情况；在高电平同时消失以后，触发器的新状态不定。因此，在正常工作时输入信号应遵守 $S_D \cdot R_D=0$ 的约束条件，亦即不允许 $S_D=R_D=1$ 的信号，同时，S_D、R_D 两个输入端均为高电平有效，其真值表如表 11-2 所示。

表 11-2 用或非门构成的基本 RS 触发器真值表

S_D	R_D	Q^n	Q^{n+1}
0	0	0	0
0	0	1	1
1	0	0	1
1	0	1	1
0	1	0	0
0	1	1	0
1	1	0	0* 不定
1	1	1	0* 不定

*：S_D 和 R_D 的 1 状态同时消失以后，状态不定。

例 11 - 2　由或非门组成的基本 RS 触发器如图 11.3 所示，设触发器初始状态为"0"，已知输入 S_D、R_D 的波形如图 11.5 所示，试画出触发器 Q 和 $\overline{Q}$ 的输出波形。

解　根据表 11 - 2，或非门组成的基本 RS 触发器的输入端 S_D、R_D 为高电平起作用，Q 和 $\overline{Q}$ 输出波形如图 11.5 所示。图中阴影部分波形是由于或非门延迟时间不一致，在输入端 S_D、R_D 同时从高电平变为低电平时，将不能确立触发器是处于"1"状态或者"0"状态。

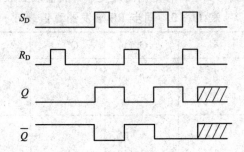

图 11.5　由"或非门"组成的基本 RS 触发器波形

11.3　钟控触发器的逻辑功能

基本 RS 触发器直接受输入信号控制。在实际中，我们常希望输入信号仅在一定的时间内起作用，这就需要对输入信号进行控制，限制它起作用的时间。用时钟脉冲控制输入信号起作用时间的触发器，称为同步触发器或钟控触发器。

根据逻辑功能的不同，钟控触发器可分为同步 RS 触发器、JK 触发器、T 触发器、D 触发器等。

11.3.1　同步 RS 触发器

1. 电路结构

同步 RS 触发器逻辑图如图 11.6 所示，CP 是时钟输入端，输入周期性连续脉冲，S、R 是数据输入端（又称控制输入端）。该电路由两部分组成：由与非门 G_1、G_2 组成基本触发器，由与非门 G_3、G_4 组成输入控制电路。

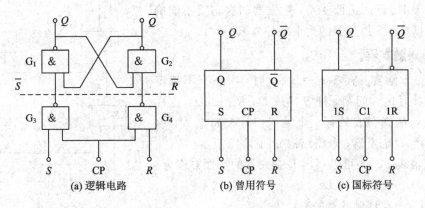

(a) 逻辑电路　　　　(b) 曾用符号　　　　(c) 国标符号

图 11.6　同步 RS 触发器逻辑图

2. 逻辑功能

当 CP＝0 时，不管控制输入信号 R 和 S 是低电平还是高电平，G_3 和 G_4 的输出恒为 1，此时 G_1、G_2 构成基本触发器，触发器的状态维持原状态。

当 CP＝1 时，输入信号 R、S 通过 G_3、G_4 反相加到由 G_1、G_2 组成的基本 RS 触发器上，使 Q 和 $\overline{Q}$ 的状态跟随输入信号 R、S 的变化而改变。其真值表如表 11－3 所示。

表 11－3　同步 RS 触发器真值表

S	R	Q^n	Q^{n+1}	说明
0	0	0	0	$Q^{n+1}=Q^n$，
0	0	1	1	维持初态
0	1	0	0	$Q^{n+1}=0$，
0	1	1	0	置"0"态
1	0	0	1	$Q^{n+1}=1$，
1	0	1	1	置"1"态
1	1	0	不定	状态不定
1	1	1		

当 CP＝1 时，若 $S=R=0$，则 G_3、G_4 输出为 1，由基本触发器原理分析可知，触发器的次态 $Q^{n+1}=$ 初态 Q^n。

当 CP＝1 时，若 $S=0$，$R=1$，则 G_3 输出 1，G_4 输出 0，因此不管触发器初态为 0 还是 1，它的次态 Q^{n+1} 总是 0。

当 CP＝1 时，若 $S=1$，$R=0$，则 G_4 输出 0，G_3 输出 1，因此不管触发器初态为 0 还是 1，它的次态 Q^{n+1} 总是 1。

CP＝1 时，若 $R=S=1$，则 G_3、G_4 均输出 0，此时触发器状态 G_1、G_2 输入端均为 0，使得触发器输出状态 $Q^{n+1}=\overline{Q^{n+1}}=1$，而在 CP 由高变低时，由于 RS 同时由低变高，触发器的次态就不能确定，因此同步 RS 触发器的约束条件为 RS＝0。

11.3.2　D 触发器

由于 RS 触发器存在 $R=S=1$ 时，次态有不确定的情况，针对这一问题，将 S 换成 D，R 换成 $\overline{D}$，这样触发器输入端就变成只有一个输入信号控制端 D，该触发器称作 D 触发器，电路结构如图 11.7 所示。

从真值表 11－4 可以写出 D 触发器的特性方程为

$$Q^{n+1}=D$$

表 11－5 为 D 触发器的激励表。

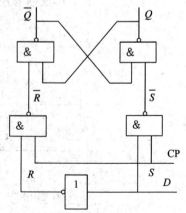

图 11.7　同步 D 触发器逻辑电路

表 11－4　D 触发器真值表

D	Q^n	Q^{n+1}	说明
0	0	0	$Q^{n+1}=0$
0	1	0	
1	0	1	$Q^{n+1}=1$
1	1	1	

表 11－5　D 触发器激励表

$Q^n \rightarrow Q^{n+1}$	D
$0 \rightarrow 0$	0
$0 \rightarrow 1$	1
$1 \rightarrow 0$	0
$1 \rightarrow 1$	1

11.3.3　JK 触发器

凡是时钟信号作用下逻辑功能符合表 11－6 真值表所规定的逻辑功能者,无论其触发方式如何,均称为 JK 触发器。JK 触发器的控制输入端为 J、K,图 11.8 为同步 JK 触发器的逻辑电路,表 11－6 和表 11－7 分别为 JK 触发器真值表和激励表。

表 11－6　JK 触发器真值表

J	K	Q^n	Q^{n+1}	说　明
0	0	0	0	$Q^{n+1}=Q^n$,
0	0	1	1	维持
0	1	0	0	$Q^{n+1}=0$,
0	1	1	0	置"0"
1	0	0	1	$Q^{n+1}=1$,
1	0	1	1	置"1"
1	1	0	1	$Q^{n+1}=\overline{Q^n}$,
1	1	1	0	与原状态相反

表 11－7　JK 触发器激励表

$Q^n \rightarrow Q^{n+1}$	J	K
$0 \rightarrow 0$	0	$\times$
$0 \rightarrow 1$	1	$\times$
$1 \rightarrow 0$	$\times$	1
$1 \rightarrow 1$	$\times$	0

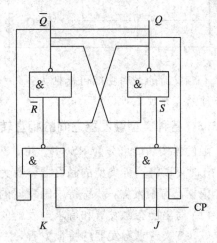

图 11.8　同步 JK 触发器逻辑电路

根据表 11－6 可以写出 JK 触发器的特性方程,化简后得到

$$Q^{n+1} = J\,\overline{Q^n} + \overline{K}Q^n$$

11.3.4　T 触发器

T 触发器可看成 JK 触发器在 $J=K$ 条件下的特例,T 触发器只有一个控制输入端 T。

图 11.9 为同步 T 触发器逻辑电路，表 11 - 8 为 T 触发器的真值表，表 11 - 9 为 T 触发器的激励表，T 触发器的特性方程为

$$Q^{n+1} = T\overline{Q^n} + \overline{T}Q^n$$

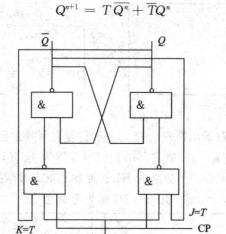

图 11.9　同步 T 触发器逻辑电路

表 11 - 8　T 触发器真值表

T	Q^n	Q^{n+1}	说明
0	0	0	$Q^{n+1}=Q^n$
0	1	1	
1	0	1	$Q^{n+1}=\overline{Q^n}$
1	1	0	

表 11 - 9　T 触发器激励表

$Q^n \rightarrow Q^{n+1}$	T
0→0	×
0→1	1
1→0	1
1→1	×

T 触发器的逻辑功能可概括为：$T=0$ 时，触发器保持原状态不变；$T=1$ 时，触发器状态与原状态相反，即 $Q^{n+1}=\overline{Q^n}$。

11.3.5　各种类型触发器之间的相互转换

触发器按功能可分为 RS、D、JK、T 触发器，分别对应各自的特性方程，在实际应用中，有时可以将一种类型的触发器转换为另一种类型的触发器。下面介绍几种转换方式。

根据已有触发器，获得待求触发器的步骤如下：

（1）写出已有触发器和待求触发器的特征方程。

（2）变换待求触发器的特征方程，使之与已有触发器的特征方程一致。

（3）根据变量相同、系数相等，则方程一定相等的原则，比较已有、待求触发器的特征方程，求出转换逻辑。

（4）画电路图。

1. JK 触发器转换为 D 触发器

已知 JK 触发器的特性方程为

$$Q^{n+1} = J\,\overline{Q^n} + \overline{K}Q^n$$

待求的 D 触发器的特性方程为

$$Q^{n+1} = D$$

转换时，可将 D 触发器的特性方程变换为与 JK 触发器特性方程相似的形式：

$$Q^{n+1} = D = D(Q^n + \overline{Q^n}) = DQ^n + D\,\overline{Q^n} = J\,\overline{Q^n} + \overline{K}Q^n$$

可见，若 $J=D$，$K=\overline{D}$，则可利用 JK 触发器完成 D 触发器的逻辑功能，转换电路如图 11.10 所示。

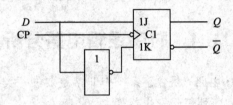

图 11.10　JK 触发器转换为 D 触发器的逻辑电路

2. D 触发器转换为 JK 触发器

已知 D 触发器的特性方程为

$$Q^{n+1} = D$$

待求的 JK 触发器的特性方程为

$$Q^{n+1} = J\,\overline{Q^n} + \overline{K}Q^n$$

整个触发器的输入应为 J、K，则 $D = J\,\overline{Q^n} + \overline{K}Q^n$，其转换的逻辑电路如图 11.11 所示。

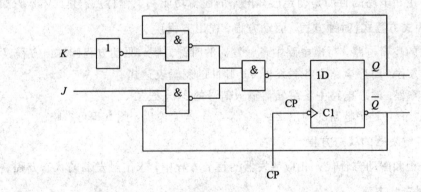

图 11.11　D 触发器转换为 JK 触发器的逻辑电路

3. D 触发器转换为 T 触发器

因 T 触发器的特性方程为

$$Q^{n+1} = T\,\overline{Q^n} + \overline{T}Q^n$$

而 D 触发器的特性方程为

$$Q^{n+1} = D$$

将两个方程对比，可得到

$$D = T\,\overline{Q^n} + \overline{T}Q^n$$

由 D 触发器转换为 T 触发器的逻辑电路如图 11.12 所示。

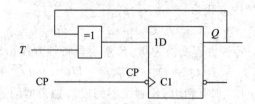

图 11.12 D 触发器转换为 T 触发器的逻辑电路

11.4 时序逻辑电路分析

时序逻辑电路简称时序电路,是数字系统中非常重要的一类逻辑电路。常见的时序逻辑电路有计数器、寄存器和序列信号发生器等。

所谓时序逻辑电路,是指电路此刻的输出不仅与电路此刻的输入组合有关,还与电路前一时刻的输出状态有关。它是由门电路和记忆元件(或反馈元件)共同构成的。

根据时序逻辑电路图,分析出时序电路逻辑功能,称为时序逻辑电路的分析。

时序逻辑电路的分析与组合逻辑电路的分析有很大区别:组合逻辑电路的分析过程是根据已知电路,逐级写出各级输出的逻辑函数表达式,最后用代入法便可得到最终输出变量的逻辑函数表达式;时序逻辑电路分析过程比较复杂,需根据已知电路,采用求解相关方程、求真值表、画状态图和时序图等方法,才能找出电路中触发器输出端的状态变化规律及输出变量的变化规律。

分析时序逻辑电路的目的是确定已知电路的逻辑功能和工作特点。其具体步骤如下:

1. 写出相关方程式(时钟方程、驱动方程、输出方程)

根据给定的逻辑电路,写出电路中各触发器的时钟方程、驱动方程和输出方程。

(1) 时钟方程:时序电路中各触发器 CP 脉冲的逻辑表达式。

(2) 驱动方程:时序电路中各触发器输入信号的逻辑表达式。

(3) 输出方程:时序电路的输出 $Z = f(X, Q)$,若无输出,此方程可省略。

2. 求出各触发器的状态方程

将时钟方程和驱动方程代入相应触发器的特征方程中,求出触发器的状态方程。

3. 求出对应状态值

(1) 列状态表。将电路输入信号和触发器现态的所有取值组合代入相应的状态方程,求得相应触发器的次态和输出,以表格形式列出。

(2) 画状态图。状态图为反映时序电路状态转换规律及相应输入、输出信号取值情况的几何图形。

(3) 画时序图。时序图为反映输入、输出信号及各触发器状态的取值在时间上对应关系的波形图。画时序图时,应在 CP 触发沿到来时更新状态。

(4) 归纳上述分析结果,确定时序电路的功能。根据状态表、状态图和时序图进行分析、归纳,确定电路的逻辑功能和工作特点。上述对时序电路的分析步骤不是一成不变的,可根据电路的繁简情况和分析者对电路的熟悉程度进行取舍。其分析过程如图 11.13 所示。

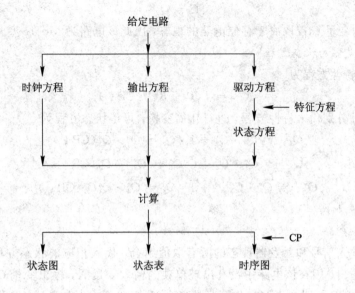

图 11.13　时序电路分析过程

例 11 - 3　分析如图 11.14 所示时序电路的逻辑功能，电路中的各触发器为 TTL 负边沿 JK 触发器。

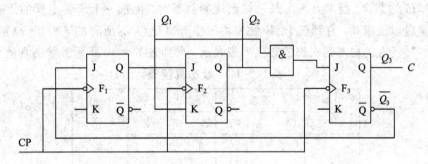

图 11.14　同步时序电路

解　在该电路中，时钟脉冲 CP 接到了每个 JK 触发器的时钟输入端，所有 JK 触发器在同一时钟 CP 的作用下同时变化，因此该电路是一个同步时序电路。根据时序电路的分析步骤，先求取相关方程式。

1）写相关方程式

（1）时钟方程：

$$\mathrm{CP}_1 = \mathrm{CP}_2 = \mathrm{CP}_3 = \mathrm{CP} \downarrow$$

（2）驱动方程：

$$J_1 = \overline{Q_3^n}, \quad K_1 = 1$$
$$J_2 = K_2 = Q_1^n$$
$$J_3 = Q_2^n Q_1^n, \quad K_3 = 1$$

（3）输出方程。

若将该电路中的第三个 JK 触发器的输出端 Q_3 规定为 C，则它的输出方程为

$$C = Q_3^n$$

显然，输出变量 C 仅取决于存储电路的现态，因此该电路为 Moore 型时序电路。

2）求各触发器的状态方程

JK 触发器特性方程为

$$Q^{n+1} = J\overline{Q^n} + \overline{K}Q^n(\text{CP}\downarrow)$$

将对应驱动方程分别代入特性方程，进行化简变换，可得状态方程为

$$Q_1^{n+1} = \overline{Q_3^n} \cdot \overline{Q_1^n} + \overline{1} \cdot \overline{Q_0^n} = \overline{Q_3^n} \cdot \overline{Q_1^n}(\text{CP}\downarrow)$$

$$Q_2^{n+1} = Q_1^n \cdot \overline{Q_2^n} + \overline{Q_1^n}Q_2^n = Q_2^n \oplus Q_1^n(\text{CP}\downarrow)$$

$$Q_3^{n+1} = \overline{Q_3^n} \cdot Q_2^n Q_1^n + \overline{1} \cdot Q_3^n = \overline{Q_3^n} \cdot Q_2^n Q_1^n(\text{CP}\downarrow)$$

3）求出对应状态值

（1）列状态表。

列出电路输入信号和触发器现态的所有取值组合，代入相应的状态方程，求得相应的触发器次态及输出。因在该电路中没有出现单独的输入变量 X，输出变量 C 也等于第三个 JK 触发器的输出 Q_3，因此主要变化情况是三个 JK 触发器在时钟脉冲 CP 作用下发生一些状态变化。在列真值表的过程中，假定电路中三个 JK 触发器的输出端 $Q_3Q_2Q_1$ 的初态为 000，根据特性方程求出第一个脉冲过后的次态，再将该次态作为初态，求出第二个脉冲过后的次态，依此类推。当求出的次态是曾出现的初态时，再选一个未曾出现的组合作为初态，然后重复以上步骤，直到三个 JK 触发器的输出端 $Q_3Q_2Q_1$ 所有的 8 种组合（初态）均已求出次态。将所有的初态到次态的转换列表表示，得到表 11-10 所示的状态真值表。

表 11-10　状态真值表

时钟 CP↓	现态			次态			输出
	Q_3^n	Q_2^n	Q_1^n	Q_3^{n+1}	Q_2^{n+1}	Q_1^{n+1}	$C(Q_3^n)$
1	0	0	0	0	0	1	0
2	0	0	1	0	1	0	0
3	0	1	0	0	1	1	0
4	0	1	1	1	0	0	0
5	1	0	0	0	0	0	1
6	1	0	1	0	1	0	1
7	1	1	0	0	1	0	1
8	1	1	1	0	0	0	1

（2）画状态转换图，如图 11.15 所示。

从状态转换图可以发现，5 个状态 000～100 构成了一个闭环，随着 CP 脉冲的输入，将在这 5 个状态之间不停转换；并且是递增的过程，当递增到 100 时输出 $C=1$，在一个 CP 脉冲过后回到状态 000，输出 C 也变为 0；随着 CP 脉冲的输入，进行下一轮递增。初步可以判定该电路是一个五进制的加法计数器，C 为进位输出。另外 3 个状态 101、110、111 在

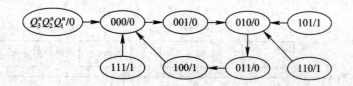

图 11.15 状态转换图

一个 CP 脉冲过后，转为 010、000 两个状态之一，在以后 CP 脉冲作用下，又继续 5 个状态 000～100 的递增变化过程。所以，无论最初的状态是 000～111 之间的哪一个，随着 CP 脉冲的输入，必将进入 000～100 构成的递增循环过程中，因此可以称该电路是具有自启动功能的五进制加法计数器。3 个状态 101、110、111 称为无效状态。所谓自启动，是指假定电路由于某种原因处在无效状态时，在 CP 时钟信号的作用下仍自行进入有效状态，开始有效循环。

（3）画时序波形，如图 11.16 所示。

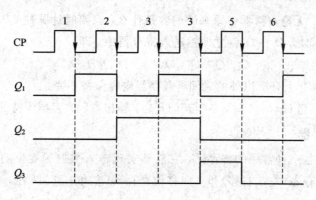

图 11.16 时序波形

11.5 寄 存 器

在数字电路中，用来存放二进制数据或代码的电路称为寄存器。寄存器是由具有存储功能的触发器组合构成的。一个触发器可以存储一位二进制代码，存放 n 位二进制代码的寄存器需用 n 个触发器来构成。

按照功能的不同，寄存器可分为数码寄存器和移位寄存器两大类。数码寄存器采用并行输入数据、并行输出数据。移位寄存器中的数据可以在移位脉冲作用下依次逐位右移或左移。数据常采用串行输入、串行输出的形式，也可以有其他形式。

11.5.1 数码寄存器

1. 数码寄存器的电路组成

如图 11.17 所示是采用 4 个 D 触发器构成的四位数码寄存器，其中 CP 作为接收并行输入数码 $D_0 \sim D_3$ 的控制信号，$Q_0 \sim Q_3$ 是数码寄存器的并行输出端。

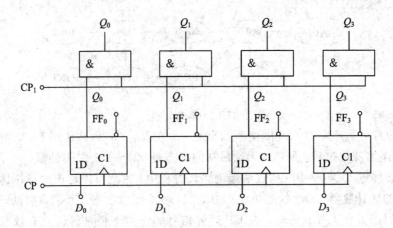

图 11.17　D 触发器构成的数码寄存器

2. 数码寄存器的工作原理

（1）输入数据。无论寄存器中原来的内容是什么，只要时钟脉冲 CP 上升沿到来，加在并行数据输入端的数据 $D_0 \sim D_3$ 就立即被送入寄存器中，即

$$Q_3^{n+1} Q_2^{n+1} Q_1^{n+1} Q_0^{n+1} = D_3 D_2 D_1 D_0$$

（2）保持。在 CP 上升沿以外的时间，寄存器内容保持不变。

（3）输出数据。当 $CP_1 = 1$ 时，各"与"门开启，输出数码寄存器保持的数据到 $Q_3 Q_2 Q_1 Q_0$。

11.5.2　移位寄存器

移位寄存器也是一种常用的寄存器，它能够实现输入数据的逐位向左或向右移动，通常分为单向移位寄存器（左或右移）和双向移位寄存器（左和右移）两种。

1. 单向移位寄存器的电路组成

图 11.18 所示是由 4 个边沿 D 触发器组成的 4 位单向左移移位寄存器。

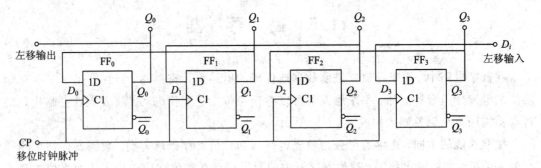

图 11.18　4 位单向左移移位寄存器

2. 单向移位寄存器的工作原理

从电路中可以看出：

$$D_0 = Q_1^n, D_1 = Q_2^n, D_2 = Q_3^n, D_3 = D_i,$$

$$Q_0^{n+1} = Q_1^n, Q_1^{n+1} = Q_2^n, Q_2^{n+1} = Q_3^n, Q_3^{n+1} = D_i$$

假设移位寄存器的初始状态为 0000，现从输入端 D_i 依次输入信号"1101"，这样可以

得到真值表，如表 11 - 11 所示。

表 11 - 11　单向左移移位寄存器真值表

输入		现态				次态				说明
D_i	CP	Q_0^n	Q_1^n	Q_2^n	Q_3^n	Q_0^{n+1}	Q_1^{n+1}	Q_2^{n+1}	Q_3^{n+1}	
1	↑	0	0	0	0	0	0	0	1	输入
1	↑	0	0	0	1	0	0	1	1	1101
0	↑	0	0	1	1	0	1	1	0	
1	↑	0	1	1	0	1	1	0	1	信号

从真值表中可以看出，在输入端依次输入“1101”，经过 4 个时钟脉冲信号作用后，Q_0^{n+1} Q_1^{n+1} Q_2^{n+1} Q_3^{n+1} = 1101。

单向右移移位寄存器与单向左移移位寄存器工作原理基本相同，如把单向右移移位寄存器与单向左移移位寄存器组合起来，加上相应的左移和右移控制信号，就构成了双向移位寄存器。

11.5.3　集成移位寄存器

目前比较常见的集成移位寄存器有八位单向移位寄存器 74164 和四位双向移位寄存器 74LS194。

1. 八位单向移位寄存器 74164

(1) 74164 引脚排列、逻辑功能如图 11.19 所示。其中 $D_i = D_{SA} \cdot D_{SB}$ 为数码的串行输入信号端，$\overline{CR}$ 为清零端，$Q_0 \sim Q_7$ 为数码输出端，为并行方式。

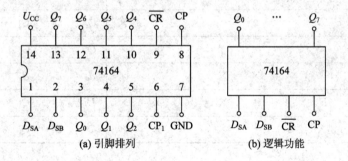

图 11.19　单向移位寄存器 74164

(2) 74164 的工作原理可以用表 11 - 12 所示的功能表来描述。

表 11 - 12　74164 的功能表

输入			输　出								说明
D_i	$\overline{CR}$	CP	Q_0^{n+1}	Q_1^{n+1}	Q_2^{n+1}	Q_3^{n+1}	Q_4^{n+1}	Q_5^{n+1}	Q_6^{n+1}	Q_7^{n+1}	
0	×	×	0	0	0	0	0	0	0	0	清零
1	×	0	Q_0^n	Q_1^n	Q_2^n	Q_3^n	Q_4^n	Q_5^n	Q_6^n	Q_7^n	保持
1	D_i	↑	D_i	Q_0^n	Q_1^n	Q_2^n	Q_3^n	Q_4^n	Q_5^n	Q_6^n	右移

2. 四位双向移位寄存器 74LS194

（1）74LS194 引脚排列、逻辑功能如图 11.20 所示。

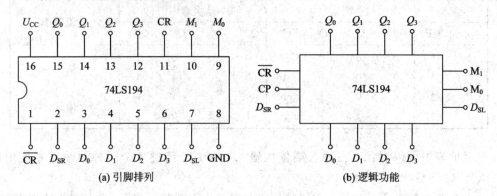

(a) 引脚排列　　　　　　　　(b) 逻辑功能

图 11.20　双向移位寄存器 74LS194

其中，D_{SR} 是右移串行数据输入端，D_{SL} 是左移串行数据输入端；$\overline{CR}$ 为清零端；$M_0 M_1$ 为工作状态控制端，$M_1 M_0 = 01$ 实现右移功能，$M_1 M_0 = 10$ 实现左移功能；$Q_0 \sim Q_3$ 为数码输出端，为并行方式。

（2）74LS194 的工作原理可以用表 11-13 所示的功能表来描述。

表 11-13　74LS194 的功能表

输　入									输　出				说明
$\overline{CR}$	M_1	M_0	D_{SR}	D_{SL}	CP	D_0	D_1	D_2	D_3	Q_0^{n+1}	Q_1^{n+1}	Q_2^{n+1}	Q_3^{n+1}	说明
0	×	×	×	×	×	×	×	×	×	0	0	0	0	清零
1	×	×	×	×	0	×	×	×	×	Q_0^n	Q_1^n	Q_2^n	Q_3^n	保持
1	0	0	×	×	×	×	×	×	×	Q_0^n	Q_1^n	Q_2^n	Q_3^n	保持
1	0	0	×	×	×	×	×	×	×	d_0	d_1	d_2	d_3	置数
1	0	1	D_i	×	↑	×	×	×	×	D_i	Q_0^n	Q_1^n	Q_2^n	右移
1	1	0	×	D_i	↑	×	×	×	×	Q_0^n	Q_1^n	Q_2^n	Q_i	左移

11.6　计　数　器

在数字电路中，能够记忆输入脉冲个数的电路称为计数器，它由触发器组合构成。计数器的种类很多，按触发器的状态转换与计数脉冲是否同步，分为同步计数器和异步计数器；按进位制的不同，分为二进制计数器、十进制计数器和任意进制计数器（N 进制计数器）；按数值的增减，分为加法计数器、减法计数器和可逆计数器。计数器是数字系统中的重要组成部分，主要用于计数，也可用于分频和定时。下面介绍一些常用的计数器。

11.6.1　二进制计数器

1. 二进制异步加法计数器

（1）电路组成。如图 11.21 所示为三位二进制异步加法计数器，它由 3 个 JK 触发器组成，低位的输出 Q 接到高位的控制端 C，只有最低位 FF_0 的 C 端接收计数脉冲 CP。每个触发器的 J、K 端都接高电平，即 $J = K = 1$，处于计数状态。只要控制端 C 的信号由“1”变到“0”，触发器的状态就翻转。$C = Q_0Q_1Q_2$ 是进位信号。

FF0
FF1
FF2
&
C
CP
1J
C1
1K
Q0
Q1
Q2
1

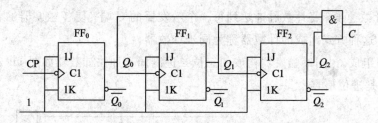

图 11.21　三位二进制异步加法计数器

(2) 工作原理。计数器工作前应清零，即 $Q_2Q_1Q_0 = 000$。第一个 CP 脉冲输入后，当该脉冲的下降沿到来时，FF_0 翻转，Q_0 由“0”变为“1”，这样 $Q_0 = 1$ 就加到 FF_1 的 C 端，使 FF_1 保持不变，计数器的状态为 001。第二个 CP 脉冲输入后，FF_0 又翻转，Q_0 由 1 变为 0。这样 $Q_0 = 0$ 就加到 FF_1 的 C 端，使 FF_1 翻转，Q_1 由“0”变为“1”。$Q = 1$ 就加到 FF_2 的 C 端，使 FF_2 保持不变，计数器的状态为“010”。

按此规律，随着计数脉冲 CP 的不断输入，计数器的状态如图 11.22 所示，当第 7 个 CP 脉冲输入后，计数器的状态变为“111”，产生进位信号 $C = 1$，再输入一个 CP 脉冲，计数器的状态恢复为“000”。

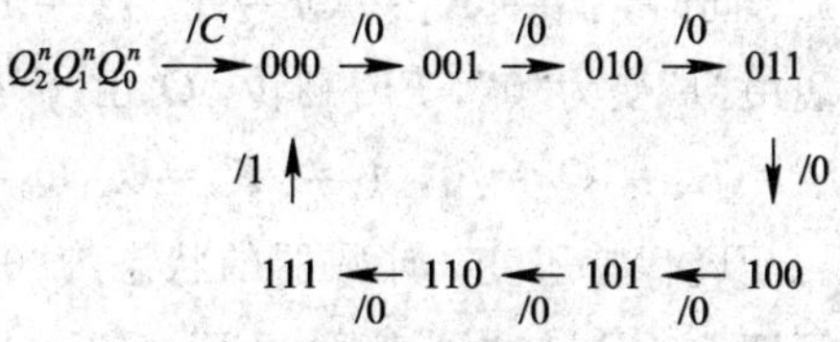

$Q_2^nQ_1^nQ_0^n$
/C
000
/0
001
/0
010
/0
011
/0
100
/0
101
/0
110
/0
111
/1

图 11.22　三位二进制异步加法计数器的状态

如图 11.23 所示是三位二进制异步加法计数器的时序图(或波形图)，可见 Q_0 的脉冲波形周期比计数脉冲 CP 大 1 倍，Q_1 的脉冲波形周期比 Q_0 的大 1 倍，余可类推。因此二进制计数器的 Q_0、Q_1、Q_2 的脉冲频率分别是计数脉冲频率的二分频、四分频和八分频。计数器可作为分频器，同时也体现了定时的作用。

CP
1
2
3
4
5
6
7
8
Q0
Q1
Q2

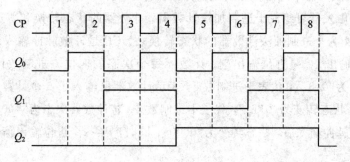

图 11.23　三位二进制异步加法计数器时序图

如果把图 11.22 中接 Q_0、Q_1 的线改接到 $\overline{Q_0}$、$\overline{Q_1}$ 端，就可以构成三位二进制异步减法计数器，其工作原理类似，这里不再介绍。

2. 二进制同步加法计数器

为提高计数速度，将计数脉冲送到每一个触发器的 C 端，使各触发器的状态变化与计数脉冲同步，这种方式组成的计数器称为同步计数器。

（1）电路组成。由 JK 触发器构成的三位二进制同步加法计数器如图 11.24 所示。其中 $C = Q_2 Q_1 Q_0$ 是进位信号。

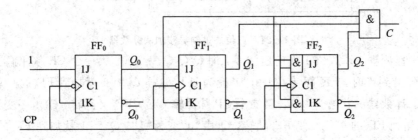

图 11.24 三位二进制同步加法计数器

（2）工作原理。计数器工作前应清零，则有 $Q_2 Q_1 Q_0 = 000$。第一个 CP 脉冲输入后，当该脉冲的下降沿到来时，FF_0 翻转，Q_0 由 "0" 变为 "1"，J_1、J_2 均为 "0"。这样 FF_1、FF_2 保持不变，计数器的状态为 "001"。同时，$J_1 = K_1 = Q_0 = 1$，$J_2 = K_2 = Q_1 Q_0 = 0$。第二个 CP 脉冲输入后，FF_0 又翻转，Q_0 由 "1" 变为 "0"，FF_1 翻转，Q_1 由 "0" 变为 1，FF_2 保持不变，计数器的状态为 "010"。同时，$J_1 = K_1 = Q_0 = 0$，$J_2 = K_2 = Q_1 Q_0 = 0$。第三个 CP 脉冲到来后，FF_0 由 "0" 变为 "1"，FF_1、FF_2 保持不变，计数器的状态为 "011"。同时 $J_1 = K_2 = Q_0 = 1$，$J_2 = K_2 = Q_1 Q_0 = 1$。第四个 CP 脉冲到来后，FF_0、FF_1、FF_2 均翻转，计数器的状态为 "100"。

按此规律，随着计数脉冲 CP 的不断输入，计数器的状态同图 11.22 所示的状态。

11.6.2 十进制计数器

二进制计数器虽然简单，运算方便，但人们习惯的还是十进制计数器。因此，需要将二进制计数器转换成具有十进制计数功能的计数器。

用 4 个 JK 触发器可组成十进制加法计数器。计数器的状态转换和普通二进制计数器相同，表 11-14 为十进制加法计数器的状态转换表。CP 是计数脉冲输入端，计数数码由 $Q_3 Q_2 Q_1 Q_0$ 并行输出，C 是进位输出端。计数器每个次态的四位二进制数代表一个十进制数。例如，次态为 "0101"，代表十进制数 5，表示计数器已输入了 5 个计数脉冲；第六个计数脉冲输入后，状态转变为 "0110"，代表十进制数 6；若计数器次态为 "1001"，则代表十进制数 9；第十个脉冲输入后，状态转变为 "0000"，同时产生一个进位输出信号 $C = 1$，相当于十进制数逢十进一。

表 11-14 十进制加法计数器的状态转换表

CP	Q_3^n	Q_2^n	Q_1^n	Q_0^n	Q_3^{n+1}	Q_2^{n+1}	Q_1^{n+1}	Q_0^{n+1}	C
1	0	0	0	0	0	0	0	1	0
2	0	0	0	1	0	0	1	0	0
3	0	0	1	0	0	0	1	1	0
4	0	0	1	1	0	1	0	0	0
5	0	1	0	0	0	1	0	1	0
6	0	1	0	1	0	1	1	0	0
7	0	1	1	0	0	1	1	1	0
8	0	1	1	1	1	0	0	0	0
9	1	0	0	0	1	0	0	1	0
10	1	0	0	1	0	0	0	0	1

11.6.3 集成计数器

中规模集成计数器有二进制计数器、十进制计数器和任意进制计数器等多种类型,功能齐全,使用灵活。目前有 TTL 和 CMOS 两大系列的各型产品供选择,现举例说明。

1. 集成四位二进制同步加法计数器 74LS161

就基本工作原理而言,集成四位二进制同步加法计数器与前面介绍的三位二进制同步加法计数器并无区别,只是为了使用和扩展功能方便,在制作集成电路时,增加了一些辅助功能。下面介绍比较典型的芯片 74LS161。

(1) 74LS161 的引脚排列。74LS161 的引脚排列、逻辑功能如图 11.25 所示,其中 CP 是输入计数脉冲,$\overline{CR}$ 是清零端;$\overline{LD}$ 是置数控制端;CT_P 和 CT_T 是两个计数器工作状态控制端;$D_0 D_1 D_2 D_3$ 是并行输入数据端;CO 是进位信号输出端;$Q_0 Q_1 Q_2 Q_3$ 是计数器状态输出端。

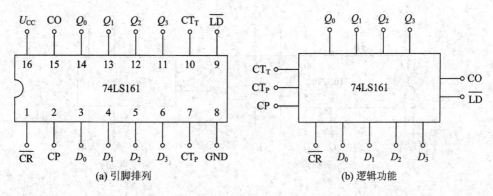

(a) 引脚排列 (b) 逻辑功能

图 11.25 集成四位二进制同步加法计数器 74LS161

(2) 74LS161 的状态表。集成计数器 74LS161 的状态表如表 11-15 所示。

表 11-15　集成计数器 74LS161 的状态表

输　　入									输　　出				
$\overline{CR}$	$\overline{LD}$	CT_T	CT_P	CP	D_0	D_1	D_2	D_3	Q_0^{n+1}	Q_1^{n+1}	Q_2^{n+1}	Q_3^{n+1}	CO
0	×	×	×	×	×	×	×	×	0	0	0	0	0
1	0	×	×	↑	d_0	d_1	d_2	d_3	d_0	d_1	d_2	d_3	
1	1	1	1	↑	×	×	×	×	计数				
1	1	0	×	↑	×	×	×	×	保持				
1	1	×	0	↑	×	×	×	×	保持				0

（3）74LS161 的功能。

① $\overline{CR}=0$ 时异步清零，此时，不管 CP 及其他输入信号如何，$Q_0^{n+1}Q_1^{n+1}Q_2^{n+1}Q_3^{n+1}=$ 0000。

② $\overline{CR}=1$，$\overline{LD}=0$ 时同步置数，此时，在 CP 上升沿作用下，并行输入数据 d_0d_3 进入计数器，使 $Q_0^{n+1}Q_1^{n+1}Q_2^{n+1}Q_3^{n+1}=d_0d_1d_2d_3$。

③ $\overline{CR}=\overline{LD}=1$ 且 $CT_T=CT_P=1$ 时，按照四位自然二进制码进行同步加法二进制计数。

④ $\overline{CR}=\overline{LD}=1$ 且 $CT_T \cdot CT_P=0$ 时，计数器保持原来状态不变。

除上述异步二进制计数器外，还有同步二进制计数器，如 74LS163，它必须在 CP 下降沿作用下，即 $\overline{CR}=0$ 时才能清零，其余逻辑功能、工作原理及外引线排列与 74LS161 的没有区别。

2. 集成四位二进制异步加法计数器 74LS290

（1）74LS290 的引脚排列。74LS290 的引脚排列、逻辑功能如图 11.26 所示。

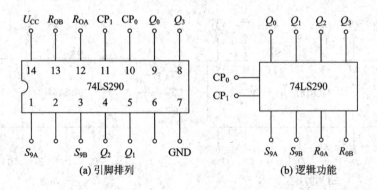

图 11.26　集成四位二进制同步加法计数器 74LS290

（2）74LS290 的状态表。表 11-16 是集成计数器 74LS290 的状态表。

表 11-16　集成计数器 74LS290 的状态表

输　　入				输			
$R_{0A} \cdot R_{0B}$	$S_{9A} \cdot S_{9B}$	CP_0	CP_1	Q_0^{n+1}	Q_1^{n+1}	Q_2^{n+1}	Q_3^{n+1}
1	0	×	×	0	0	0	0(清零)
×	1	×	×	1	0	0	1(置 9)
0	0	↓	0	二进制计数			
0	0	0	↓	五进制计数			
0	0	↓	Q_0	8421 码十进制计数			

（3）74LS290 的工作原理。

① $R_{0A} \cdot R_{0B} = 1$，$S_{9A} \cdot S_{9B} = 0$ 时计数器清零。

② $S_{9A} \cdot S_{9B} = 1$ 时，计数器置数为"1001"，即为"9"。

③ $R_{0A} \cdot R_{0B} = S_{9A} \cdot S_{9B} = CP_1 = 0$ 时，若将输入时钟脉冲 CP 加在 CP_0 端，则构成一位二进制计数器。

④ $R_{0A} \cdot R_{0B} = S_{9A} \cdot S_{9B} = CP_0 = 0$ 时，若将输入时钟脉冲 CP 加在 CP_1 端，则构成五进制计数器。

⑤ $R_{0A} \cdot R_{0B} = S_{9A} \cdot S_{9B} = CP_0 = 0$ 时，若将输入时钟脉冲 CP 加在 CP_0 端，把 Q_0 与 CP_1 连接起来，则构成 8421 码十进制计数器。

3. 任意进制计数器

集成计数器多为二进制计数器、十进制计数器，实际应用中需要任意进制时，常采用反馈归零法，即在计数过程中，用输出反馈迫使计数器返回到"0"，实现任意进制的计数。如图 11.27 所示为用反馈归零法构成的十二进制计数器和六进制计数器。

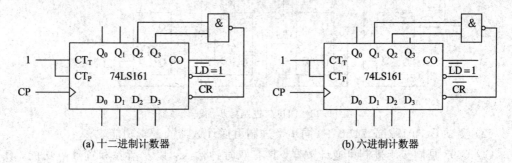

(a) 十二进制计数器　　　　　　　　　　(b) 六进制计数器

图 11.27　用反馈归零法构成的十二进制计数器和六进制计数器

实训 11　计数器及其应用

1. 实训目的

（1）学习用集成触发器构成计数器的方法；

（2）掌握中规模集成计数器的使用及功能测试方法；

（3）运用集成计数器构成 $1/N$ 分频器。

2. 实训设备

（1）+5 V 直流电源；

（2）双踪示波器；

（3）连续脉冲源；

（4）单次脉冲源；

（5）逻辑电平开关；

（6）逻辑电平显示器；

（7）译码显示器；

（8）CC4013×2（74LS74）、CC40192×3（74LS192）、CC4011（74LS00）、CC4012（74LS20）。

3. 实训内容与步骤

（1）用 CC4013 或 74LS74 D 触发器构成四位二进制异步加法计数器。

① 按图 11.28 接线，$\overline{R}_D$ 接至逻辑开关输出插口，将低位 CP_0 端接单次脉冲源，输出端 Q_3、Q_2、Q_3、Q_0 接逻辑电平显示输入插口，各芯片 $\overline{S}_D$ 接高电平"1"。

② 清零后，逐个送入单次脉冲，观察并列表记录 $Q_3 \sim Q_0$ 的状态。

③ 将单次脉冲改为 1 Hz 的连续脉冲，观察 $Q_3 \sim Q_0$ 的状态。

④ 将 1 Hz 的连续脉冲改为 1 kHz，用双踪示波器观察 CP、Q_3、Q_2、Q_1、Q_0 端的波形，并描绘之。

⑤ 将图 11.28 电路中低位触发器的 Q 端与高一位的 CP 端相连接，构成减法计数器，按实训内容②、③、④进行实训，观察并列表记录 $Q_3 \sim Q_0$ 的状态。

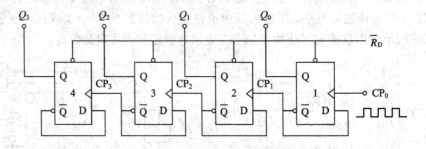

图 11.28　四位二进制异步加法计数器

（2）测试 CC40192 或 74LS192 同步十进制可逆计数器的逻辑功能。

CC40192 是同步十进制可逆计数器，具有双时钟输入，以及清除和置数等功能，其引脚排列及逻辑符号如图 11.29 所示。计数脉冲由单次脉冲源提供，清除端 CR、置数端 $\overline{LD}$ 以及数据输入端 D_3、D_2、D_1、D_0 分别接逻辑开关，输出端 Q_3、Q_2、Q_1、Q_0 接实训设备的译码显示输入相应插口 A、B、C、D；$\overline{CO}$ 和 $\overline{BO}$ 接逻辑电平显示插口。按表 11-17 逐项测试并判断该集成块的功能是否正常。

① 清除。令 CR=1，其他输入为任意态，这时 $Q_3 Q_2 Q_1 Q_0$ =0000，译码数字显示为 0。清除功能完成后，置 CR=0。

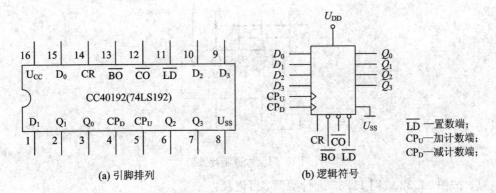

图 11.29　CC40192 引脚排列及逻辑符号

表 11－17　同步十进制可逆计数器的逻辑功能

输　　入								输　　出			
CR	$\overline{\text{LD}}$	CP_U	DP_D	D_3	D_2	D_1	D_0	Q_3	Q_2	Q_1	Q_0
1	×	×	×	×	×	×	×	0	0	0	0
0	0	×	×	d	c	b	a	d	c	b	a
0	1	↑	1	×	×	×	×	加　计　数			
0	1	1	↑	×	×	×	×	减　计　数			

②　置数。CR＝0，CP_U、CP_D任意，数据输入端输入任意一组二进制数，令$\overline{\text{LD}}$＝0，观察计数译码器显示输出，预置功能是否完成，此后置$\overline{\text{LD}}$＝1。

③　加计数。CR＝0，$\overline{\text{LD}}$＝CP_D＝1，CP_U接单次脉冲源。清零后送入 10 个单次脉冲，观察译码数字显示是否按 8421 码十进制状态转换表进行；输出状态变化是否发生在CP_U的上升沿。

④　减计数。CR＝0，$\overline{\text{LD}}$＝CP_U＝1，CP_D接单次脉冲源。参照③进行实训。

（3）如图 11.30 所示，用两片 CC40192 组成两位十进制加法计数器，输入 1 Hz 连续计数脉冲，实现由 00～99 累加计数，再记录。

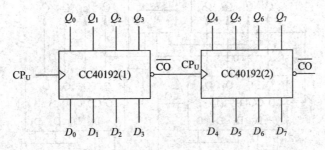

图 11.30　CC40192 级联电路

（4）将两位十进制加法计数器改为两位十进制减法计数器，实现由 99～00 递减计数，再记录。

（5）按图 11.31 电路进行实训，再记录。

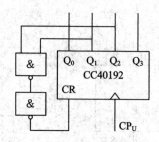

图 11.31　六进制计数器

(6) 按图 11.32 或图 11.33 进行实训,再记录。

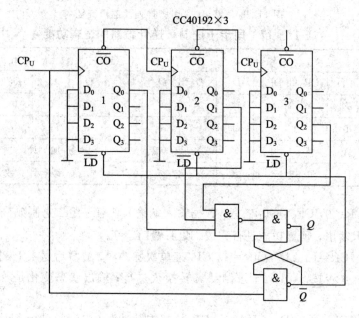

图 11.32　十进制计数器

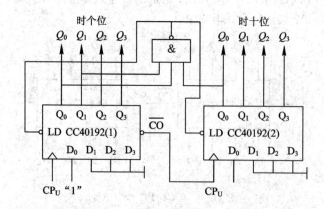

图 11.33　特殊十二进制计数器

(7) 设计一个数字钟移位六十进制计数器并进行实训。

4. 实训预习要求

（1）复习有关计数器部分的内容；

（2）绘出各实训内容的详细线路图；

（3）拟出各实训内容所需的测试记录表格；

（4）查手册，给出并熟悉实训所用各集成块的引脚排列。

5. 实训报告

（1）画出实训线路图，记录、整理实训现象及实验所得的有关波形。对实训结果进行分析。

（2）总结使用集成计数器的体会。

本 章 小 结

触发器是组成数字逻辑电路的另一类基本单元电路，它具有记忆功能，与门电路相配合可以组成各种类型的时序逻辑电路。触发器有两个基本性质：一是有两个稳态，二是可以触发翻转，因此触发器可以存储二进制信息。

触发器的功能可以用功能真值表、激励表、状态表、特性方程三种形式来描述。改变触发器的结构，可以彻底克服空翻毛病。触发器的触发方式是说明触发器在改变状态时，是 CP 信号的哪一端使得触发器工作的。

触发器的分类方式如下：

（1）按逻辑功能分：RS 触发器、D 触发器、JK 触发器、T 触发器。

（2）按结构和触发方式分：同步式触发器（一般是高电平触发）、维持阻塞触发器（一般是上升沿触发方式）、边沿触发器（一般是下降沿触发方式）。

利用特性方程可实现不同功能触发器间逻辑功能的相互转换。

时序逻辑电路是数字电路中除组合逻辑电路外的另一个重要组成部分。时序逻辑电路是一种在任一时刻的输出不仅取决于该时刻电路的输入，而且还与电路过去的输入有关的逻辑电路。因此，时序逻辑电路必须具备输入信号的存储电路（绝大多数由触发器组成）。

寄存器是时序逻辑电路中另一种常用的数字部件，根据其真值表和惯用符号可选择使用。移位寄存器是既能存放数据又能将数据移位的数字部件。用时钟触发器（D、RS、JK 功能）可构成左移或右移寄存器。

计数器是时序逻辑电路中一种常用的数字部件，根据 2^n 进制计数器的特点，用较简单的方法可分析、设计同步的或异步的 2^n 进制加、减、可逆计数器。

习　　题

1. 由与非门构成的基本触发器 $\overline{S}$ 和 $\overline{R}$ 输入如图 11.34 所示波形，试画出 Q 和 $\overline{Q}$ 的对应输出波形。（设触发器初始状态为"0"）

2. 由或非门构成的基本触发器输入波形如图 11.35 所示，试画出 Q 和 $\overline{Q}$ 的对应波形。（设触发器初始状态为"0"）

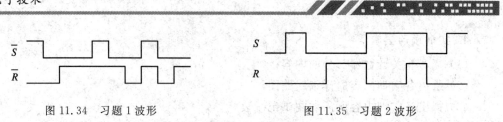

图 11.34　习题 1 波形　　　　　　　　　图 11.35　习题 2 波形

3. 在同步 D 触发器的输入端，输入如图 11.36 所示波形，试画出 Q 和 $\overline{Q}$ 端的波形（设触发器初始状态为"0"）。

4. 将图 11.37 的波形作用在下降沿触发器的边沿 JK 触发器上，试画出触发器 Q 端的波形。（设触发器初态为"0"）

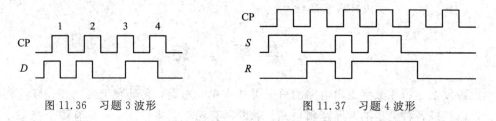

图 11.36　习题 3 波形　　　　　　　　　图 11.37　习题 4 波形

5. 设主从 JK 触发器的初态为"0"，试画出在图 11.38 的信号作用下，触发器 Q 端的工作波形。

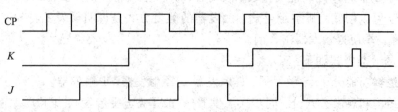

图 11.38　习题 5 波形

6. 设主从 T 触发器的初态为"0"，试画出在图 11.39 的信号作用下，触发器 Q 端的工作波形。

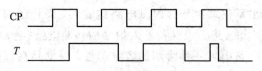

图 11.39　习题 6 波形

7. 如果要寄存 6 位二进制信息，通常要用几个触发器来构成寄存器？

8. 请分析图 11.40 所示时序电路，画出在连续 CP 脉冲作用下，Q_1、Q_2、Q_3 输出的波形。

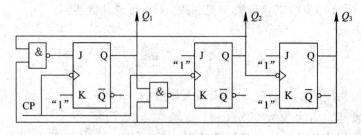

图 11.40　习题 8 电路

9. 已知某计数器输出波形如图 11.41 所示，试确定该计数器有几个独立状态。请画出它的状态转换图。

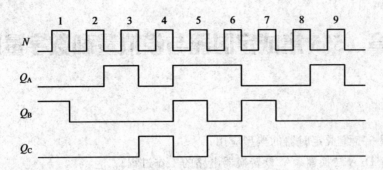

图 11.41 习题 9 波形

10. 寄存器、计数器、移位寄存器、分频器中，能用同步触发器构成电路的是哪些数字部件？不能用同步触发器构成电路的是哪些数字部件？为什么？

11. 请分析图 11.42 所示电路，它为几进制计数器？请画出它的状态转换图和工作波形。

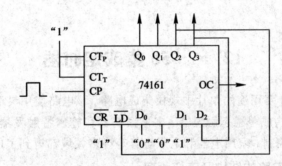

图 11.42 习题 11 电路

第12章 555集成定时器与模拟量和数字量的转换

学习目标

(1) 掌握555集成定时器的典型应用；

(2) 理解D/A转换器、A/D转换器电路的工作过程；

(3) 理解D/A转换器、A/D转换器的电路组成；

(4) 掌握D/A转换器、A/D转换器的应用。

能力目标

(1) 能够应用555定时器；

(2) 能够应用D/A转换器、A/D转换器。

12.1 555集成定时器

555定时器是一种多用途的单片中规模集成电路。该电路使用灵活、方便，只需外接少量的阻容元件就可以构成单稳态触发器、多谐振荡器和施密特触发器。因而在脉冲波形的产生与变换、测量与控制、家用电器和电子玩具等许多领域都得到了广泛的应用。

12.1.1 555定时器电路的结构及工作原理

1. 电路结构

国产双极型定时器5G555的电路结构如图12.1所示，由电压比较器C_1、C_2(包括电阻分压器)，G_1和G_2组成的基本RS触发器，集电极开路的三极管VT和输出缓冲级G三部分组成。

2. 工作原理

C_1和C_2的基准电压由U_{CC}经3个5 kΩ电阻分压后提供。$U_{R1}=\dfrac{2}{3}U_{CC}$为比较器$C_1$的基准电压，$u_{i1}$(阈值输入端TH)为其输入端。$U_{R2}=\dfrac{1}{3}U_{CC}$为比较器$C_2$的基准电压，$u_{i2}$(触发输入端$\overline{\text{TR}}$)为其输入端。CO为控制端，当外接固定电压$U_{CO}$时，$U_{R1}=U_{CO}$，$U_{R2}=\dfrac{1}{2}U_{CO}$。$\overline{R}_D$为直接置0端，只要$\overline{R}_D=0$，输出$u_o$便为低电平，正常工作时，$\overline{R}_D$端必须为高电平。下面分析5G555的逻辑功能。

设TH和$\overline{\text{TR}}$端的输入电压分别为u_{i1}和u_{i2}。5G555定时器的工作情况下：

当$u_{i1}>U_{R1}$，$u_{i2}>U_{R2}$时，比较器C_1和C_2的输出$u_{C1}=0$，$u_{C2}=1$，基本RS触发器被置

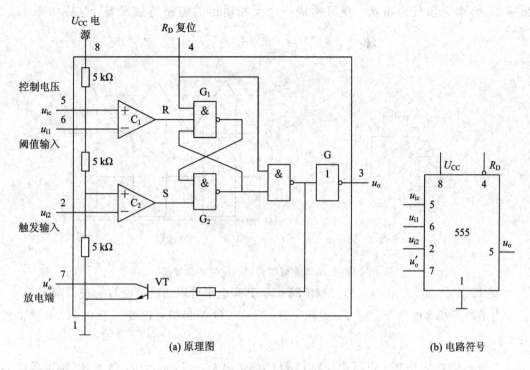

(a) 原理图　　　　　　　　　　　　　　(b) 电路符号

图 12.1　555 定时器的原理图和电路符号

0，$Q=0$，$\overline{Q}=1$，输出 $u_\mathrm{o}=0$，同时 VT 导通。

当 $u_\mathrm{i1}<U_{R1}$，$u_\mathrm{i2}<U_{R2}$ 时，两个比较器的输出 $u_\mathrm{C1}=1$，$u_\mathrm{C2}=0$，基本 RS 触发器置 1，$Q=1$，$\overline{Q}=0$，输出 $u_\mathrm{o}=1$，同时 VT 截止。

当 $u_\mathrm{i1}<U_{R1}$，$u_\mathrm{i2}>U_{R2}$ 时，两个比较器的输出 $u_\mathrm{C1}=1$，$u_\mathrm{C2}=1$，基本 RS 触发器保持原来的状态。

3. 555 定时器的功能表

综上所述，定时器 5G555 的功能表如表 12-1 所示。

表 12-1　定时器 5G555 的功能表

输　　入			输　　出	
u_i1	u_i2	$\overline{R}_\mathrm{D}$	u_o	VT 状态
$\times$	$\times$	0	0	导通
$>2/3U_\mathrm{CC}$	$>1/3U_\mathrm{CC}$	1	0	导通
$<2/3U_\mathrm{CC}$	$<1/3U_\mathrm{CC}$	1	0	截止
$<2/3U_\mathrm{CC}$	$>1/3U_\mathrm{CC}$	1	保持原来状态	保持原来状态

12.1.2　555 定时器的应用

1. 用 555 定时器构成施密特触发器

将触发器的阈值输入端 u_i1 和触发输入端 u_i2 连在一起，作为触发信号 u_i 的输入端，将输

出端(3端)作为信号输出端,便可构成一个反相输出的施密特触发器,电路如图 12.2 所示。

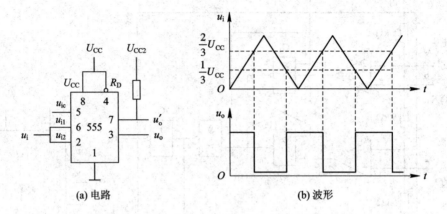

(a) 电路　　　　　　　　(b) 波形

图 12.2　555 定时器构成的施密特触发器

图 12.2 中,R、U_{CC2} 构成另一输出端 u_{o2},其高电平可以通过改变 U_{CC2} 进行调节。

为了提高基准电压 U_{R1} 和 U_{R2} 的稳定性,常在 CO 控制端对地接一个 $0.01~\mu\text{F}$ 的滤波电容。

当输入 $u_i < \dfrac{1}{3}U_{CC}$ 时,电压比较器 C_1 和 C_2 的输出 $u_{C1}=1$,$u_{C2}=0$,基本 RS 触发器置 1,$Q=1$,$\overline{Q}=0$,这时输出 $u_o = u_{OH}$。

当输入 $\dfrac{1}{3}U_{CC} < u_i < \dfrac{2}{3}U_{CC}$ 时,C_1 和 C_2 的输出 $u_{C1}=0$,$u_{C2}=1$,基本 RS 触发器置 0,$Q=0$,$\overline{Q}=1$,输出 u_o 由高电平 u_{OH} 跃到低电平 u_{OL},即 $u_o=0$。由以上分析可看出,在输入 u_i 上升到 $\dfrac{2}{3}U_{CC}$ 时,电路的输出状态发生跃变。因此,施密特触发器的正向阈值电压 $U_{T+} = \dfrac{2}{3}U_{CC}$。此后,$u_i$ 再增大时,对电压的输出状态没有影响。

当输入 u_i 由高电平逐渐下降,且 $\dfrac{1}{3}U_{CC} < u_i < \dfrac{2}{3}U_{CC}$ 时,两个电压比较器的输出分别为 $u_{C1}=1$,$u_{C2}=1$,基本 RS 触发器保持原状态不变,即 $Q=0$,$\overline{Q}=1$,输出 $u_o = u_{OL}$。

当输入 $u_i < \dfrac{1}{3}U_{CC}$ 时,$u_{C1}=1$,$u_{C2}=0$,触发器置 1,$Q=1$,$\overline{Q}=0$,输出 u_o 由低电平跃变到高电平 u_{OH}。

可见,当 u_i 下降到 $\dfrac{1}{3}U_{CC}$ 时,电路输出状态又发生另一次跃变,所以,电路的负向阈值电压 $U_{T-} = \dfrac{1}{3}U_{CC}$。

由以上分析可得施密特触发器的回差电压 ΔU_T 为

$$\Delta U_T = U_{T+} - U_{T-} = \frac{1}{3}U_{CC}$$

2. 用 555 定时器构成多谐振荡器

1）电路组成

将放电三极管 VT 集电极经 R_1 接到 U_{CC} 上，便组成了一个反相器。其输出端 7 脚对地接 R_2、C 积分电路，积分电容 C 再接 2、6 脚便组成了图 12.3 所示的多谐振荡器。R_1、R_2 和 C 为定时元件。

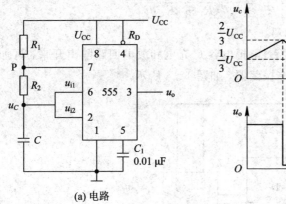
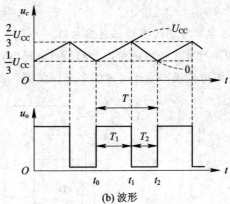

(a) 电路　　　　　　　　　　　　(b) 波形

图 12.3　用施密特触发器构成的多谐振荡器

2）工作原理

接通电源 U_{CC} 后，U_{CC} 经电阻 R_1 和 R_2 对电容 C 充电，其电压 u_c 由 0 按指数规律上升。当 $U_c \geqslant \dfrac{2}{3}U_{CC}$ 时，电压比较器 C_1 和 C_2 的输出分别为 $u_{C1}=0$，$u_{C2}=1$，基本 RS 触发器被置 0，$Q=0$，$\overline{Q}=1$，输出 u_o 跃变到低电平 u_{OL}。与此同时，放电三极管 VT 导通，电容 C 经电阻 R_2 和放电管 VT 放电，电路进入暂稳态。

随着电容 C 的放电，u_C 随之下降。当 u_C 下降到 $u_C \leqslant \dfrac{1}{3}U_{CC}$ 时，电压比较器 C_1 和 C_2 的输出为 $u_{C1}=1$，$u_{C2}=0$，基本 RS 触发器被置 1，$Q=1$，$\overline{Q}=0$，输出 u_o 由低电平 U_{OL} 跃变到高电平 U_{OH}。同时，因 $\overline{Q}=0$，放电三极管 VT 截止，电源 U_{CC} 又经电阻 R_1 和 R_2 对电容 C 充电。电路又返回到前一个暂稳态。因此，电容 C 上的电压 u_C 将在 $\dfrac{2}{3}U_{CC}$ 和 $\dfrac{1}{3}U_{CC}$ 之间来回充电和放电，从而使电路产生了振荡，输出矩形脉冲。

由图 12.3 可得多谐振荡器的振荡周期 T 为

$$T = t_{W1} + t_{W2}$$

t_{W1} 为电容 C 上的电压由 $\dfrac{1}{3}U_{CC}$ 充到 $\dfrac{2}{3}U_{CC}$ 所需的时间，充电回路的时间常数为 $(R_1+R_2)C$。

t_{W1} 可用下式估算：

$$t_{W1} = (R_1+R_2)C\ln2 \approx 0.7(R_1+R_2)C$$

t_{W2} 为电容 C 上的电压由 $\dfrac{2}{3}U_{CC}$ 下降到 $\dfrac{1}{3}U_{CC}$ 所需的时间，放电回路的时间常数为 R_2C。

t_{w2} 可用下式估算：

$$t_{w2} = R_2 C \ln 2 \approx 0.7 R_2 C$$

所以，多谐振荡周期 T 为

$$T = t_{w1} + t_{w2} \approx 0.7(R_1 + 2R_2)C$$

振荡频率为

$$f = \frac{1}{T} = \frac{1}{0.7(R_1 + 2R_2)C}$$

3）占空比可调的多谐振荡器电路

利用半导体二极管的单向导电特性，把电容 C 充电和放电回路隔离开来，再加上一个电位器，便可构成占空比可调的多谐振荡器，如图 12.4 所示。

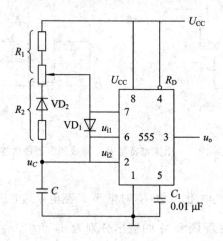

图 12.4　占空比可调的多谐振荡器

在放电三极管截止时，电源 U_{CC} 经 R_1 和 VD_1 对电容 C 充电；当 VT 导通时，C 经 VD_2、R_2 和放电三极管 VT 放电。调节电位器 R_w 可改变 R_1 和 R_2 的比值。因此，也改变了输出脉冲的占空比 q。

因为

$$t_{w2} = 0.7 R_2 C$$

振荡周期 T 为

$$T = t_{w1} + t_{w2} \approx 0.7(R_1 + 2R_2)C$$

所以，占空比 q 为

$$q = \frac{t_{w1}}{t_{w1} + t_{w2}} = \frac{0.7 R_1 C}{0.7 R_1 C + 0.7 R_2 C} = \frac{R_1}{R_1 + R_2}$$

当 $R_1 = R_2$ 时，则 $q = 50\%$，多谐振荡器输出为方波。

3. 用 555 定时器组成单稳态触发器

用 555 定时器组成单稳态触发器如图 12.5(a) 所示。

将 555 定时器的 2 脚作为触发器信号 u_i 的输入端，VT 的集电极通过电阻 R 接 U_{CC}，组成了一个反相器，其集电极通过电容 C 接地，便组成了单稳态触发器。R 和 C 为定时元件。

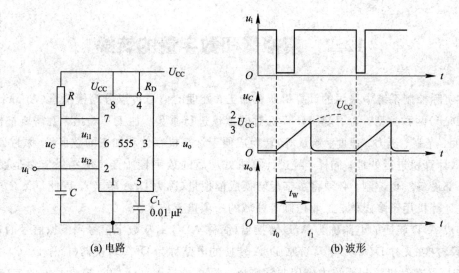

(a) 电路　　　　　　　(b) 波形

图 12.5　用 555 定时器组成单稳态触发器

单稳态触发器的工作原理如下：

(1) 稳定状态。

没有加触发信号时，u_i 为高电平 U_{IH}。

接通电源后，U_{CC} 经电阻 R 对电容 C 进行充电，当电容 C 上的电压 $u_C \geqslant \dfrac{2}{3} U_{CC}$ 时，电压比较器 C_1 输出 $u_{C1}=0$，而在此时，u_i 为高电平，且 $u_i > \dfrac{1}{3} U_{CC}$，电压比较器 C_2 输出 $u_{C2}=1$，基本 RS 触发器置 0，$Q=0$，$\overline{Q}=1$，输出 $u_o=0$。与此同时，三极管 VT 导通，电容 C 经 VT 迅速放完电，$u_C \approx 0$，电压比较器 C_1 输出 $U_{C1}=1$，这时基本 RS 触发器的两个输入信号都为高电平 1，保持 0 状态不变。所以，在稳定状态时，$u_C=0$，$u_o=0$。

(2) 触发进入暂稳态。

当输入 u_i 由高电平 U_{IH} 跃变到小于 $\dfrac{1}{3} U_{CC}$ 的低电平时，电压比较器 C_2 输出 $u_{C2}=0$，由于此时 $u_C=0$，因此，$u_{C1}=1$，基本 RS 触发器被置 1，$Q=1$，$\overline{Q}=0$，输出 u_o 由低电平跃变到高电平 U_{OH}。同时，三极管 VT 截止，这时，电源 U_{CC} 经 R 对 C 充电，电路进入暂稳态。在暂稳态期间，输入电压 u_i 回到高电平。

(3) 自动返回稳定状态。

随着 C 的充电，电容 C 上的电压 u_C 逐渐增大。当 u_C 上升到 $u_C \geqslant \dfrac{2}{3} U_{CC}$ 时，比较器 C_1 的输出 $u_{C1}=0$，由于这时 u_i 已为高电平，电压比较器 C_2 输出 $u_{C2}=1$，使基本 RS 触发器置 0，$Q=0$，$\overline{Q}=1$，输出 u_o 由高电平 U_{OH} 跃变到低电平 U_{OL}。同时，三极管 VT 导通，C 经 VT 迅速放完电，$U_C=0$。电路返回稳定状态。

单稳态触发器输出的脉冲宽度 t_W 为暂稳态维持的时间，它实际上为电容 C 上的电压由 0 V 充到 $\dfrac{2}{3} U_{CC}$ 所需的时间，可用下式估算：

$$t_W = RC \ln 3 \approx 1.1RC$$

12.2 模拟量和数字量的转换

在实际控制系统中采用的计算机所要加工、处理的信号可以分为模拟量(Analog)和数字量(Digit)两种类型,为了能用计算机对模拟量进行采集、加工和输出,就需要把模拟量(如温度、光强、压力、速度、流量等)转换成便于计算机存储和加工的数字量(称为 A/D 转换)送入计算机进行处理;同样,经过计算机处理后的数字量所产生的结果依然是数字量,要对外部设备实现控制,必须将数字量转换成模拟量(称为 D/A 转换)。因此,D/A 与 A/D 转换是计算机用于多媒体、工业控制等领域的一项重要技术。

完成 A/D 转换的电路称为 A/D 转换器(简称 ADC);从数字信号到模拟信号的转换称为数/模转换(又称 D/A 转换),完成 D/A 转换的电路称为 D/A 转换器(简称 DAC)。A/D、D/A 转换器在微机控制系统中应用非常广泛,A/D 转换器位于微机控制系统的前向通道,D/A 转换器位于微机控制系统的后向通道。

用计算机对生产过程进行实时控制,其控制过程原理框图如图 12.6 所示。由 A/D 转换器把由传感器采集来的模拟信号转换成为数字信号,送计算机处理,当计算机处理完数据后,输出结果或控制信号,由 D/A 转换器转换成模拟信号,送执行元件,对控制对象进行控制。ADC 和 DAC 是现代数字系统中的重要组成部分。

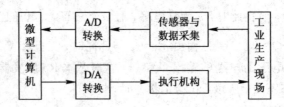

图 12.6 计算机对生产过程进行实时控制的原理框图

12.2.1 数/模转换器(DAC)

1. DAC 的基本工作原理

DAC 用于将输入的二进制数字量转换为与该数字量成比例的电压或电流。下面以倒 T 形电阻网络 D/A 转换器为例,介绍其工作原理。

1) 倒 T 形电阻网络 DAC

倒 T 形电阻网络 D/A 转换器的工作原理框图如图 12.7 所示。图中,数据锁存器用来暂时存放输入的数字量,这些数字量控制模拟电子开关,将参考电压源 U_{REF} 按位切换到电阻译码网络中变成加权电流,然后经运放求和,输出相应的模拟电压,完成 D/A 转换。

如图 12.8 所示为一个四位倒 T 形电阻网络 DAC 电路原理图(按同样结构可将它扩展到任意位),它由数据锁存器(图中未画)、模拟电子开关(S)、$R\text{-}2R$ 倒 T 形电阻网络、运算放大器(A)及基准电压 U_{REF} 组成。

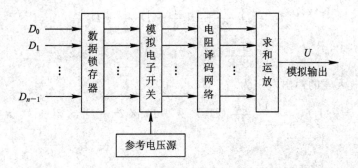

图 12.7　D/A 转换器工作原理框图

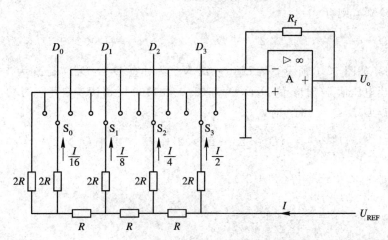

图 12.8　倒 T 形电阻网络 D/A 转换器电路原理图

模拟电子开关 S_3、S_2、S_1、S_0 分别受数据锁存器输出的数字信号 D_3、D_2、D_1、D_0 控制。当某位数字信号为 1 时，相应的模拟电子开关接至运算放大器的反相输入端（虚地）；若为 0，则接同相输入端（接地）。

图 12.8 所示电路从 U_{REF} 向左看，其等效电路如图 12.9 所示，等效电阻为 R，因此总电流为

$$I = \frac{U_{REF}}{R}$$

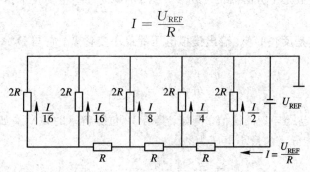

图 12.9　倒 T 形电阻网络简化等效电路

流入每个 $2R$ 电阻的电流从高位到低位依次为 $I/2$、$I/4$、$I/8$、$I/16$，流入运算放大器反相输入端的电流为

$$I_\Sigma = D_3 \frac{I}{2} + D_2 \frac{I}{4} + D_1 \frac{I}{8} + D_0 \frac{I}{16}$$

$$= \frac{U_{REF}}{2^4 R}(D_3 \times 2^3 + D_2 \times 2^2 + D_1 \times 2^1 + D_0 \times 2^0)$$

所以运算放大器的输出电压为

$$U_o = -I_\Sigma R_f = -\frac{U_{REF} R_f}{2^4 R}(D_3 \times 2^3 + D_2 \times 2^2 + D_1 \times 2^1 + D_0 \times 2^0)$$

若 $R_f = R$，则有

$$U_o = -\frac{U_{REF}}{2^n}(D_{n-1} \times 2^{n-1} + D_{n-2} \times 2^{n-2} + \cdots + D_1 \times 2^1 + D_0 \times 2^0)$$

推广到 n 位 DAC，则有

$$U_o = -\frac{U_{REF}}{2^n}(D_{n-1} \times 2^{n-1} + D_{n-2} \times 2^{n-2} + \cdots + D_1 \times 2^1 + D_0 \times 2^0)$$

例 12 - 1 如图 12.8 所示，若 $U_{REF} = 10$ V，求对应 $D_3 D_2 D_1 D_0$ 分别为 1010、0110 和 1100 时的输出电压值。（对应 $D_3 D_2 D_1 D_0$ 为 0110 和 1100 时请读者自行练习）

解 当 $D_3 D_2 D_1 D_0 = 1010$ 时，

$$U_o = \frac{U_{REF}}{2^4}(D_3 \times 2^3 + D_2 \times 2^2 + D_1 \times 2^1 + D_0 \times 2^0)$$

$$= -\frac{10}{2^4}(2^3 + 2^1)$$

$$= -\frac{10}{16} \times 10$$

$$= -6.25 \text{ V}$$

2. DAC 的主要技术指标

目前 DAC 的种类比较多，制作工艺也不相同，按输入字长可分为 8 位、10 位、12 位、及 16 位等；按输出形式可分为电压型和电流型等；按结构可分为带有数据锁存器和无数据锁存器两类。不同类型的 DAC 在性能上的差异较大，适用的场合也不尽相同。因此，清楚 DAC 的一些技术参数是十分必要的。以下介绍 DAC 的一些主要技术指标。

1）分辨率

DAC 的分辨率是反映 DAC 输出模拟电压的最小变化量。它与 D/A 转换器能够转换的二进制位数 n 有关：

$$分辨率 = \frac{1}{2^n - 1}$$

它表示输出满量程电压与 2^n 的比值。例如，具有 12 位分辨率的 DAC，如果转换后满量程电压为 5 V，则它所能分辨的最小电压为

$$U = \frac{5}{2^{12}} = \frac{5}{4096} = 1.22 \text{ mV}$$

可见，n 越大，分辨最小输出电压的能力也越强，分辨率就越高。

2）转换精度

转换精度是指 DAC 在整个工作区间实际输出的模拟电压值与理论输出的模拟电压值之差。显然，这个差值越小，电路的转换精度越高。

3）建立时间（转换速度）

建立时间是指 DAC 从输入数字信号开始到输出模拟电压或电流，达到稳定值时所用的时间。

3. 集成 DAC 举例

DAC 0832 是常用的集成 DAC，它是用 CMOS 工艺制成的双列直插式单片 8 位 DAC，可以直接与 Z80、8080、8085、MCS51 等微处理器相连接。其主要特性如下：

（1）分辨率为 8 位；

（2）电流稳定时间为 1 μs；

（3）可工作于单缓冲、双缓冲、直通等工作方式下；

（4）只需在满量程下调整其线性度；

（5）单一电源供电（＋5～＋15 V）；

（6）低功耗（20 mW）。

DAC 0832 集成电路结构框图和引脚排列如图 12.10 所示。

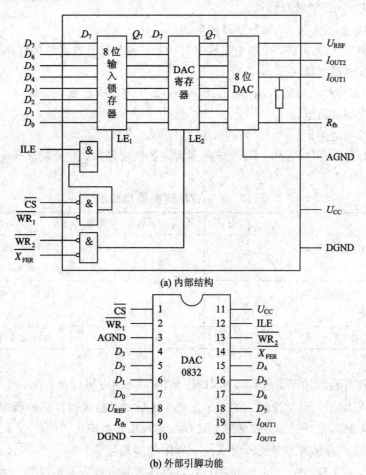

(a) 内部结构

(b) 外部引脚功能

图 12.10 DAC 0832 集成电路

DAC 0832 主要由一个 8 位输入寄存器、一个 8 位 DAC 寄存器和一个 8 位 D/A 转换器三大部分组成。它有两个分别控制的数据寄存器，可以实现两次缓冲，所以使用时有较大

的灵活性，可根据需要接成不同的工作方式。DAC 0832 中采用的是倒 T 形 R - $2R$ 电阻网络，无运算放大器，是电流输出，使用时需外接运算放大器。芯片中已经设置了 R_{fb}，只要将引脚 9 接到运算放大器输出端即可。但若运算放大器增益不够，还需外接反馈电阻。

DAC0832 芯片上各引脚的名称和功能说明如下：

$\overline{CS}$：片选信号，输入，低电平有效。

ILE：输入锁存允许信号，输入，高电平有效。

$\overline{WR_1}$：输入数据写选通信号，输入，低电平有效。当 $\overline{WR_1}$ 与 $\overline{CS}$ 同时有效时，将输入数据装入输入寄存器。

$\overline{WR_2}$：DAC 寄存器写选通信号，输入，低电平有效。当 $\overline{WR_2}$ 与 $\overline{X_{FER}}$ 同时有效时，将输入寄存器的数据装入 DAC 寄存器。

$\overline{X_{FER}}$：数据传送控制信号，输入，低电平有效。

$D_0 \sim D_7$：8 位输入数据信号。

I_{OUT1}：DAC 输出电流 1，与数字量的大小成正比。此输出信号一般作为运算放大器的一个差分输入信号（一般接反相端）。

I_{OUT2}：DAC 输出电流 2，与数字量的反码成正比。

R_{fb}：反馈电阻输入引脚，反馈电阻在芯片内部，可与运算放大器的输出直接相连。

U_{REF}：基准电源的输入。

U_{CC}：数字部分的电源输入端，可在 $+5 \sim +15$ V 范围内选取。

DGND：数字电路地。

AGND：模拟电路地。

结合图 12.10(a) 可以看出，D/A 转换器实施各项功能时，对控制信号电平的要求如表 12 - 2 所示。

表 12 - 2 A/D 转换器功能表

功　　能	$\overline{CS}$	ILE	$\overline{WR_1}$	$\overline{X_{FER}}$	$\overline{WR_2}$	说明
数据 $D_7 \sim D_0$ 输入到输入锁存器	0	1	×			$\overline{WR_1}$＝0 时存入数据； $\overline{WR_1}$＝1 时锁定
数据从输入锁存器传送到 DAC 寄存器				0	×	$\overline{WR_2}$＝0 时存入数据； $\overline{WR_2}$＝1 时锁定
从输出端输出模拟量						无控制信号，随时可取

表 12 - 2 中：

(1) 输入锁存器的锁存信号 LE_1 由 ILE、$\overline{WR_1}$、$\overline{CS}$ 的逻辑组合产生。当 ILE 为高电平、$\overline{CS}$ 为低电平、$\overline{WR_1}$ 输入负脉冲时，在 LE_1 上产生正脉冲，输入锁存器的状态随数据线的状态变化，LE_1 回到低电平时，将数据信息锁存在输入锁存器中。

(2) DAC 寄存器锁存信号 LE_2 由 $\overline{X_{FER}}$、$\overline{WR_2}$ 的逻辑组合产生。当 $\overline{X_{FER}}$ 为低电平、$\overline{WR_2}$ 输入负脉冲时，在 LE_2 上产生正脉冲，DAC 寄存器和输入锁存器的状态一致，当 LE_2 回到低电平时，输入寄存器的内容在 DAC 寄存器中锁存。

(3) 进入 DAC 寄存器的数据送入 D/A 转换器转换成模拟信号，且随时可读取。

DAC 0832 在不同信号组合的控制下可实现三种工作方式：双缓冲器方式、单缓冲器方式和直通方式，如图 12.11 所示。

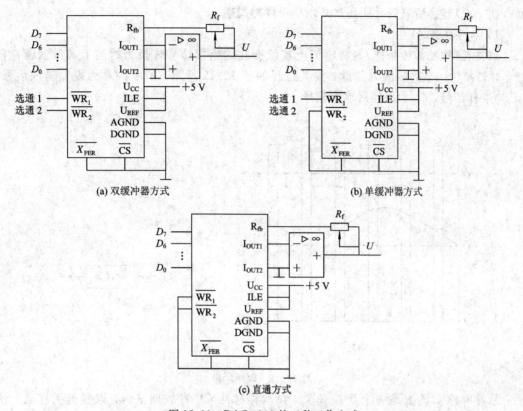

图 12.11　DAC 0832 的三种工作方式

(1) 双缓冲器方式：如图 12.11(a)所示：首先，给 $\overline{WR_1}$ 一个负脉冲信号，将输入数据先锁存在输入寄存器中；当需要 D/A 转换时，再给 $\overline{WR_2}$ 一个负脉冲信号，将数据送入 DAC 寄存器中并进行转换。

(2) 单缓冲器方式：如图 12.11(b)所示，$\overline{WR_2}$ 接地，使 DAC 寄存器处于常通状态，当需要 D/A 转换时，给 $\overline{WR_1}$ 一个负脉冲，使输入数据经输入寄存器直接存入 DAC 寄存器中并进行转换。该方式通过控制一个寄存器的锁存，达到使两个寄存器同时选通及锁存。

(3) 直通方式：如图 12.11(c)所示，$\overline{WR_1}$ 和 $\overline{WR_2}$ 都接地，两个寄存器都处于常通状态，输入数据直接经两寄存器到 DAC 进行转换。

实际应用时，要根据控制系统的要求来选择工作方式。

12.2.2　模/数转换器(ADC)

1. ADC 的基本工作原理

ADC 的功能是把模拟量转换为数字量。转换过程通过取样、保持、量化和编码四个步骤来完成。模拟信号的大小随着时间不断变化，为了通过转换得到确定的值，对连续变化的模拟量要按一定的规律和周期取出其中的某一瞬时值进行转换，这个瞬时值称为取样值。取样频率一般要高于或至少等于输入信号最高频率的 2 倍，实际应用中取样频率可以达到信号最高频率的 4～8 倍。对于变化较快的输入模拟信号，A/D 转换前可采用取样-保持器，使得在转换期间保持固定的模拟信号值。相邻两次取样的间隔时间称为取样周期。

为了使输出量能充分反映输入量的变化情况,取样周期要根据输入量变化的快慢来决定,而一次 A/D 转换所需的时间显然必须小于取样周期。

1) 取样和保持

取样(又称抽样或采样)是将时间上连续变化的模拟信号转换为时间上离散的模拟信号,即转换为一系列等间隔的脉冲。其过程如图 12.12 所示。图中,U_i 为模拟输入信号,CP 为取样信号,U_o 为取样后输出信号。

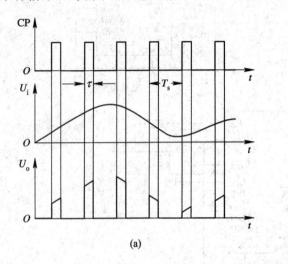
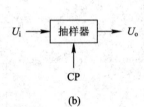

图 12.12 取样过程

取样电路实质上是一个受控开关。在取样脉冲 CP 有效期 τ 内,取样开关接通,使 $U_o = U_i$;在其他时间 $(T_s - \tau)$ 内,输出 $U_o = 0$。因此,每经过一个取样周期,在输出端便得到输入信号的一个取样值。

为了不失真地用取样后的输出信号 U_o 来表示输入模拟信号 U_i,取样频率 f_S 必须满足 $f_S \geqslant 2f_{max}$(此式为取样定理)。其中,f_{max} 为输入信号 U_i 的上限频率(即最高次谐波分量的频率)。

ADC 把取样信号转换成数字信号需要一定的时间,需要将这个断续的脉冲信号保持一定时间以便进行转换。如图 12.13(a)所示是一种常见的取样-保持电路,它由取样开关、保持电容和缓冲放大器组成。

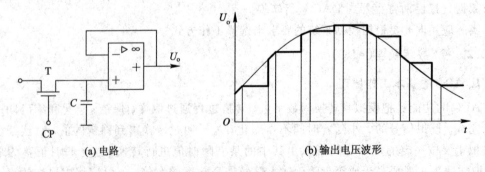

(a) 电路   (b) 输出电压波形

图 12.13 取样-保持电路和输出电压波形

在图 12.13(a)中,利用场效应管作模拟开关,在取样脉冲 CP 到来的时间 τ 内,开关接通, 输入模拟信号 $U_i(t)$ 向电容 C 充电, 当电容 C 的充电时间常数为 t_c 时, 电容 C 上的电压在时间 τ 内跟随 $U_i(t)$ 变化。取样脉冲结束后, 开关断开, 因电容的漏电阻很小且运算放大器的输入阻抗又很高, 所以电容 C 上电压可保持到下一个取样脉冲到来为止。运算放大器构成跟随器, 具有缓冲作用, 以减小负载对保持电容的影响。在输入一连串取样脉冲后, 输出电压 $U_o(t)$ 波形如图 12.13(b) 所示。

2) 量化和编码

输入的模拟信号经取样-保持后, 得到的是阶梯形模拟信号; 必须将阶梯形模拟信号的幅度等分成 n 级, 每级规定一个基准电平值, 然后将阶梯电平分别归并到最邻近的基准电平上。

图 12.14 为两种量化编码方法的比较。量化中的基准电平称为量化电平, 取样-保持后未量化的电平 U_o 值与量化电平 U_q 值之差称为量化误差 δ, 即 $\delta = U_o - U_q$。量化的方法一般有两种: 只舍不入法和有舍有入法(或称四舍五入法)。用二进制数码来表示各个量化电平的过程称为编码。

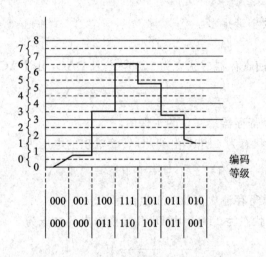

图 12.14 两种量化编码方法的比较

ADC 可分为直接 ADC 和间接 ADC 两大类。在直接 ADC 中, 输入模拟信号直接被转换成相应的数字信号, 如计数型 ADC、逐次逼近型 ADC 和并行比较型 ADC 等; 其特点是工作速度高, 转换精度容易保证, 调准也比较方便。而在间接 ADC 中, 输入模拟信号先被转换成某种中间变量(如时间、频率等), 然后再将中间变量转换为最后的数字量, 如单次积分型 ADC、双积分型 ADC 等; 其特点是工作速度较低, 但转换精度可以做得较高, 且抗干扰性强, 一般在测试仪表中用得较多。下面介绍常用的逐次逼近型 ADC 和一种常用的集成电路组件。

2. 逐次逼近型 ADC

逐次逼近型 ADC 的结构框图如图 12.15 所示, 包括四个部分: 比较器、DAC、逐次逼近寄存器和控制电路。

逐次逼近型 ADC 是将大小不同的参考电压与输入模拟电压逐步进行比较, 比较结果以相应的二进制代码表示。转换前先将寄存器清零; 转换开始后, 控制逻辑将寄存器的最高位置 1, 使其输出为 $100\cdots0$; 这个数码被 D/A 转换器转换成相应的模拟电压 U_o, 送到比较器与输入 U_i 进行比较; 若 $U_o > U_i$, 说明寄存器输出数码过大, 故将最高位的 1 变成 0,

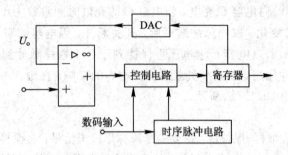

图 12.15　逐次逼近型 ADC 结构框图

同时将次高位置 1；若 $U_o \leqslant U_i$，说明寄存器输出数码还不够大，则应将这一位的 1 保留，依此类推，将下一位置 1 进行比较，直到最低位为止。

例 12 - 2　一个四位逐次逼近型 ADC 电路，输入满量程电压为 5 V，现加入的模拟电压 $U_i = 4.58$ V。求：

(1) ADC 输出的数字量是多少？

(2) 误差是多少？

解　(1) 第一步：使寄存器的状态为 1000，送入 DAC，由 DAC 转换为输出模拟电压：

$$U_o = \frac{U_m}{2} = \frac{5}{2} = 2.5 \text{ V}$$

因为 $U_o < U_i$，所以寄存器最高位的 1 保留。

第二步：寄存器的状态为 1100，由 DAC 转换输出的电压为

$$U_o = \left(\frac{1}{2} + \frac{1}{4}\right) U_m = 3.75 \text{ V}$$

因为 $U_o < U_i$，所以寄存器次高位的 1 也保留。

第三步：寄存器的状态为 1110，由 DAC 转换输出的电压为

$$U_o = \left(\frac{1}{2} + \frac{1}{4} + \frac{1}{8}\right) U_m = 4.38 \text{ V}$$

因为 $U_o < U_i$，所以寄存器第三位的 1 也保留。

第四步：寄存器的状态为 1111，由 DAC 转换输出的电压为

$$U_o = \left(\frac{1}{2} + \frac{1}{4} + \frac{1}{8} + \frac{1}{16}\right) U_m = 4.69 \text{ V}$$

因为 $U_o > U_i$，所以寄存器最低位的 1 去掉，只能是 0。因此，ADC 输出的数字量为 1110。

(2) 转换误差为

$$4.58 - 4.38 = 0.2 \text{ V}$$

逐次逼近型 ADC 的数码位数越多，转换结果越精确，但转换时间也越长。这种电路完成一次转换所需时间为 $(n+2)T_{CP}$。式中，n 为 ADC 的位数，T_{CP} 为时钟脉冲周期。

3. ADC 的主要技术指标

1) 分辨率

ADC 的分辨率指 A/D 转换器对输入模拟信号的分辨能力，常以输出二进制码的位数 n 来表示，即

$$分辨率 = \frac{1}{2^n} \text{FSR}$$

式中，FSR 是输入的满量程模拟电压。

2）转换速度

转换速度是指完成一次 A/D 转换所需的时间。转换时间是从接收到模拟信号开始，到输出端得到稳定的数字信号所经历的时间。转换时间越短，说明转换速度越高。

3）相对精度

在理想情况下，所有的转换点应在一条直线上。相对精度是指实际的各转换点偏离理想特性的误差，一般用最低有效位来表示。

4．集成 ADC 举例

ADC0809 是常见的集成 ADC，它是由美国 NS 公司生产的，采用 CMOS 工艺制成的八位八通道单片 A/D 转换器，采用逐次逼近型 ADC，片内有三态输出缓冲器，可以直接与微机总线相连接。该芯片有较高的性能价格比，适用于对精度和采样速度要求不高的场合或一般的工业控制领域。由于其价格低廉，便于与微机连接，因而应用十分广泛。

1）ADC0809 的主要技术指标

（1）分辨率为 8 位；

（2）总的非调整误差为 ±1 LSB；

（3）增益温度系数为 0.02%；

（4）低功耗电量为 20 mW；

（5）单电源 +5 V 供电，基准电压由外部提供，典型值为 +5 V，此时允许模拟量输入范围为 0～5 V；

（6）转换速度约为 1 μs，转换时间为 100 μs（时钟频率为 640 kHz）；

（7）具有锁存控制功能的八路模拟开关，能对八路模拟电压信号进行转换；

（8）输出电平与 TTL 电平兼容。

ADC0809 的结构框图及引脚排列如图 12.16 所示。它由八路模拟开关、地址锁存与译码器、ADC、三态输出锁存缓冲器组成。

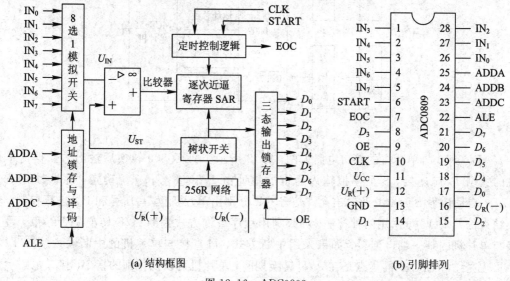

图 12.16　ADC0809

芯片上各引脚的名称和功能如下：

$IN_0 \sim IN_7$：八路单端模拟输入电压的输入端。

$U_R(+)$、$U_R(-)$：基准电压的正、负极输入端。由此输入基准电压，其中心点应在 $U_{CC}/2$ 附近，偏差不应超过 0.1 V。

START：启动脉冲信号输入端。当需启动 A/D 转换过程时，在此端加一个正脉冲，脉冲的上升沿将所有的内部寄存器清零，下降沿时开始 A/D 转换过程。

ADDA、ADDB、ADDC：模拟输入通道的地址选择线。

ALE：地址锁存允许信号，高电平有效。当 ALE＝1 时，将地址信号有效锁存，并经译码器选中其中一个通道。

CLK：时钟脉冲输入端。

$D_0 \sim D_7$：转换器的数码输出线，D_7 为高位，D_0 为低位。

OE：输出允许信号，高电平有效。当 OE＝1 时，打开输出锁存器的三态门，将数据送出。

EOC：转换结束信号，高电平有效。在 START 信号上升沿之后 $1 \sim 8$ 个时钟周期内，EOC 信号输出变为低电平，标志转换器正在进行转换；当转换结束，所得数据可以读出时，EOC 变为高电平，作为通知接收数据的设备读取该数据的信号。

2）ADC0809 的典型应用

数据采集是现代高新技术中信息获取的主要手段，在现代工业控制、数字化测量及实时控制等领域占有非常重要的地位。一般由集成 ADC 与单片机构成各种数据采集系统，由 ADC0809 构成的采集系统的一般结构如图 12.17 所示。系统由传感器、ADC、单片机三部分组成。传感器把被测物理量转换成电压信号，经电路放大后，直接与 8 个模拟输入端连接。

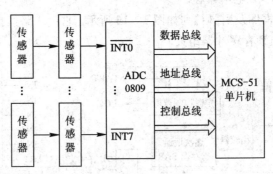

图 12.17　ADC 采集系统

ADC0809 与单片机的接口电路如图 12.18 所示。ADC0809 转换后输出的数据与单片机的数据 P_0 口连接，8 个模拟输入通道的地址由 $P_{2.2}$、$P_{2.1}$ 和 $P_{2.0}$ 确定，地址锁存信号 ALE、启动信号 START 及输出允许信号 OE 分别由单片机读/写信号和 $P_{1.0}$ 进行控制。转换结束信号 EOC 可采用两种接法。如果利用程序查询方式判断 A/D 转换是否结束，可直接与单片机的某一端口连接；如果采用中断方式，可直接与单片机的中断输入端 $\overline{INT1}$ 和 $\overline{INT0}$ 连接。中断方式的优点是在 A/D 转换期间，单片机可以执行别的指令。接口电路确定之后，采集过程就可确定，采集过程由单片机程序来完成。

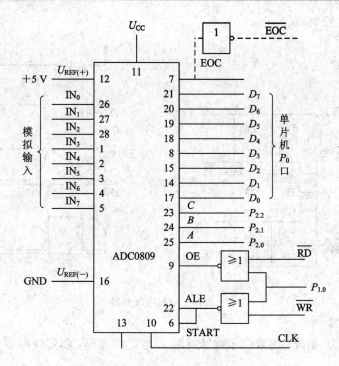

图 12.18　ADC0809 与单片机接口电路

实训 12　555 集成电路的应用

1. 实训目的

(1) 熟悉 555 集成时基电路结构、工作原理及其特点；

(2) 掌握 555 集成时基电路的基本应用。

2. 实训设备

(1) +5 V 直流电源；

(2) 双踪示波器；

(3) 连续脉冲源；

(4) 单次脉冲源；

(5) 音频信号源；

(6) 数字频率计；

(7) 逻辑电平显示器；

(8) 555×2，2CK13×2，电位器、电阻、电容若干。

3. 实训内容及步骤

1) 单稳态触发器

(1) 按图 12.19 连线，取 $R=100$ kΩ，$C=47$ μF，输入信号 u_i 由单次脉冲源提供，用双踪示波器观测 u_i、u_C、u_o 的波形，测定幅度与暂稳时间。

(2) 将 R 改为 1 kΩ，C 改为 0.1 μF，输入端加 1 kHz 的连续脉冲，观测波形 u_i、u_C、

u_o，测定幅度及暂稳时间。

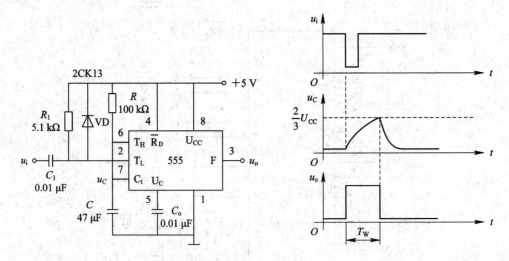

图 12.19　单稳态触发器

2）多谐振荡器

（1）按图 12.20 接线，用双踪示波器观测 u_C 与 u_o 的波形，测定频率。

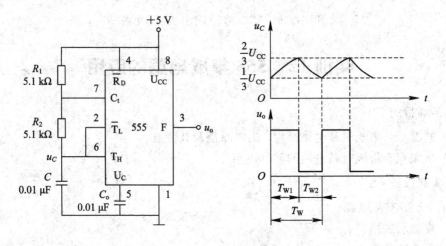

图 12.20　多谐振荡器

（2）按图 12.21 接线，组成占空比为 50% 的方波信号发生器。观测 u_C、u_o 的波形，测定波形参数。

（3）按图 12.22 接线，通过调节 R_{W1} 和 R_{W2} 来观测输出波形。

3）施密特触发器

按图 12.23 接线，输入信号由音频信号源提供，预先调好 u_s 的频率为 1 kHz，接通电源，逐渐加大 u_s 的幅度，观测输出波形，测绘电压传输特性，算出回差电压 ΔU。

4）模拟声响电路

按图 12.24 接线，组成两个多谐振荡器，调节定时元件，使 I 输出较低频率，II 输出较高频率，连好线，接通电源，试听音响效果。调换外接阻容元件，再试听音响效果。

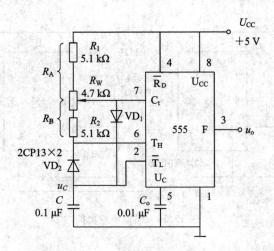

图 12.21　占空比可调的多谐振荡器

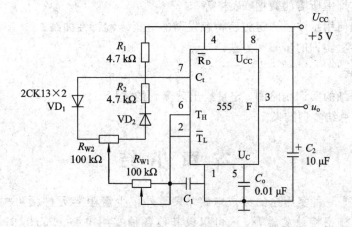

图 12.22　占空比与频率均可调的多谐振荡器

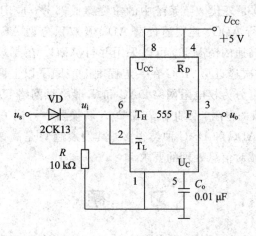

图 12.23　施密特触发器

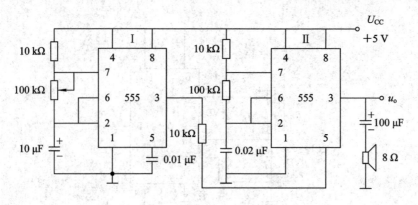

图 12.24　模拟声响电路

4. 实训预习要求

(1) 复习有关 555 定时器的工作原理及其应用。

(2) 拟定实训中所需的数据、表格等。

(3) 思考如何用示波器测定施密特触发器的电压传输特性曲线。

(4) 拟定各次实训的步骤和方法。

5. 实训报告

(1) 绘出详细的实训线路图,定量绘出观测到的波形。

(2) 分析、总结实训结果。

本 章 小 结

　　555 定时器是一种多用途的集成电路,只需外接少量阻容元件便可构成多谐振荡器、单稳态触发器、施密特触发器等,还可组成其他各种实用电路。555 定时器使用方便、灵活,有较强的负载能力和较高的触发灵敏度。

　　A/D 和 D/A 转换器是现代数字系统中的重要组成部分,应用日益广泛。A/D 转换器按工作原理主要分为并行 ADC、逐次逼近型 ADC 及双积分型 ADC 等。不同的 A/D 转换方式各具特点,在要求高速的情况下,可以采用并行 ADC;在要求高精度的情况下,可以采用双积分型 ADC;逐次逼近型 ADC 在一定程度上兼顾了以上两种转换器的优点。D/A 转换器根据工作原理,可分为权电阻网络 DAC 和 T 形电阻网络 DAC。由于倒 T 形电阻网络 DAC 只要求两种阻值的电阻,因此在集成 D/A 转换器中得到了广泛应用。

　　目前,常用的集成 ADC 和 DAC 种类很多,其发展趋势是高速度、高分辨率、易与计算机接口,以满足各领域对信息处理的要求。

习　　题

　　1. 试用 555 定时器设计一个振荡频率为 3 kHz、占空比为 80% 的多谐振荡器,并画出电路图。

　　2. 试用 555 定时器设计一个多谐振荡器,要求输出脉冲的振荡频率为 20 kHz,占空比为 25%，电源电压 $U_{cc} = 10$ V，画出电路图并计算外接阻容元件的数值。

3．常见的 A/D 转换器有几种？其特点分别是什么？

4．常见的 D/A 转换器有几种？其特点分别是什么？

5．为什么 A/D 转换需要采样-保持电路？

6．若一理想的 6 位 DAC 具有 10 V 的满刻度模拟输出，当输入为自然加权二进制码"100100"时，此 DAC 的模拟输出为多少？

7．若一理想的 3 位 ADC 满刻度模拟输入为 10 V，当输入为 7 V 时，求此 ADC 采用自然二进制编码时的数字输出量。

8．在图 12.8 电路中，当 $U_{REF} = 10$ V，$R_f = R$ 时，若输入数字量 $D_3 = 0$，$D_2 = 1$，$D_1 = 1$，$D_0 = 0$，则各模拟开关的位置和输出 u_o 为多少？

9．试画出 DAC0832 工作于单缓冲方式下的引脚接线图。

参 考 文 献

[1]　付杨. 电工电子技术基本教程. 北京：机械工业出版社，2012.

[2]　刘陆平. 电工与电子技术. 北京：北京师范大学出版社，2017.

[3]　曾令琴. 电工电子技术. 北京：人民邮电出版社，2016.

[4]　张建国. 数字电子技术. 北京：北京理工大学出版社，2018.

[5]　王廷. 模拟电子技术及应用. 北京：机械工业出版社，2020.

[6]　丁卫民. 电工与电子技术. 北京：机械工业出版社，2021.

[7]　陶晋宜. 基于 Multisim 的电工电子技术. 北京：机械工业出版社，2021.

[8]　吴元亮. 数字电子技术. 北京：机械工业出版社，2021.

[9]　李加升. 电子技术. 北京：北京理工大学出版社，2007.

[10]　王琳. 电工电子技术. 3 版. 北京：机械工业出版社，2019.